国学经典文库

图文珍藏版

居家生活宝典　健康生活指南

家庭生活百科

闫松◎主编

线装书局

家庭生活百科

美容美体

线装书局

卷首语

　　随着人们生活水平的提高,人们对健康、美丽和生活质量都给予了前所未有的关注,"为美丽投资"等新型消费观成为越来越多的中国人所追求的消费时尚。在这种形势下,中国美容经济的兴起成为必然。

　　美容美体一直都是一门科学与艺术相结合的学科。爱美是人的天性,追逐美丽、享受青春是女人的权利,爱美者总想使生活更诗意,更浪漫。你相信吗,如果你将书中介绍的规则变成习惯,那么一个美丽、优雅的你自然会脱颖而出,获得新生了。让我们一起来感受一下爱美的我们是怎样炼成的吧:美体护肤、香氛技巧、养颜妆容、炫彩明眸、秀手美甲、护发造型、休闲塑身……本卷将时尚美容、养颜、健身资讯结合图片向你倾心传达,读者能从中找到适合自己的各种美容健身方法,一个美丽优雅的你将脱颖而出。

目　录

国学经典文库

家庭生活百科

·美容美体·

图文珍藏版

第一章 美容健身

第一节 皮肤的清洁和保养

一、美肤的标准

健美的皮肤能给机体增加美感,尤其是面部皮肤的健美,更能给人留下美好的印象。怎样的皮肤才称得上健美呢?

1.皮肤的健康:美的皮肤应该是健康的皮肤。健康的皮肤必须具备三个条件:一是肤色正常。黄种人应是微红稍有黄色;二是皮肤正常且无皮肤病。皮肤不敏感、不油腻、不干燥、无痤疮、酒渣鼻等皮肤病;三是皮肤具有生命活力。正常肤色红润、有光泽则富有生命活力,若青紫、蜡黄、苍白则缺少生命活力。

2.皮肤的清洁:皮肤表面无污垢、无斑点、无异常凹凸不平。

3.皮肤的弹性:提起皮肤,然后放开,若立即展平则皮肤弹性好。皮肤有弹性则表面光滑、柔软、不皱缩、不粗糙。一般来说,青年人皮肤光滑平整,富有弹性。上了年纪的人或身患疾病的人则皮肤缺少弹性。

4.皮肤的湿润:皮肤的含水量,约占人体全部重量的 1/4,真可称之为“地下水库”。皮肤中含水量若减少(比如年龄增长、外界环境条件恶劣等都可引起皮肤水分减少),皮肤会变得干燥甚至皲裂,这样的皮肤是无美感的。

总之,健美的皮肤红润有光泽,柔软细腻,结实而富有弹性,既不粗糙,也不油腻,有光泽感而少皱纹;同时,皮肤耐老性好,衰老缓慢。

二、美肤的最佳时间

每个人都有自己的生物钟,同时,每个人的皮肤也有其遵循的作息时刻表,美容保养若能与肌肤自然作息时刻相配合,就可发挥它最大的功效。

晚11点至凌晨5点:这是细胞生长和修复最旺盛的时间段,细胞分裂的速度要比其他时间快8倍左右,肌肤对护肤品的吸收力特别强。这时应使用富含营养物质的滋润晚霜,并安静入睡,使保养效果发挥至最佳状态。

早上6点至7点:肾上腺皮质素的分泌自凌晨4点开始加强,细胞的再生活动此时降至最低点。由于水分聚积于细胞内,使淋巴循环缓慢,一些人这时会有眼皮肿胀情形,可用能增强眼部循环、收紧眼袋的眼霜。

上午8点至12点:这时肌肤的功能处于高峰,组织抵抗力最强,皮脂腺的分泌也最为活跃。可做面部、身体脱毛、祛斑除痣以及文眉、文眼线等美容项目。

下午1点至3点:此时血压及荷尔蒙分泌降低,身体逐渐产生倦怠感,皮肤易出现细小皱纹,肌肤对含高效物质的化妆品吸收力特别弱。这时若想使肌肤看来有生气,可额外用些精华素、保湿霜、紧肤面膜等。

下午4点至晚上8点:随着微循环的增强,血液中含氧量提高,心肺功能特佳,能充分吸收营养,这段时间最适宜职业女性到美容院作保养,还可根据爱好进行健身运动。

晚上8点至11点:此时皮肤最易出现过敏反应,微血管抵抗力衰弱,血压下降,人体易水肿、流血及发炎,故不适宜做美容护理。

三、早晨洗脸的正确步骤

早上醒来后,洗脸是开始面部妆容的第一项。先用手摸摸脸、照照镜子,如果感觉干干的,表示洗完脸后,要帮肌肤补充水分。如果感觉油油的,在洗完脸后,要记得帮肌肤收敛油脂。

第一步:用温水湿润脸部

洗脸用的水温非常重要。有的人为了省事,直接用冷水洗脸;有的人认为自己是油性皮肤,要用很热的水才能把脸上的油垢洗净。其实这些都是错误的,正确方法是用温水。这样既能保证毛孔充分张开,又不会使皮肤的天然保湿油分过分丢失。洗脸前先把手洗干净。

第二步:使洁面乳充分起沫

无论用什么样的洁面乳或洗面皂,量都不宜过多,面积有五分硬币大小即可。先要把洁面乳在手心充分打起泡沫(没有泡泡的洁面乳除外),泡沫越细越不会刺激肌肤。泡沫需揉搓至奶油般细腻才算合格。把泡沫均匀涂满脸部,然后以画圈的方式轻轻按揉,让无数泡沫在肌肤上移动以吸取污垢,不要用力揉搓。

第三步:各部位的清洁

1.从皮脂分泌较多的 T 字区开始清洗,额头中心部皮脂特别发达,要仔细清洗。不要过分用力,轻轻地由内朝外画圆圈滑动清洗。

2.用指尖仔细地轻柔清洗皮脂腺分泌旺盛的鼻翼及鼻梁两侧,这一部分洗不干净将导致脱妆乃至肌肤出现油光。

3.鼻子下方容易长青春痘,须仔细洗净多余的皮脂,用无名指轻轻画轮廓,既不会刺激肌肤,又可完全去除污垢。

4.嘴唇四周也要清洗,脸部是否仔细洗净,重点在于有没有注意细小的部位,清洗时以按摩手法从内朝外轻柔描画圆弧状。

5.下巴也和 T 区一样容易长青春痘及粉刺。不但如此,这还是洗脸时最容易忽略的部位。洗脸时应由内朝外不断画圈,使污垢浮上表面。

6.脸颊皮肤较干燥,不需要过分清洁。不要用指尖,用指腹轻轻接触脸颊皮肤。

7.不要忘了下巴底部、耳下和脖子等处。

第四步:清洗洁面乳

1.用温水冲洗脸部数次,把洁面乳完全清洗干净。有些女性怕洗不干净,用毛巾用力擦洗,这样做对娇嫩的皮肤非常不好。应该用湿润的毛巾轻轻在脸上按,或用手捧水扑向脸部并轻轻拍打。

2.照镜检查一下发际周围是否有残留的洁面乳,这个步骤经常被人们忽略。有的人发际周围总是容易长痘痘,就是因为忽略了这一步。

3.最后再用冷水撩洗面部。双手捧起冷水撩洗面部 20 下左右,同时用蘸了凉水的毛巾轻敷脸部。这样做可以使毛孔收紧,同时促进面部血液循环。这样才算完成了洗脸的全过程。

虽然洗脸有助于皮肤的保养,但每天洗脸次数不能过多,以 2~3 次为宜。过于频繁地洗脸会使皮肤变得干燥。如果每天坚持这样一丝不苟地洗脸,长此以往就会发现你的肤质在慢慢改善。

四、晚上卸妆的正确步骤

在我们周围的环境中,存在着许多破坏皮肤健康的因素,如空气污染物、紫外线、尘埃等。上妆对许多女性来说,已成为生活必需,她们会把大量时间用于化妆,却不愿在卸妆上下点工夫,残留于肌肤的彩妆会与皮脂、汗水、污垢一起氧化,对肌肤造成伤害。无论化的是浓妆、淡妆甚至不化妆,都要认真地卸妆。卸妆是保养皮肤的第一步。

污垢可分成水性及油性两种。水性污垢指皮脂、汗水及老化的角质,可由洁面乳和洁面皂清除。但是粉底和残留于毛细孔深处的污垢(皮脂与彩妆的混合物等)属油性污垢,必须利用油分透析力将其渗出,因此油性污垢必须用卸妆油清除,也就是说要洗两遍脸。此外,卸除睫毛膏、眼线及口红等重点彩妆时应该准备专用的卸妆乳液,才不会伤害脆弱的眼部肌肤与嘴唇黏膜。

卸除彩妆的要诀是:不使污垢外扩,最好使用化妆棉。

第一步:眼部卸妆。

眼睛部分的皮肤组织较为脆弱,因此不宜使用一般的清洁用品、应该选择眼部专用卸妆品、并配合最温柔的卸妆技巧,才能预防皱纹的产生。因为每天都要仔细卸掉眼睛的彩妆,所以使用质地柔软的卸妆棉非常重要。具体步骤为:

1.如果佩戴了隐形眼镜,一定要在卸妆前取出,以免化妆品的油脂弄脏了镜片。

2.先清除眼影,把适量的眼部卸妆品倒在化妆棉上,用量约为溢开至与眼睛同宽,并且浸透到内层。闭上眼睛,将一片化妆棉敷于眼睑上,让化妆品溶解于卸妆品中,这样可以减少摩擦。几秒钟后朝向睫毛方向擦拭,避开化妆棉已脏的部分重复此步骤两三次。

3.将同一片化妆棉对折再对折,利用折角卸除眼睛边际的眼线。接着换另一个折角卸除下眼睑的污垢。

4.卸除睫毛膏,在上眼睑处垫一块化妆棉,轻轻抚按,使上睫毛向上翘起,用一根蘸湿卸妆品的棉花棒,把上睫毛轻轻压在化妆棉上,转动棉头。下睫毛也同样。

5.轻抹眉部卸除眉影。完成一边后,换一片化妆棉以同样方法卸除另一边。

第二步:唇部卸妆。

特别是不脱落的口红,更要仔细卸妆,若不使用唇部专用的卸妆品,会导致唇部干燥不已。

1.先把少量的唇部卸妆品,倒在化妆棉上。

2.用化妆棉敷在唇上3秒。

3.用化妆棉由唇角向中央擦拭。

4.将嘴张大,发出"啊"音,使唇部皮肤伸展开,卸除积于唇纹中的污垢。

第三步:脸部卸妆。

尤其要将额头、鼻窝、嘴角处的粉底卸干净,因为这是最易沉积油脂的地方。

1.手洗干净,手心里倒一匙清洁乳,用指腹蘸取,轻轻涂搽在颈部、面颊及额头上。

2.将化妆棉由颈部开始清洁,渐渐移到下颚、面颊、鼻子、鼻下部位、前额及眼部。化妆棉使用过后就应立即丢弃,不要重复使用。

3.抹除式的卸妆品不需要冲洗,只需将清洁乳完全搽除干净。

4.用一片干净的化妆棉,蘸些化妆水轻拍于脸部。此步骤非常重要,能除去清洁乳的残留物,使皮肤保持酸碱平衡。

5.完成脸部的清洁,并使用化妆水轻拍后,可使用润肤霜滋润皮肤,如此,皮肤的水分就可维持得长久些。

五、肌肤如何美白

1.使用美白产品

持续使用美白面膜。为摆脱晒后的色素沉积,并在短时间内给肌肤净白改观,就需要让日常护理与加强护理双管齐下。不妨每天使用具有美白功效的面膜为肌肤进行加强护理,运用医学上的冲击疗法,使面膜中大量的美白营养成分强力渗透至深层肌底,令肌肤在短时间内得到显著改观,恢复水嫩透白,达到理想肤色。

2.饮食调节

维生素 C 是一种抗氧化剂,可抑制氧化,阻止色素沉积;维生素 B_6 具有褪除黑色素斑痕的作用,富含维生素 B_6 的食物有鸡肉、瘦猪肉、蛋黄、鱼、虾、花生、大豆及其制品等。

列举一些美白皮肤的小方案,这些小方案可因人而异:

用全脂奶粉适量和以温水调成糊状,敷在脸上待干,隔天做,一个月后便可拥有既白滑又有光泽的肌肤。

用绿豆粉加水调成糊状做面膜,待干后用温水洗净,效果也很好,有紧肤和美白作用。

原味麦片加牛奶和成浆状的面膜,可吸去多余的油分。

小黄瓜切片放置脸上,过几分钟拿下来,坚持一个月后脸色就会变白嫩。

用含活性乳酸菌的饮品或酸奶亦可以去斑美白。把脸洗净后,将含活性乳酸菌的饮品或酸奶倒在化妆棉上完全浸湿,直接敷在脸上 20 分钟,再用清水冲洗。

吃乳酪是很有益的,用乳酪当面膜也有美白和滋润作用。直接把乳酪贴敷在脸上 15 分钟,冲洗即可。

每天使用蛋清加蜂蜜,再加几滴柠檬汁混合制成的面膜,想没有嫩白的肌肤也难。如果毛孔粗大,可以用蛋清直接涂敷在脸上,15~20分钟后冲洗即可。

珍珠粉美白去斑方法:首先,找个用完的美容瓶或一只小杯,先倒一些珍珠粉在容器里,再配以少量牛奶混合调匀。为了使敷在脸上的珍珠粉不至于脱落,可在其中加一点蜂蜜,量不要太多。然后,用温水清洗面部,将调好的珍珠粉混合物均匀地敷在脸上,雀斑处多按摩一会儿,20分钟之后用温水洗掉。每晚临睡前做最好。

薏仁、牛奶、白菜、杏仁、西红柿等都是美白食物。含维生素C多的深绿色蔬菜也要多吃,它们能淡化斑点,但香菜、芹菜、九层塔应少吃,它们容易使皮肤暗沉且助长黑色素形成。胡萝卜则容易使皮肤变黄。应注意补水,每天清晨喝300ml清水,有利于养颜、排毒、补水。

3.做好防晒

除了烈日当头须加强防晒外,一年四季都须进行美白工作,抵御不同的紫外线。以下我们提供几条美白小常识。

(1)如果不是一定要外出,避免在早上10点至下午2点出去,因为此时阳光中的紫外线最强,对肌肤的伤害也最厉害。

(2)每次暴晒于阳光下,应及时使用防晒产品,而且每隔2~3小时再搽一次。此外,即使在水中一样会晒伤,所以喜欢戏水或潜水者,需使用防晒系数高且具防水效果的防晒品。

(3)只要从事过户外活动,无论日晒的程度如何,回家后应先将全身冲洗干净。以轻松的动作擦拭身体之后,用温水将泡沫冲洗干净,再以冷水冲淋,并可抹些身体的护肤品。或用毛巾包裹冰块,冰镇在发热的肌肤上,减缓燥热不舒服的感觉。

(4)将西瓜皮冰敷在晒红的皮肤上。天然西瓜皮含有维生素C,可以镇定、温润皮肤;天然芦荟也具有同样效果,取出中间芦荟汁敷在肌肤上,有消炎作用,又具有凉快清爽功用,改善肌肤发红现象。

(5)舒缓紧绷的身心。生活压力会带来肌肤的不适,长期处于压力下肌肤需要特别的照顾,在夜晚聆听轻松愉快的音乐,在大自然的乐声中做好美白保养并净化心灵,舒缓疲惫的身心。

(6)不要摄取含有人工食品添加剂的食物。健康人的内脏会维持代谢正常,让黑色素顺利排出。而食物中过多的人工添加剂会造成内脏的负担,造成黑色素沉淀,形成黑斑、雀斑等。

(7)并非所有皮肤抗晒的程度都一样。通常白皙皮肤比深色皮肤更容易被阳光灼伤,依据自己将在紫外线照射情况下停留时间的长短,来选择相应防晒指数的防晒品。

(8)紫外线长期照射,会导致白内障或慢性眼炎,甚至眼角膜受损。保护方法是戴上防紫外线的太阳镜。眼部防晒品和化妆品也能避免眼周受到阳光的损害。

(9)日晒前避免服用某些荷尔蒙药物或糖精,因为在接触紫外线后,这些成分会引起皮肤黑色素加深。还有,日晒前最好避免用柠檬、芹菜、黄瓜等蔬菜敷脸,因为这些蔬果含有某些成分,很容易在阳光照射后导致皮肤发炎。

六、肌肤如何防皱

女性防皱要从25岁开始。包括眼部、脸部、颈部及全身的皮肤都需要防皱。

1.防止过量的紫外线照射。皱纹是身体老化的表现,而阳光又是皱纹的元凶,由于臭氧层被破坏,阳光对皮肤的伤害越来越大。因此,最好全年使用防晒霜,即使在冬季也要使用SPF5以上的防晒品。

2.保持皮肤的滋润,使用化妆品前,宜先用温湿的毛巾敷在皮肤上片刻,以补充皮肤的水分,并经常用美容的油膏或乳液保护皮肤,秋冬季节,外出后,要洗脸洗手,然后涂上面霜。

3.劳逸结合,保证足够睡眠。最好晚上12点前睡觉,晚上10点至凌晨2点是皮肤细胞新陈代谢最旺盛的时候,防皱品中的营养成分会得到最好的吸收。熬夜之后,最好洗个脸,涂点乳霜,做个脸部按摩。

4.避免过度紧张和疲劳,保持平静恬淡的情绪。俗话说,愁能催人老,躁易促人衰。

5.冬日早晨用冷水洗脸,忌用肥皂。晚间用温水洗脸,选用适合自己的洁肤品。

6.蒸汽熏蒸,可使用专门的美容设备,也可用毛巾把盛有热水的脸盆蒙住,让热蒸汽湿润面部。

7.不要经常皱眉、耸鼻子,不要眯眼睛看东西,不要经常刻意眨眼,这些动作都会增加面部皱纹。

8.多做面部按摩,能改善皮肤的韧性,使面色红润,皱纹减少。

9.注意饮食多样化,尽量食用营养丰富的维生素类食品,以及牛奶、蔬菜、水果等,少吃食盐及肉类。

10.将新鲜的瓜果汁制成各种面膜剂涂擦面部,有增加表皮细胞水分和营养细胞的作用,从而增加皮肤弹性,舒展皱纹。

11.如果减肥要采取渐进式,不要使体重骤降,皮肤没有足够时间适应体内脂肪的减少,会造成皱纹。

12.防止过分刺激。香烟、酒、咖啡和过辣过咸食物,会增加肾和肝脏负担,造成皮肤老化。

七、肌肤如何去皱

凡天性爱美的女士们最不愿意看到的,就是那恼人的小皱纹不知何时已悄悄爬上了自己的眼角眉梢,这确是令人大伤脑筋的事情。不要紧张,这里介绍几个简单易行、效果又不错的去皱方法,你不妨一试,坚持一段时间后,也许会给你一个惊喜。

1.米饭团去皱:香喷喷的米饭做好之后,挑些比较软的、温热又不会太烫的米饭揉成团,放在面部轻揉,把皮肤毛孔内的油脂,污物吸出,直到米饭团变得油腻污黑,然后用清水洗掉,可使皮肤呼吸通畅,减少皱纹。

2.鸡骨去皱:把吃剩的鸡骨头洗净,和鸡皮放在一起煲汤。皮肤真皮组织的绝

·美容美体·

图文珍藏版

大部分是由具有弹力的纤维所构成,皮肤缺少了它就失去了弹性,皱纹也就聚拢起来了。鸡皮及鸡的软骨中含大量的硫酸软骨素,它是弹性纤维中最重要的成分。

3.猪蹄去皱:用老母猪蹄数只(也可用一般猪蹄),洗净后煮成膏状,晚上睡觉时涂于脸部,第二天早晨再洗干净,坚持半个月会有明显的去皱效果。

4.水果、蔬菜去皱:丝瓜、香蕉、橘子、西瓜皮、西红柿、草莓等瓜果蔬菜对皮肤有最自然的滋润、去皱效果,可食用又可制成面膜敷面,能使脸面光洁,皱纹舒展。

5.啤酒去皱:啤酒酒精含量少,所含鞣酸、苦味酸有刺激食欲、帮助消化及清热的作用。啤酒中还含有大量的维生素 B、糖和蛋白质。适量饮用啤酒、可增强体质,减少面部皱纹。

6.茶叶去皱:茶叶中含有 400 多种丰富的化学成分,是天然的健美饮料,除增进健康外,还能保持皮肤光洁,延缓面部皱纹的出现及减少皱纹,还可防止多种皮肤病,但要注意不宜饮浓茶。

7.蜂蜜水去皱:早上空腹喝一杯蜂蜜水,既可防皱,又可排毒,长期坚持效果非常明显。

8.咀嚼去皱:每天咀嚼口香糖 5～20 分钟,可使面部皱纹减少,面色红润。这是因为咀嚼能运动面部肌肉,改变面部血液循环,增强面部细胞的代谢功能。

八、肌肤如何防晒

1.根据日照时间的长短和场合来选用不同类型和防晒指数的防晒品。日常使用选清爽型,户外及运动选清爽抗汗型,水上或剧烈运动选抗水抗汗型。阳光越强烈,防晒指数要越高。

2.涂抹防晒霜时,不要忽略了脖子、下巴和耳朵这些地方,以免造成肤色不均。

3.汗水会把防晒品冲掉,应每隔几个小时再涂一遍。

4.脆弱的眼睛肌肤极易流失水分,更要选择具有防晒效果的眼霜细心呵护。

5.嘴唇也需要细心呵护,白天的高温使唇部的水分蒸发得很快,更容易受到阳光的伤害,应涂上具有防晒和保湿双重功效的护唇膏。

6.经常用保湿喷雾剂喷洒脸部,随时补充肌肤水分。

7.准备好长袖上衣和长裤、太阳眼镜、帽子以抵御紫外线的侵害。

8.如果白天阳光很强烈,夜里最好使用晒后护理品。

9.晒后避免用热水清洗脸部,用冷水清洗降温后,涂上润肤品。

10.做日光浴的时间不宜超过 2 小时,以免灼伤,约 15 分钟换一个姿势。

11.避免在每日 10～14 点受到阳光的暴晒,这时紫外线最强,杀伤力最大。

12.美白防晒不是白天、夏天的专利,24 小时,一年四季都要注意。

九、怎样消除眼袋

过早出现下眼袋是由于下眼睑皮肤老化、松弛,皮肤与眼轮匝肌之间的纤维组织连接减弱,导致眼眶内较多的脂肪组织膨出,使下眼睑臃肿,造成难看而突出的囊袋。正确的护理和按摩可使肌肤状况得到改善,避免下眼袋过早来临。

1.每晚睡前用维生素 E 胶囊中的黏稠液涂敷眼下部皮肤,并适当按摩。至少做 4 周,能收到较好效果。

2.睡前在眼下部皮肤上贴无花果或黄瓜片,也可用木瓜加薄荷浸在热水中制成茶,晾凉后经常涂敷在眼下部皮肤上。木瓜茶不仅可更新疲劳的眼睛,而且还有减轻眼下囊袋之功效。

3.在面部涂上乳霜后,用手指向上击打颜面皮肤,特别要注意在眼周围软弱的皮肤上重点轻敲。

4.常吃些胶状食物、优质蛋白、动物肝脏及西红柿、土豆等食物,注意膳食平衡,可对组织细胞的新生提供必要的营养物质。

5.经常咀嚼胡萝卜、芹菜或口香糖等,有利于改善面部肌肤。

6.经常躺卧,可增加头面部血液循环,以改善面部肌肤营养状况。睡眠也有助于皮肤的恢复。

7.上、下眼睑常有意识做"眯眼"运动(每日最好坚持做 100 次以上),使眼睑肌有收缩与放松的感觉,将会延缓眼袋的产生。

十、怎样防治雀斑

雀斑是一种色素代谢障碍性的皮肤病。与遗传、暴晒、皮肤 pH 值增高、内分泌紊乱等因素有关。防治雀斑可以采取下述方法：

1.每天吃一片维生素 C 和维生素 E。

2.用干净的茄子皮敷脸。

3.每天喝一杯西红柿汁或常食用西红柿。西红柿中含有丰富的谷胱甘肽，谷胱甘肽可抑制黑色素，从而使沉着的色素减退或消失。

4.将鲜胡萝卜切碎挤汁，每晚洗完脸后涂抹，待干后，洗净。此外，每日喝一杯胡萝卜汁。胡萝卜中含有丰富的维生素 A，具有润滑、强健皮肤的作用，可防止皮肤干糙。

5.将柠檬榨汁，加糖水适量饮用。柠檬中含有大量维生素 C、钙、磷、铁等，能抑制黑色素沉淀，达到祛斑的作用。

6.洗脸时，在水中加 1~2 汤匙的食醋，有减轻色素沉着的作用。

十一、怎样去除黑头

据了解，约有 90% 的女性朋友都曾为黑头烦恼。亚洲人大都是混合型皮肤，T 字地带比较油，两颊比较干燥，所以 T 字地带有黑头粉刺更成了普遍现象。中年人也会长黑头，黑头就像屋子里的灰尘一样，要勤打扫，不能偷懒，这一点对于中年女性来说更重要，因为不及时给皮肤做清洁，是加速衰老的主要诱因之一。

这里教您一个简便的扫除黑头秘方：

(1)准备材料：食用小苏打、纯净水、棉片、纸巾。

(2)将小苏打加纯净水调开。

(3)将棉片放入小苏打水中浸透。

(4)将棉片贴在有黑头的地方。

(5)15 分钟后取下，用纸巾轻轻揉出黑头粉刺即可。

（6）如果是从没整理过黑头的人，开始可以天天做，黑头状况得到改善后，可以一周一次，或两周一次。

原理：小苏打加纯净水之所以能够轻松去黑头，因为小苏打粉是碱性的，我们的油脂是酸性的，所以会进行酸碱中和，黑头粉刺就会被软化，不会堵在毛孔处，你只要轻轻整理就能清除。而且，用这种方法不会伤害到真皮层，毛孔粗大的问题也不用担心。

不适宜的去黑头法：

1.用手挤：用手挤黑头是最糟糕的一种方法，手上有很多细菌，会导致皮肤感染，用手指腹去挤是挤不出来的，必须用指甲去挤，那很容易伤害皮肤甚至留下斑印。

2.暗疮针：暗疮针只有专家能用，因为使用时必须水平地把表皮挑开然后才能把黑头挤出来。不要随便让美容师用它在你脸上猛刮，还觉得越疼越干净，疼可不表示干净，那是你的皮肤正在受到伤害。

3.去黑头鼻贴：如果养成了用黑头鼻贴的习惯，那就可能要忍受黑头粉刺会一直绵延不断出现的恶性循环了。

4.磨砂膏：在家里使用比较安全，不过不要早晚都用，不然皮肤会变得非常干燥，还会很薄，说不定还会脱皮，毛孔变得更粗大。

十二、怎样去除暗疮（痤疮/粉刺）

暗疮又称痤疮，是青春期常见的一种囊皮脂腺慢性炎症。暗疮的发病原因一般认为与内分泌、皮脂腺活动和细菌感染有关。此外，与精神和遗传因素也可能有关。其病程缓慢，一般在青春期后逐渐减轻或消失。

暗疮皮肤要勤洗脸，洗脸用一般洗面奶便可以，带药性的洗面产品，效果其实不大，因为洗脸时一瞬间便会将有效成分洗去，而且洗面产品如果碱性太高又会伤害皮肤。洗面后可在患有暗疮的地方涂上暗疮膏，如果觉得干燥，可以用植物油制的润肤霜，植物油可被皮肤吸收及分解，不会堵塞毛孔。如果需要化妆，应尽量避免涂太厚的粉底。当环境许可时,尽量卸妆。暗疮性皮肤一般可用温水洗,适当使用硫黄香皂,勿用碱性强的肥皂,避免用手挤捏,不用油腻性化妆品,患者应少吃脂肪、糖类和刺激性食物。症状轻微者,注意上述事项后可逐渐好转;症状较明显者,可就医并遵医嘱服药,或到美容院治疗。

美容院治疗程序:

(1)清洁脸部,可用油性洗面奶、暗疮洗面奶。

(2)用紫外光灯照射并用离子蒸气喷脸10分钟。

(3)采用暗疮针清,把脓疱挤出,清洗干净。注意针清期间要严格消毒。

(4)敷面膜。推荐一个中药面膜:用绿豆粉8g,滑石粉3g,白芷粉5g,白附子粉0.1g,珍珠粉0.2g,食盐半茶匙,冰片0.1g,金银花3g,用蜂蜜调成糊状,加热至适合皮肤承受程度,敷脸30分钟,然后清洗干净。

(5)用消炎药膏涂于伤口处,以电离子高压电疗消毒器电疗15分钟。

(6)收缩水拍脸。

(7)用暗疮膏。

注意事项:

(1)严重暗疮患者隔日治疗1次,次者3天或1周1次。

(2)暗疮生长期间严禁按摩。

(3)要求患者1日洗3次脸(早、中、晚),洗时水内可加少量白醋。

(4)原则上不化妆,或尽量少化妆。

十三、怎样改善毛孔粗大

1.冰敷。把冰过的化妆水用化妆棉蘸湿,敷在脸上或毛孔粗大的地方,可以起到不错的收敛效果。

2.毛巾冷敷。把干净的专用小毛巾放在冰箱里,洗完脸后,把冰毛巾轻敷在脸上。

3.水果敷脸。西瓜皮、柠檬皮等都可以用来敷脸,有很好的收敛柔软毛孔、抑制油脂分泌及美白等多重功效。

4.柠檬汁洗脸。油性肌肤的女性可以在洗脸时,在清水中滴入几滴柠檬汁,除了可收敛毛孔外,也能减少粉刺和面疱的产生。但注意浓度不可太高,也不要将柠檬汁直接涂抹在脸上。

5.鸡蛋加橄榄油。将一个鸡蛋打散,加入半个柠檬的汁液及一点点粗盐,充分搅拌均匀后,将橄榄油加入鸡蛋汁里,使二者混合均匀。平日可将此面膜储存在冰箱里,一周做1~2次就可以让肌肤紧实,改善毛孔粗大,促进皮肤的光滑细致。

6.栗皮紧肤。取栗子的内果皮,捣成末状,与蜂蜜均匀搅拌,涂于面部,能使脸部光洁、富有弹性。

十四、怎样改善粗糙皮肤

(一)粗糙皮肤的形成原因

1.因皮肤干燥缺水导致脱皮粗糙。

2.没有按时去除皮肤的角质层,导致脱皮粗糙(也就是皮肤表面的死细胞)。

3.皮肤产生炎症,导致脱皮粗糙。

4.皮肤过敏后,没有很好地护理,导致脱皮粗糙。

5.使用不适合皮肤性质的化妆品。

6.经常熬夜皮肤会变粗糙。

(二)改善和护理粗糙皮肤的方法

1.冬季皮肤的表层遇冷收缩,所有的代谢功能迟滞,加上皮脂的分泌不足形成粗糙,脱皮,此时加强保湿,要持续一段时间,使皮肤表层内外都补足水分。

2.按时去除皮肤的角质层,以保证皮肤的光泽度及保养品的吸收,但过度地去除角质层会使柔软的肌肤受到伤害而适得其反。

3.皮肤产生炎症,医学上讲是"漏胎性皮炎",以冬季、换季为多,这种现象一定要搽药,粗糙及脱皮现象才会改善。注意脱皮时不要用手去撕,否则会使皮肤留下痕迹。

4.寒冷的天气,皮肤最容易产生敏感现象,要使用敏感精华素,不要用手触摸敏感部位,尽量不要上妆。

5.如果发现是因为使用不适合的化妆品而导致的皮肤干燥、敏感、粗糙等,一定要立即更换。

6.经常熬夜的朋友一定要使用皮肤救急保养品,比如:养颜面膜、修护液、疗肤霜或夜间滋养露,来唤醒疲倦肌肤。

十五、怎样使用面膜

用面膜敷面可以改善皮肤的疲劳程度,使粗糙、干燥、黝黑的皮肤变得柔嫩清新,是一种简便的护肤美容法。

面膜大致分为两类:一类是薄膜型,一类是乳剂型。薄膜型的面膜敷在脸上,能紧紧地贴着皮肤,变干后绷得很紧,揭下面膜时附着毛孔里的污物被一同带下,使皮肤干净、透气、爽快。乳剂型面膜则以其所含的水分和油分滋润皮肤,使皮肤变软、湿润,这样,老化的角质层就容易脱落,令皮肤白皙、光滑。

面膜的使用方法:

1.清洁面部,可用适合自己肤质的清洁品除去化妆品,用洗面奶洗净面部,擦干。最好在洗脸前用蒸汽或热毛巾敷一下面部,将更有助于清洁。

2.用纱布或毛巾将前额和两鬓的头发全部包住,也可以用发夹固定好。为避免发际、眉毛被粘住,可涂些橄榄油或其他皮肤用油。

3.涂抹面膜。顺序是脸颊→眼周→额头→嘴周围。涂满除眉毛眼睛、鼻孔、嘴唇外的全部脸面。涂膜时厚薄要适度,太薄不起作用,撕下来较麻烦;太厚除造成浪费外,也不容易干。

4.揭除面膜。面膜涂完后,让其自然干透,不要老用手去摸,手指会将未干的面膜粘掉。一般15~20分钟全部干透。揭面膜的手法是从下巴揭起,慢慢向上,这样可以将毛孔中的污物带走。也有的面膜不能整个揭下,去除时应以温水浸润,而不应用面纸使劲去擦,以免伤及皮肤。做面膜后,应以化妆水拍打皮肤。然后擦上一些适合皮肤的营养霜或乳液,效果更好。

面膜洁肤虽然十分简单,但也不必每天都做。一般来说,油性皮肤者,可以每周1~2次;中性皮肤者,两周1次;干性皮肤者,每月1次;混合性皮肤者,则应根据其部位不同,分别按不同肤质处理。

做面膜时如发现皮肤红肿或有其他过敏反应,应立即停止使用,及时医治。如果皮肤有破损,则不宜使用面膜。

十六、颈部皮肤的保养

一般要衡量女性的年龄时,总会观察三个部位的皱纹,一是眼睛周围的皱纹,二是嘴巴周围的皱纹,三是脖子上的皱纹。

1.脖子有支撑头部的作用,而人的头部约占1/3的体重。因此,脖子就容易长出皱纹。为了预防脖子上的皱纹,可使用低枕头且尽量伸直背部躺卧,这种躺卧休息经常做就会有效果。

2.改变不良习惯。有些人喜欢把下巴往身上缩紧,这个动作持续下去会产生颈部皱纹。

3.像对待脸部皮肤一样,经常清洁和护理颈部皮肤。

3.使用保湿护肤品。若皮肤过分干燥,就会无透明感,略显黑暗,皱纹也会更引人注目。

4.不宜穿领口开得很大的衣服,较适合穿高领衣服或使用领巾的装扮。

5.苗条者比肥胖者更易出现颈部皱纹,要尤其注意护理和着装。

十七、指甲的保养

健康的指甲,有着丰富的血循环,通过半透明的甲板可见色泽微红,有光泽,根部可见乳白色的半月形。保养指甲时应注意:

1.不能让指甲经常暴露在酷冷、炎热及清洁剂中,否则极易使指甲变脆。如果过多地使用肥皂、水,又会使其变软。

2.保养指甲应同保养双手同步进行,两者是相得益彰的。经常涂护手液,并常做按摩运动。

3.指甲油如能正确使用,既能美化指甲,又能保护和强化指甲,使甲板免受损伤。不过,使用去指甲油的药水时要格外当心,每星期最多只能用一次,否则会使指甲失水而变得干燥。

每周一次将指甲浸泡在橄榄油中,浸毕不必将油完全擦掉。也可辅以食疗治疗指甲。用几小匙骨胶溶在热肉汤中,或混在果汁中,坚持每天喝一点,指甲不久就会有所改观。但如果偶尔中断不喝的话,效果就不会明显了。

指甲旁出现的倒刺,千万不能用手去撕。那样会出现伤口,严重时还会感染红肿,甚至发展为甲沟炎。最好用剪刀、指甲钳剪去。

如果有咬手指的习惯,应该克服。经常咬会令指甲表面不平,影响正常生长。

十八、夏季怎样保养皮肤

夏季,气温上升,气候闷热,导致毛孔扩张,皮脂腺与汗腺的分泌液会大大增加,容易对皮肤造成损害。因此,要特别重视夏季皮肤的保养。

1.夏季,每天需进行2~3次的皮肤清洁。可选用温和、适合自己皮肤的洁面产品后,再使用嫩肤水。清洗后可涂保湿霜以补充流失的水分。

2.为了更好地使皮肤保持清新,每周可去一次角质。

3.多喝水,吃新鲜水果、蔬菜,少吃油腻、辛辣食物。

4.夏季上妆时间不宜过长,最好不要超过6小时。宜化清爽淡妆。

5.临睡前必须清洁皮肤,以利于皮肤的呼吸。

6.防止紫外线对皮肤的损害,外出要涂防晒霜,打遮阳伞。

7.空调在制冷的同时还降低空气中的湿度,而空气干燥会使皮肤中的水分迅速散失。所以空调环境中的女性要在皮肤裸露的部位搽些保湿水,并少用粉质化妆品。

十九、冬季怎样保养皮肤

冬季,面对寒冷的天气,肌肤比其他季节更不容易呵护,皮肤更容易缺乏水分而干燥脱皮,要如何在这个季节里让肌肤晶莹剔透水灵灵呢?

1.由于天气寒冷,皮肤干燥容易发痒,应避免使用洗净力太强的肥皂和清洁剂。这些东西会把人体制造的天然保护油脂都洗掉。

2.应使用由天然成分,如椰子油、芦荟汁、荷荷葩油及小麦胚芽油制成的无香料、多油脂的洁面皂。

3.脸部应选富含芦荟成分的清洁胶或霜,因为芦荟非常保湿,可使肌肤含水度提高。

4.在每次洗完澡后,记得要使用润肤乳液来防止皮肤干涩紧绷。

5.如果天气很冷,可选用杏仁油、荷荷葩油或维生素E油来预防皮肤干裂脱皮。

6.食用低油脂食物的人可能会发现皮肤比以前干燥得多,因此需要更多的滋润,而涂抹杏仁油等,可以帮助皮肤补充一些失去的油分。

7.如在冬季做去角质保养,须慎选产品。由于大多数的清洁按摩霜都稍具磨损性,对冬季易敏感缺水的肌肤可能会损伤而产生不适感。可以多选择天然成分,不具磨砂膏性质,尤其,长面疱者更不可用颗粒状的去角质产品,改用酵素去角质,直接敷在脸上即可。

8.冬天去角质的次数要比夏天减少,敷面膜的次数可以增加。因面膜可以去除脸部表层的死细胞,并帮助粗大的毛孔缩小,使肌肤看起来平滑鲜润。

9.冬天虽然天气冷不易口渴,但是水分的摄取还是很重要的,不可忽略。

二十、油性皮肤怎样保养

1.清洁。选择去除油性污垢能力强的清洁霜卸妆,然后用中性或稍偏碱性的洁面皂热水洗涤。一般每天洗脸 3 次,用温水洗后,最好再用冷水洗一遍,使面部血管收缩,减少皮脂的分泌。洗脸后也可用热毛巾反复湿敷面部,使毛孔开泄,从而有效地去除油污。

2.护肤。洁面后,用收敛性化妆水整肤,然后用清爽的营养奶护肤;晚上,可加用按摩的方法以去掉附在毛孔中的污垢,然后用棉花蘸收敛性化妆水在脸上轻轻拍打,最后涂营养乳液以保养皮肤。油性皮肤不宜过多使用化妆品,特别是油性化妆品,最好选用含水分较多的乳霜。

3.保养。可选择适合油性皮肤的面膜进行敷面,每周 1~2 次。常用的方法有:在搅碎的蛋黄里加一点小苏打,滴入 12 滴柠檬汁,拌匀后涂在脸上,15 分钟后洗去。将牛奶和麦片粥和匀,调成糊状,涂在面上,10~15 分钟后用温水洗去,再往脸上洒些凉水。把酿酒用的酵母片捣碎或用两满匙酵母粉,加一满匙酸乳酪,调匀后在脸上和颈部涂一薄层,干燥 20 分钟后洗去。

4.饮食。应避免吃动物油及辛辣食物,不吸烟,不饮酒,多吃水果、蔬菜。

二十一、干性皮肤怎样保养

1.清洁。选用洁肤品时,宜用不含碱性物质的膏霜型洁肤品,可选用对皮肤刺激小的含有甘油的香皂,不要使用粗劣的肥皂洗脸,有时也可不用香皂,只用清水洗脸。

2.护肤。洁面后,宜用冷霜或乳液滋润皮肤,再用收敛性化妆水调整皮肤,涂足量营养霜。晚上,要用足量的乳液、营养性化妆水、营养霜。

3.保养。可用蒸汽蒸面以加快面部血液循环,补充必需的水分和油分,每次 5~10 分钟,每周 1~2 次。坚持每天按摩 1~2 次面部,每次 5 分钟左右,可以促进血液循环,改善皮肤的生理功能。

可选用干性皮肤的面膜敷面,一般情况下,敷面 25~30 分钟即可。常用的适用于干性皮肤的涂剂有:鲜鸡蛋黄 1 个,面粉 2 茶匙,橄榄油 2~3 滴,蜂蜜 1 茶匙。调和成浓浆敷脸,可令皮肤组织恢复天然光泽。把整根香蕉捣成糊状,在脸上厚厚地涂上一层,干燥 10 分钟后再用温水洗净。用鲜牛奶或奶粉调成的奶在脸上涂一层,15 分钟后洗去。把橄榄油加热至 37℃ 左右,然后把一块纱布浸在油中,敷在脸上,只露出眼睛和嘴巴,10 分钟后除去,然后照正常程序洗脸,这种方法适用于皮肤特别干燥的人使用,对防止皮肤衰老有所帮助。

4.饮食。要多吃牛奶、牛油、猪肝、鸡蛋、鱼类、香菇及南瓜。

二十二、敏感皮肤怎样保养

1.温和洁面。"适度清洁"是敏感肌肤的保养重点,因为毛孔内的污垢也是过敏发炎的祸首。但千万不要清洁过头,皮脂层被破坏,皮肤更容易过敏。

(1)卸妆不使用卸妆油,敏感肌肤不喜欢油腻感。

(2)选择不含皂基成分、质地温和的洗面乳,最好是天然成分。

(3)不用含有去角质成分,也不能用会发热的洗面乳。

(4)先用温水将脸打湿,再用手掌把洗面乳搓起泡沫,轻轻按摩脸部。

(5)温水清洗后,用毛巾轻按干。不能因脸痒来回猛搓,敏感发作时,最好换条新毛巾。

(6)早晨用清水洗脸,晚上用"乳状"卸妆品卸妆,再用洗面乳洗脸。

2.抗敏保湿。"保湿"是敏感肌肤的另一个保养重点。抗敏感乳液含水量较高,比乳霜更能安抚敏感肌肤,帮助肌肤调整饱水度,增加抵抗力。

(1)选择专为敏感肌肤设计的具舒缓成分的专用品。

(2)冬天或温度比较低时,乳液会显得比较浓稠,要先用手掌温一下再用。

(3)用指腹蘸取乳液轻弹在脸上,不要用力涂抹。

3.爽肤调节。化妆水的作用在于镇静敏感的肌肤、整理肌理纹路,平衡洗脸后肌肤 PH 酸碱值。

(1)选择具有镇静、保湿功效的化妆水。可含有洋甘菊、芦荟、金盏花或温泉成分,都有镇静舒缓的抗敏效果。

(2)不含酒精:酒精和酸类成分都要避免。

（3）不用化妆棉。棉絮会让敏感肌肤不舒服,选用无纺布化妆棉或直接用干净手指涂抹。

（4）用按压式不要用拍打式。用涂满化妆水的双手,由内向外温柔按压。

4.防护隔离。没做好防晒,也会造成紫外线物理敏感,尤其已经发炎的敏感肌肤,更是见不得阳光。如果说保养是皮肤的内衣,那么防晒就像是皮肤的外衣,只要出门就一定要穿!

（1）选择敏感肌肤专用的防晒品,含有抗过敏成分,质地越清爽越好。

（2）先薄薄涂一层均匀按压,较高部位的鼻子、颧骨再加涂一层。

（3）常常外出,就要在下午外出前再涂一次,涂前先用面巾纸吸掉油分和脏污。

（4）在有空调的办公室里,面部经常会干痒难过,建议在抽屉里放一瓶"抗敏喷雾",皮肤不舒服时,随时镇静舒缓一下。喷完喷雾要印干多余水珠,否则皮肤表层会失水。

（5）使用保湿抗敏的舒缓面膜。面膜"密闭的保湿效果",绝对使其他保养品望尘莫及,最好一周使用两次来增加皮肤的水分,也可舒缓红热不适的现象。

二十三、电脑一族怎样保养皮肤

工作、生活和娱乐的需要使电脑成为不可缺少的伴侣,如何应对电磁辐射造成的伤害呢?

1.面部防护。屏幕辐射产生静电,最易吸附灰尘,长时间面对屏幕容易导致斑点与皱纹增多。使用电脑前不妨涂上护肤乳液后加一层淡粉,以略增皮肤抵抗力。

2.彻底洁肤。使用电脑后,第一件事就是洁肤,用温水加上洁面液彻底清洗面庞,将静电吸附的尘垢全部清除,涂上温和的护肤品。久之可减少伤害,润肤养颜。

3.养护明眸。操作电脑每隔一小时应休息10分钟,活动一下颈部、腰部和手指,向远处眺望。最好不要熬夜。平时准备一瓶滴眼液,以备不时之需。敷一下黄瓜片、土豆片或冻奶、凉茶也不错。方法是:将黄瓜或土豆切片,敷在双眼皮上,闭目养神几分钟;或将冻奶、凉茶用纱布浸湿敷眼,可缓解眼部疲劳,营养眼周皮肤。

4.增加营养。电脑一族,增加营养很重要。维生素 B 族对脑力劳动者很有益,如果睡得晚,睡觉的质量也不好,应多吃动物肝脏、新鲜果蔬,它们富含维生素 B 族;肉类、鱼类、奶制品增加记忆力;巧克力、小麦面圈、海产品、干果可以增强神经系统的协调性,是上网时吃的最佳小零食。此外,不定时地喝些枸杞汁和胡萝卜汁,对养目、护肤功效显著。如果你在乎自己的容貌,就赶紧抛弃那些碳酸饮料,而改饮胡萝汁或其他新鲜果汁。

5.常做体操。长时间操作电脑,会感觉到头晕、手指僵硬、腰背酸痛,甚至出现下肢水肿、静脉曲张。所以,平时要做做体操,以保持旺盛精力,如睡前平躺在床上,全身放松,将头仰放在床沿以下,缓解用脑后脑供血供氧之不足;垫高双足,平躺在床或沙发上,以减轻双足的水肿,并帮助血液回流,预防下肢静脉曲张;在上网过程中时不时伸伸懒腰,舒展筋骨或仰靠在椅子上,双手用力向后,以伸展紧张疲惫的腰肌;做抖手指运动,这是完全放松手指的最简单方法。记住,此类体操运动量不大,但远比睡个懒觉来得效果显著。

二十四、中老年人怎样保养皮肤

中年女性随着年龄的增加,面部皮肤逐渐失去光泽,弹性逐渐降低,皱纹日益加深,加之生理功能的衰退,皮肤会随之衰老。中年人如何加强皮肤的保养呢?

1.睡觉不要将脸埋在枕头上。脸部经常长时间压在枕头上,可使局部皮肤组织细胞受到挤压,破坏肌肉韧性的统一均匀性。即使在打盹的时候,也不要将脸埋在桌子上,这种休息方法,对皮肤弹性有较大的损害。

2.不要在短时间内快速减肥。有些女性,尤其是中年女性减肥之后,皮肤皱纹迅速增多。这是因为在短时间内减去脂肪,皮肤细胞却不会减少,所以会出现皮肤垂皱,失去弹性,无论什么样的美容按摩都很难挽回。

3.不要吸烟。吸烟是女子美容的大敌(男性亦然)。烟雾产生的有害物质从内外两方面对女性柔弱的皮肤进行摧残,使皮肤组织缺氧,促使皮肤细胞早衰,造成皮肤代谢紊乱,可使数以万计的皮肤细胞早夭。

4.慎重选择化妆品。人的皮肤呈弱酸性。有的化妆品则呈碱性。长期使用与皮肤相抵触的化妆品,会破坏皮肤的天然结构和性能,有时还可能导致细菌侵入,造成皮肤炎症。挑选化妆品时,不可只注意化妆品的包装,也不可单纯看重化妆品的成分是否高级,最重要的是化妆品的类型要与自己皮肤相符。现在国际上已规定,化妆品说明书中不仅要写清原料成分,还要注明 PH 值,即酸碱度。

5.注重食疗。除大家熟知的美容食品外,当归是不可不提的美肤良药。我国传统医学证实:当归具有抗老、消斑、美容、健肤的作用。维生素 E 是一种有效的抗老剂,而当归恰有抗维生素 E 缺乏的作用。因此,应把当归加入日常膳食中,发挥它防老抗衰、美容健肤的作用。

二十五、空调环境下如何护肤

空调房间一般偏于干燥,待久了会有喉干口渴的感觉,人体皮肤也会因酸碱度不平衡而受到影响。预防的方法是注意体内外的水分补充。

1.常在空调环境中的人,每天至少应喝足 8 大杯开水,以提供皮肤足够的水分。

2.同时要多吃新鲜蔬菜、水果。

3.要选用具有保湿作用的护肤品,如爽肤水、保湿乳液以及眼部保湿除皱精华液等,它们含有强化与修补真皮网状组织的成分,提供极佳的保湿功能,能使皮肤润泽、光滑、富有弹性。

4.空调房间放置一两盆清水,也会起到良好的保湿效果。

5.空调室内外温差较大,如进出次数频繁,忽冷忽热的温度变化极易使皮脂腺功能失调,导致皮肤疲劳,出现皱纹、过敏等各种美容问题。比较好的方法是尽量给皮肤一个适应时间,并且每周定期做 1~3 次清洗、保养、敷面护理,使皮肤有较强的抗恶劣环境的能力。

6.为了保持室内凉爽,多数空调房间都紧闭窗户,新鲜空气相对较少,殊不知室内氧气不够充足,实乃皮肤大敌。皮肤一旦缺氧,就会渐渐失去正常人体的红润状态,而开始泛黄,甚至变得苍白。因此,空调房内应禁止吸烟,同时放置一些绿色植物,间或去室外散步、活动活动,都是人体增氧、保护皮肤健美的好方法。

二十六、干性皮肤女性怎么吃

干性皮肤的人应多食些富含维生素 A 的食物,这是因为维生素 A 可促进皮脂的分泌,使皮肤保持滋润。此外,还可多吃豆类、蔬菜、水果、海藻等碱性食品。干性皮肤的人经日晒后,皮肤很容易发红,此时应尽量避免食用容易刺激和扩张皮下毛细血管的食物,如酒类、韭菜、大蒜、辣椒等。

二十七、油性皮肤女性怎么吃

油性皮肤的人往往体内水分较多,而且皮肤油脂分泌旺盛。因此,饮食上最好多选用具有凉性、平性的食物,如冬瓜、丝瓜、白萝卜、胡萝卜、竹笋、白菜、莲藕、西瓜、银鱼、鸡肉、兔肉等,少吃辛辣、温热及油脂多的食物。炎热的夏季,油性皮肤的人还可选用一些具有祛湿清热功效的白菊花泡水喝。

二十八、混合型皮肤女性怎么吃

很多女性的皮肤为混合性皮肤,即额头、鼻部为油性皮肤,油脂多,发亮,而其他部位又为干性皮肤。这样的肤质可以选择的食物很广泛,只要多吃些能保持皮肤透明、富有弹性的食物就可以了,如西红柿、黄瓜、苹果等富含维生素和水分的蔬菜水果。

第二节　健身美体

一、健美女性的形体标准

女性健美的标准,应是结实匀称,肌肉强健,富于曲线美,既不失女性的妩媚,又足以承受生活的压力,担当起社会责任。

1.骨骼匀称。站立时,头、颈、躯干和脚的纵轴线在一条垂线上,肩稍宽,腰椎、臂骨、腿骨发育良好;头、躯干、四肢的比例以及头、颈、胸的联结适度;上下身比例符合"黄金分割"定律,即以肚脐为界,上下身为5:8。

2.五官端正并与头部协调。

3.双肩对称,无耸肩或垂肩之感。

4.脊柱背视成直线,侧视具有正常的生理曲度。肩胛骨无翼状隆起和上翻之感。

5.乳房丰满而不下垂,侧视有明显的女性线条特征。

6.腰细而有力,微呈圆柱形。

7.腹部扁平,腰围比胸围约细1/3。

8.臀部圆润,鼓实微翘。

9.下肢修长,无头重肢轻之感。大腿线条柔和,而小腿腓肠位置较高并稍突出。足弓高,两腿并拢时正视和侧视均无弯曲感。

10.肌肉富有弹性,显示出人体形态的强健协调。

11.肤色红润而光泽。

二、健美女性的标准尺寸

标准体重(kg)=(身高−100cm)×0.9

标准臀围(cm)=身高(cm)×0.54

标准胸围(cm)=身高(cm)×0.53

标准腰围(cm)=身高(cm)×0.37

标准大腿长(cm)=身高(cm)×0.3

标准小腿长(cm)=身高(cm)×0.26

大腿的理想尺寸=身高(cm)×(0.29-0.3)

小腿的理想尺寸=身高(cm)×(0.2-0.21)

脚踝的理想尺寸=身高(cm)×0.118

小腿长度>身高×26.3%

最大小腿圆周=小腿长度×3/4

三、不同年龄的运动方式

不同年龄段的人,由于身体素质和体态的变化,所采取的运动方式也有所不同与侧重。

20~30岁:多做增强力量的训练,通过全身性的锻炼,提高心搏能力、反应能力及柔韧性等。

30~40岁:要有意地锻炼柔韧性,提高肌肉的伸展力。练习重点应放在心脏循环系统及柔韧性上。可做器械练习,以增加肌肉的含量,保持肌肉的韧性与弹性。

40~50岁:要注意保持体形,消除赘肉,运动量不宜过大,锻炼的重点应放在腹部、大腿上。可做哑铃操、垫上练习,以减缓肌肉的松弛。

50~60岁:要多做增强背肌的练习,防止脊椎变形和椎间盘损伤。运动时要循序渐进,增强骨骼密度,切忌一次性运动量过大。

60岁以上:要进行小运动量的锻炼,不适宜快速的力量练习。可进行慢步,倒着走等运动。

四、胸部健美法

健美的体形,除了有一个挺拔的身体作基础外,还要有匀称丰满的曲线美,而

·美容美体·

图文珍藏版

女性的胸部十分关键。怎样锻炼胸部,使其丰满呢?

1.胸部扁平的女孩,每天做吹气运动可使胸部丰满。如吹热水袋、气球、塑料玩具等。长期坚持下去,胸部必然隆起,显出曲线美。

2.经常用热水淋浴,用毛巾按摩胸部。

3.每天做扩胸运动,做俯卧撑。

4.坐在椅子上面对墙壁,双手用力做推墙动作。

5.跪在床上(或地上),两手手指对撑在前面,弯曲使胸部贴近床(或地面),慢慢让胸部向前滑。

五、腹部健美法

腹部是最易积累脂肪的地方,青年女性要保持腹部扁平柔韧,经常做腹部体操是很必要的。

1.两腿并拢跪在床上,两臂上举,上身尽量向后仰。然后上身再慢慢向前俯,双臂缓慢由上向下地向后摆,直至胸部贴近大腿。

2.站立,两腿站直,双臂上举,右腿抬起放在凳子上,上身向前俯曲,使手触脚尖,尽量使胸部靠近腿部,交换腿做同样的动作。

3.仰卧床上,两臂放置两侧,双腿伸直并拢,脚尖绷紧,双腿慢慢抬起向上身靠拢,抬到最高限度后,再慢慢放下,速度控制得越慢越好。

另外,仰卧床上,两臂放置两侧,双腿悬空似蹬自行车的姿势,蹬得越快越好。

4.仰卧床上,做仰卧起坐,数十次,然后两腿、两臂同时伸直、平举,使上身与两腿靠拢,双手触及脚面,仅臀部的尾骨处着床,停留数秒钟。

5.跪在床上,双臂弯曲平放前方支撑,胸部贴近床面,左腿向后上举,举得越高越好,使腹部肌肉有拉紧感,做数十次后,交换另一条腿。

六、腰部健美法

1.站立,两腿分开,双手平放胸前,伸直上身,上体向右后方转动,幅度越大越好,以能看到左脚跟为好,然后再向左后方转动上体,看到右脚跟。反复数十次。

2.两腿分开,上身前倾。左手臂举起,右手触摸左脚外侧,两手交替做,速度越快越好。

3.双手叉腰,双腿分开站立,收腹,腹部顺时针转动,再逆时针转动,各200次。

目前国外流行一种使腰部脂肪减少的"俯拾"运动,方法是在每天饭后,把100粒黄豆撒在地上,然后一次弯腰拾一粒放在盒子里,直至俯身弯腰100次将黄豆拾完为止。

七、臀部健美法

美臀的标准是挺翘、圆润、结实,还要有弹性。坚持美臀的练习,可以加强腿部线条美,尤其对减去臀部脂肪、抬高臀部位置和加强腰背力量均有效。

1.双臂伸直扶墙壁,右腿独立,重心移右脚掌,然后身体向前弯曲,一边呼气一边把左腿向右伸直,尽量抬高,双腿交替进行,各做15次,双腿不要弯曲。早晚各做一遍,每天坚持做,这样锻炼能使腹部收缩,使腰部到臀部形成一条优美的曲线。

2.身体站立,双手叉腰,然后弯曲膝盖,保持微蹲的姿势。保持预备姿势,然后收腹,接着向后收臀,此为一完整动作。继续保持膝盖弯曲,然后连续做以上动作。

3.两脚成前后步,下蹲,使前后脚的大腿及小腿都成90°。

4.双脚微曲平躺地上,双手平放在两侧。将臀部向上抬,维持约5秒后,将身体平放在地上,重复动作15次。

5.仰卧在床上,双腿伸直,双臂成一字分开;举起右腿与床成直角,腿伸直,慢慢向左臂方向靠拢,还原;换成左腿,重复进行。

6.面向地板,用两前臂及双膝支撑身体,向后伸直左腿,抬至臀部高度,并使膝盖弯曲成直角,保持数秒。收回左腿,换成右腿,重复进行。

7.爬楼梯,简单又省钱。最好每次踏两个台阶,可锻炼大腿及臀部肌肉群,紧实臀部。

8.找一把椅子,扶着椅背,一脚站直,另一脚在空中向后伸展,约2秒后,再放下,重复10~15次。换脚再做。

9.双脚分开站立,宽度比肩,两臂侧平举,两臂向下至腹部交叉,同时膝盖弯曲,腿微微下蹲。

10.跪在地上,双手撑住地面,单脚伸直向上尽量提升,保持10秒。双脚轮流重复20次。

11.跪在地上,双手撑住地面。单脚屈起向外侧伸展,左右脚轮流做20次。

12.席地而坐,双腿伸直,挺腰直背;交替挪动两侧臀部向前"行走",背不能躬,双腿伸直,手不扶地。上述练习对减少大腿尺寸也有帮助。

13.双腿并拢,双手撑在墙上,腿伸直,臀部先向外伸展10秒,接着再朝墙靠近10秒,重复做,不仅可塑造臀部曲线,也有收腹的效果,小腹会慢慢变平。

14.双脚张开与肩同宽,臀部往下蹲,使大腿与小腿间约成90°,静止动作维持8秒后,再站直。

15.俯卧在床上,双手放至身体两侧。抬起右腿,注意脚尖绷直,保持一分钟左右。左右腿交换进行。

16.放一池温水,坐在浴缸中,将双腿伸直。将一条腿曲起,用力将身体向前俯,维持若10秒,双腿轮流重复动作,能收紧腿部及臀部的肌肉。

17.刷牙时,两脚并拢,肩部挺起,臀部用力缩紧。漱口时,臀部放松。

八、腿部健美法

(一)腿的锻炼方法

1.提起足跟,用足尖走路或跑跳。

2.双手扶墙、面壁,两腿站直绷紧,足跟随音乐或节拍突然提起,再慢慢落下(强调爆发力)。重复数十次。

3.按照上述方法,两腿分别锻炼,即弯曲左腿,右脚尖着地起落数十次,再弯曲右腿,左脚尖着地起落数十次。逐步增加强度和速度。

（二）大腿的锻炼方法

1.仰卧在床上,脚心相对,双腿慢慢向上抬起,至与上身成90°;弯曲膝盖,两腿慢慢分开呈蛙式;两腿向两边分开,脚心向上。重复数十次。

2.两腿直立,脚跟靠拢,弯腰,手抱住脚踝处,将头贴近小腿处,越近越好,保持十几秒钟。左腿侧抬至与右腿成90°,然后慢慢向右腿并拢,停留稍许,再做一次。然后右腿用同样的方法做两次,轮流各做若干次。右腿弯曲脚底着地,左腿绷紧伸直离地面悬空,停留一会,再换腿同样做若干次。

3.站在地面,两臂侧平举,手心向下,脚跟靠拢。右腿弯曲侧抬起,尽量使膝盖靠近右肘。然后再换腿做同样的动作若干次。右腿向上踢起,尽量使脚尖碰右手,然后再换腿做同样的动作若干次。

4.两腿分开,两手放在膝盖上,背靠墙慢慢弯曲双腿,使大腿上部与上身成90°。呈悬空坐板凳的姿势,停留数秒钟。

第三节　美容面膜

一、认识面膜

（一）面膜都有哪些分类

1.按材质分为5类

（1）泥膏型面膜

清洁、保湿效果好,能软化阻塞毛孔的硬化皮脂。敷脸后,黑头,粉刺很容易挤出来,对不适合蒸汽的干性皮肤是最佳选择。其中不含特殊吸油成分的适用于中、干性皮肤,含较多高岭土(也称中国黏土)或添加吸油成分的适用油性皮肤。但此类面膜防腐剂、矿物质含量较高,敏感型肌肤谨用。

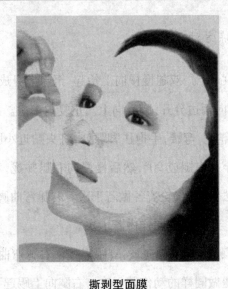

撕剥型面膜

（2）撕剥型面膜

主要成分是高分子胶、水和酒精,清洁原理与泥膏型相同,也是通过升高表皮温度,促进血液循环和新陈代谢。要自上而下撕剥,避开眼眶、眉部、发际和嘴唇周围的肌肤。由于不含保湿剂,不适合干性皮肤,撕剥的方式也不适合敏感型皮肤。

（3）冻胶型面膜

把冻胶型清洁面膜中的表面活性剂拿掉,再加入一些保养成分,就成为冻胶型的保养面膜了。其中透明的只加入了水溶性的护肤成分,更适合油性肤质,不透明的加入的成分比较多,干性肤质也可以使用,涂抹要有一定的厚度,一定要盖住毛孔,才能更好地发挥作用。

（4）乳霜型面膜

效果与一般晚霜的效果差不多,质地跟护肤霜差不多,具有美白、保湿、舒缓等效果的面膜大多属于此类。敷完后擦拭干净即可。因为质地温和,适应面比较广,敏感性肌肤也能放心使用。

（5）棉布式保养面膜

就是将调配好的高浓度保养精华液吸附在棉布（纸）上。成分易于控制并可添加多种养分,能提高护肤成分对皮肤的渗透量及渗透深度,并能迅速改变皮肤含水量。不过这类面膜没有清洁效果,不适合需要深层洁肤的人。

2.按功能分为4类

(1)迅速提供肌肤水分的保湿面膜(适合各类肌肤)。

(2)具有清洁和醒肤功能的清洁面膜。

(3)去除油质的清爽面膜(适合油性肌肤)。

(4)提供水分和养分的滋润面膜(适合干性和混合性肌肤)。

3.按开式分为三类

(1)撕拉型面膜

撕拉型面膜更多地借助了物理作用对皮肤进行深层清洁。它大多是透明或者半透明的胶状液体,敷到脸上变干后结成一层薄膜,使表皮温度升高,从而能促进血液循环和新陈代谢。面膜干燥后,通过撕拉的方式将毛孔中的污物带出来,并且为皮肤去掉了死皮。

(2)水洗型

水洗型面膜里一般会加入深海泥、各种矿物质、植物精油等营养成分。因为保湿剂是其中一种必要成分,所以它不仅能够有效清洁皮肤,而且能利用水分软化阻塞在毛孔口的硬化皮脂,使粉刺和黑头能很容易地被挤出来。

(3)乳霜型

乳霜型面膜质地跟护肤霜差不多,具有美白、保湿、舒缓等效果的面膜大多属于此类。它的使用也很方便,敷完后只要用面纸擦拭干净即可。

(二)面膜材质,细分析

材质:无纺布

优点:能吸附大量精华液,并且不容易滴落。

缺点:敷得过久时,会将肌肤的水分吸走。

材质:棉布

优点:舒适度,透气度都很好,不容易导致敏感。

缺点:吸附力不足,稍一走动,精华液就容易滴落。

材质:果冻

·美容美体·

图文珍藏版

优点:有清凉触感并且相当贴合,营养成分容易吸收。

缺点:保湿效果较不明显,撕除时容易拉扯肌肤。

材质:生物纤维

优点:纤维细致,营养成分能渗入到细小的皮沟和皮丘。

缺点:有许多仿冒品,认为半透明及 QQ 质地才是正货。

材质:需水洗胶状

优点:可依肤质或心情调整用量,想涂哪里就涂哪里。

缺点:敷上 10~15 分钟后需要用水洗净,较为麻烦。

材质:需撕除糊状

优点:对于去角质、清除深层污垢的功效相当好。

缺点:等待干燥时不能有表情,否则容易有皱纹产生。

(三)无法割舍的"膜"力

从古至今,为什么面膜这么长盛不衰,女士们始终对面膜情有独钟呢?正所谓"天生丽质难自弃",这完全在于面膜本身具有的优越效能。

第一,把湿润的面膜敷在脸上,面膜里的物质就把皮肤紧紧地包裹起来,将皮肤与外界的空气阻隔开,一方面让水分缓缓地渗透入表皮的角质层,同时也防止膜内的水分很快丢失,让角质层的细胞在湿润的环境中"喝个够",使深层细胞的胶原质吸足水分,这样皮肤便会柔软起来,增加弹性。与此同时,皮肤表面"铺上了被子",会暖和起来,毛细血管慢慢扩张,于是加速了皮肤深层的血液微循环,增加了表皮各层细胞的活力,以除疲惫的老态。

第二,在做面膜的过程中,皮肤与外界空气阻隔开,皮肤表面的温度有所升高,也会使毛孔扩张,促进汗腺的分泌,这样就有利于把毛孔里沾染的外界灰尘、化学污染物质和微生物清除掉,同样也有利于排除表皮细胞新陈代谢产生的废物和积累得过多的油脂类物质。紧跟着,面膜在形成膜时,它的胶黏性成分就会把皮肤表面和毛孔里的污垢、化学污染物、废物、油脂等有害于皮肤健康的"毒"物黏附在一起彻底清除。有的面膜里还加入一些粉状的吸附剂,把油性皮肤上过多的油脂吸

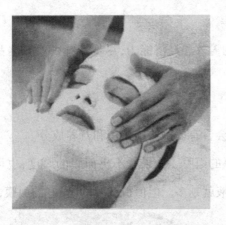

面膜敷脸

附掉。面膜这种清洁护肤的效能是十分显著的,容易生暗疮、长青春痘的年轻人常做面膜,不但可以有效地预防暗疮的产生,也有助于暗疮的治疗。

第三,面膜敷在脸上慢慢干燥后形成薄膜,在这过程中缓缓地把皮肤适度地收紧,增加张力,形成一种良好的刺激,让皮肤上的皱纹舒展开来。小的皱纹看不见了,大的深的皱纹显得小了、平滑了,整个面容也就显得年轻了。

第四,湿润的面膜敷在脸上,并停留一段时间,这就方便了营养性或功效性的物质渗透进入皮肤的深层。与此同时,毛细血管的扩张,血液微循环的增加,会大大促进细胞对面膜中营养性或功效性物质的吸收和利用。正是考虑到这种优异的效果,人们便把这样那样的营养性或功效性物质添加进面膜里,以期取得更好的效果。这么一来,面膜除了上面讲到的基本功效外,按照添加进去的物质,还可以增强或增加各种各样的功效,如保湿润肤、美白去斑、防皱抗衰老、消炎排毒、防治暗疮等。虽然做面膜对脸有很大的好处,但是面膜也不需要天天都做,一般2~3天做一次比较好,如果天天做的话,和2~3天做一次的效果是一样的。

(四)如何挑选好面膜

面膜"样子"都差不多,但价格、舒适度和使用效果却有很大差别。从众多面膜中选择一个好面膜,还要注意以下三个方面:

1.精华液成分

精华液是面膜的核心,精华液的成分如何、剂量多少是决定价格、使用感受和使用效果的最直接因素。

建议:根据自己的需求和经济能力,尽量选择一些知名品牌的产品,其成分最好选择天然成分。

2.面膜厚度

比较厚的面膜内会含有更多的精华液和营养成分。

建议:选择比较厚的面膜。如果看不出面膜的厚度,也可以从重量来判断,越重的面膜含有的精华液就越多。但值得注意的是,好的面膜,能够紧紧吸附住最大

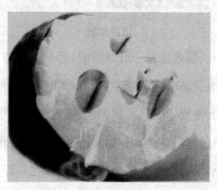

棉质面膜

剂量的营养成分,不会在拆开包装拿出面膜后,却发现一堆营养成分留在包装袋里。

3.面膜质地

面膜的质地影响着面膜的舒适度和使用效果。从织布面膜的质地和织法来说,天然纯棉质地最好,合成纤维其次,像湿纸巾一样的质地最差;而面膜的裁剪刀数也决定着面膜是否更加服帖,是否贴合面部曲线和凹凸。

建议:选择棉质等天然材料质地的面膜,并在购买前仔细观察或询问其使用舒适度和裁剪刀数。一般的裁切刀数大多是 8 刀,好的面膜剪裁可达到 12 刀。

(五)使用面膜的正确顺序和方法

第一步:先深层清洁,让肌肤吸收面膜精华。首先把脸先清洁洗干净,时间允许的话,快速做个去角质保养,清除肌肤表面老废角质,接着再敷面膜,就会如同清除了宿便的肠胃般,吸收营养效果格外好。

第二步:精准贴合脸型。很多人敷面膜常常随便敷上就算了,正确方式应该要看着镜子、对准脸型敷上,额头、两颊、眼周,都要进行调整。

第三步:彻底发挥密封效果,压出多余空气。以指腹将面膜轻压服帖,将"膨"起的多余空气压出,让脸部肌肤能被彻底隔绝密封,这个动作决定面膜是否能达到深层作用。

第四步:拿下面膜后残留的精华成分,稍加按摩再利用。敷完拿下面膜后,以指腹轻柔按摩脸上残留的精华成分,帮助营养成分再吸收,最后将双掌搓揉微温,包裹双脸,加温渗透。

1.百膜使用小注意

注意一:敷面膜一般不超过30分钟。有的美眉以为面膜敷得越久越好,有的人更是晚上睡前把面膜敷上,第二天醒来才撕掉。其实,每次敷面膜一般不超过30分钟,或者达到八成干就行了。不然过干的面膜撕下时会伤害皮肤,而且过干的面膜还会反过来吸收面部的水分呢!

涂抹面膜

注意二:面膜的使用频率不能太密。你是否以为每天都做面膜,皮肤就一定好?其实太频繁地敷面膜,只会让肌肤负担过重,不是好的护肤方法。一周做两次就够了。

注意三:每次敷面膜不能太厚。面膜越厚,营养越够?不是的,太多的营养,肌肤一下子吸收不过来,过厚的面膜反而会让肌肤透不过气来,缺氧的肌肤又怎么会漂亮?

注意四:谨慎选择面膜种类。人的脸部皮肤和身体的皮肤一样,是有可能对某种成分起过敏反应的,它甚至比身体的皮肤更容易敏感。而脸面是形象的窗口,一旦过敏留下疤痕,对形象的影响可谓巨大。因此,如果你曾经对某种化妆品过敏或属于过敏体质的话,则要多留意面膜的选择,适合别人的不一定就适合你。测试方法:可先在手肘内侧的皮肤上涂抹少量面膜,20分钟后若无过敏反应,则可尝试敷在脸上。

注意五:敷完脸后要涂抹护肤品。有的人以为面膜已经让皮肤吸收营养了,那敷脸后就不必涂抹护肤品。其实不然,面膜的护理多是去除死皮和补充皮肤深层营养,若没有皮肤表面的锁水,营养还是容易很快流失,因此敷完面膜后也要涂抹护肤品。

注意六:不要敷完脸后立即上妆。有的人为了上妆好,特意敷了面膜。其实敷脸刚完成时,肌肤会很敏感,立即上妆会让皮肤有敏感反应,应该尝试一下一日素面的感觉,改日再化妆。

(六)面膜使用也要讲求技巧

1.洗完澡后敷脸效果最好

洗完澡或泡完澡后毛孔张开且肌肤水分充足,这个时候敷脸效果最好! 也可以先用热毛巾敷脸,具有同样的效果。

2.敷脸前先用精华液打底

敷面膜前先用精华液打底,有前导及加强的效果。敷美白面膜先擦上美白精华液,或是先拍上保湿精华再敷保湿面膜。

3.鼻梁为中心,外围要服帖

以人中鼻梁为中心部位敷上面膜,由内而外将面膜纸抚平,推出其中的空气,外围部分一定要服帖,否则容易因为面膜纸干燥而翻起。

4.盖上毛巾加温,效果更好

将面膜放入冰箱降温或热水加热,不小心就会将其中的营养成分破坏。敷上后盖层干毛巾增加密闭性,吸收效果更好。

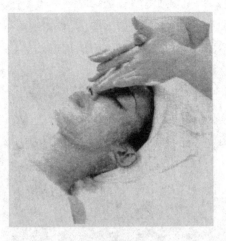

敷精华液

敷上面膜后不小心睡着,小心水分蒸发后的面膜纸比你的脸还干,不仅没保养到,反而把水分通通给吸回去!

5.拿下面膜纸后作按摩

拿下面膜纸后脸上常留有大量精华液,加以按摩能够帮助肌肤吸收营养成分,不喜欢太黏的可用干面纸稍做擦拭。

6.敷脸后涂上乳液锁住水分和养分

最后涂上乳液,用油脂质地以形成保护膜,锁住刚刚被肌肤"吃"进去的营养成分。

7.敷完脸以后敷脖子

从脸上拿下来的面膜还可以用来敷脖子,不仅不会浪费,也可以避免脸和脖子的肤色差距愈来愈大。

8.袋里的精华液别浪费

拿出面膜纸后,袋子里剩余的精华液可别浪费了,用来擦拭手脚肌肤,全身一起做保养哦!

（七）自制面膜好处多

自己动手制作面膜,可选用天然材料,如新鲜的水果、蔬菜、鸡蛋、蜂蜜、中草药和维生素液等,它们的副作用少,不受环境和经济条件的限制,是物美价廉的美容佳品。

1.深层修护

自制面膜

敷上面膜后,通过在面部和外界形成一层暂时密闭的屏障,使肌肤表面温度有所升高,毛孔扩张,令肌肤处于最好的吸收状态,从而保证面膜中的营养成分有效被吸收。

2.迅速补充水分

敷面膜时,一方面面膜中的水分缓缓地渗透入表皮的角质层,为干燥的肌肤补充水分,同时面膜可以起到锁水保湿的效果。

3.提亮肤色

敷面膜可以加强肌肤深层的血液微循环,提升肌肤细胞的活力,缓解疲惫的同时,提亮肤色,使肌肤恢复健康好气色。

4.深层清洁、去角质

面膜具有较好的深层清洁效果。面膜湿润的成分可以软化角质;在使用清洁面膜时,可以将老化的角质以及毛孔中的污物一起带出,令肌肤变得清爽通透。

面膜具有收敛肌肤的效果。面膜敷在脸上慢慢干燥后形成薄膜,在这过程中缓缓地收紧肌肤,增加张力,同时具有舒展皱纹的效果,可以消除幼纹,较深的皱纹也显得平滑了许多,使肌肤逐渐变得紧致而有弹性。

5.改善肌肤问题

敷面膜有利于清洁毛孔中的多余油脂及污物,可以有效抑制暗疮和青春痘的形成。在肌肤出现问题时,很适合使用面膜集中进行护理。

6.放松身心

做面膜可以舒缓紧张的身心,是感觉紧张或长途旅行时很好的放松护理方式。在消解脸部烦恼的同时,让人心情愉悦。

二、自制面膜材料

自制面膜时可以运用的材料相当多,家中厨房就有许多现成的材料可以运用。基于天然、省钱与便利的原则,本书中介绍的自制面膜取材皆以天然的食物材料为主,辅以部分市售的基底保养油、食用油、药材与营养补品材料。因此,您可以在经济许可的范围之内,每周实施您喜爱的面膜保养计划,做好肌肤的保养。

(一)蔬菜

蔬菜是容易取得的面膜材料,您可以根据厨房已有的材料,机动性地或计划性地做好保养工作。蔬菜大多含有丰富的维生素、矿物质,含水量丰富,具有良好的润泽性,将蔬菜打成蔬菜泥后敷脸,具有良好的洁净、滋养与润泽效果。

本书中建议采用的蔬菜材料如下:胡萝卜、马铃薯、西红柿、黄瓜、丝瓜、冬瓜、大蒜、苦瓜、红薯。

(二)水果

水果应该是使用最为普遍的面膜材料,由于获取容易,含有丰富的果酸,能够软化皮肤、提供水分,使肌肤润泽,为良好的面膜材料。

本书中建议采用的水果材料如下:西瓜、水蜜桃、草莓、橘子、猕猴桃、柠檬、酪梨、水梨、木瓜、香蕉、苹果、菠萝、柳橙、哈密瓜、柚子、梅子、李子。

(三)食用油

食用油具有润滑性,在自制面膜中也被普遍运用。具有滋养疗效,能够抚平皱纹,提供肌肤深层滋养,食用油也是明星材料。

本书中建议采用的食用油材料如下:橄榄油、杏仁油、植物油、甘油。

(四)干果五谷类

干果五谷类的食物具有丰富的脂肪,富含维生素,具有良好的润泽性,无论内服与外用都是良好的保养品。干果五谷类的材料在自制面膜中经常用来作为基底面膜,它具有润泽滋养、去角质的疗效。

本书中建议采用的干果五谷类材料如下:杏仁、芝麻、花生、栗子、燕麦、麦片、小麦芽、玉米片。

(五)花卉类

花卉的药用价值不断地被证实,许多花不仅可以食用,也可以用来外敷,以作为药用或美容保养用品。花朵还具有独特芳香,因此在使用花卉材料制作保养品时,还得以享受花卉中的清香气息,花卉是诸多保养品中最为优雅的一类。

本书中建议使用的花卉类材料有:玫瑰花、菊花、薰衣草、甘菊。

(六)肉、蛋、乳、豆类

肉、蛋、乳、豆类食物长久以来就以含有优质蛋白质的成分而受到美容人士青睐的,这类食物不仅可食用,若拿来作为面膜的外敷材料,也具有同等优质的疗效。尤其在美白、滋养、去皱方面的效果最为惊人。

本书中建议的肉、蛋、乳、豆类材料有:鲜牛奶、奶粉、酸奶、鸡蛋、乳酪、豆腐、炼乳、猪蹄。

(七)调味料类

调味料的种类繁多,滋味多样、独特,这些调味料也都可以是美容保养的优质材料,不仅价格便宜而且疗效惊人,调味料通常都是面膜中的基础材料,具有举足轻重的作用,堪称是面膜家族中的明星材料。

调味料

本书中建议使用的调味料有：酵素、醋、面粉、蜂蜜、糖、粗盐、玉米粉、沙拉酱、绿豆粉、苹果醋、西红柿酱、砂糖、藕粉。

（八）酒类

酒精类也是自制面膜中常见的材料，酒精的挥发性能够有效地收敛肌肤，具有滋养性。您可以选择家中已有的酒类来自制面膜。

本书中建议使用的酒类有：烈酒、伏特加酒、白酒、啤酒、低度酒。

（九）中药材

许多中药材具有美白价值，这些材料都是经过实践检验流传下来的，而且许多还是古时宫中妃子使用过的秘方材料，具有很好的效果，因此，在自制面膜时您也可以选择中药行里可以找到的药材，试试祖先珍藏的传统秘方美容术。

本书中建议使用的中药材料有：白芷、白果、桃仁、菟丝子、芦荟、茯苓、莲子、珍珠粉。

（十）营养补品

营养补品（如维生素 C 或 E 胶囊），也可以作为自制面膜中的重要滋养材料，富合营养，获取方便、容易，也比市售现成的化妆品便宜而且天然。

本书中建议使用的材料有：维生素 E 胶囊、维生素 C 胶囊、鱼肝油胶囊。

三、自制面膜器具

自制面膜时您需要自行准备一些器具，这样可以使您在制作时达到事半功倍的效果。这些工具通常在自家中的厨房都有，您可以视个人情况运用，也可以买面膜保养专用的器具，这样就不会产生与厨房烹饪用的器具混用的情形，一来个人取用方便，二来也比较卫生。小型的器具不妨以一只盒子、木箱或是篮子盛放起来，成为您个人保养脸部的专用品,每当看到这些器具时,心情也会跟着振奋起来,想到因此就可以变得更为美丽自信,心情自然也愉快了起来!

您所需要的器具如下:

1.小锅子

选用一只小锅用来搅拌分量多的面膜粉,也可用来溶解或将材料煮软、煮烂。此锅在一般的锅具店都有出售,也可以买有锅柄的锅,在移动或倒取时都很方便。

2.汤匙

准备一只小汤匙,铁制或是木制的都可以,可用来搅拌混合后的面膜材料。材料需要溶解时,也需要以汤匙进行搅拌。

3.量杯

量杯的作用在于计量分量,取用材料时若能有量杯协助,则能够更精准地估量出面膜材料的比例与分量。

4.纱布

纱布的作用很广,可以用来过滤,纱布的孔隙较小,能够过滤出较纯的面膜汁液。另外,纱布可以用来蘸取面膜汁涂抹在脸部进行保养,具有温和与清洁的作用。

5.脱脂棉

脱脂棉可以用来蘸取面膜材料涂抹在脸部。当面膜需要洗净时,也可以运用干净的脱脂棉蘸取清水,一点一点地擦拭脸部。这样可以非常仔细地洗干净脸上的面膜粉。

6.滤网

滤网主要用来过滤面膜材料中多余的残渣,这样可以制造出比较纯净的面膜汁液,以免过多的残渣敷在脸部产生不舒适的感觉。最好自行买一只滤网专用,避免与厨房烹饪用的滤网混用。

7.果汁机

许多自制的面膜材料需要打成泥状或糊状,若家中没有食物调理机,果汁机是不错的替代品。但要注意在将材料打成泥状或糊状时,果汁机不要运转太久,待材料打碎或打散后即可关闭开关。

8.榨汁机

柠檬或柑橘类的水果材料可以运用榨汁机来榨汁。榨汁机使用非常简便,有手压式,也有电动压取式,可以视个人情况与空间大小选用。

9.小钵

陶制或玻璃制的小钵可以用来研磨,许多软性材料可以通过小钵研磨制成,小钵简单、轻巧,拿取也很方便。

10.研磨器

可将研磨器与小钵一起使用,研磨器通常为长圆棒状,用来捣碎面膜材料。

11.小刷子

若是不喜欢以纱布或脱脂棉蘸取面膜液,您也可以买一只软毛小刷蘸取面膜材料涂抹在脸上,让自己在家中也有沙龙级的做脸感受。

12.热毛巾

热毛巾在敷脸时可发挥不错的功效,将热毛巾覆盖在敷好面膜的脸部,通过热气的蒸发,可使毛孔扩张,帮助皮肤吸收面膜养分。

13.面膜纸

敷面用的材料若为液体状,可使用面膜纸覆盖涂满面膜的脸部,这样便于皮肤充分地吸收面膜养分,待面膜干后再撕除即可。面膜纸可以在商场中买到。

四、自制美白面膜

西瓜美白面膜

材料

西瓜皮2块,干净纱布或脱脂棉适量。

制法

1.用汤匙将西瓜皮汁液刮下,倒入小碗中。

2.以干净纱布或脱脂棉蘸取西瓜汁液涂抹在脸上。

3.待 20 分钟后洗干净即可。

美容功效

夏季是盛产西瓜的季节,西瓜也是夏天里相当好的美容保养品。将吃剩的西瓜皮留下,西瓜皮的汁液具有清火排毒的功效,并能够美白、修护皮肤。经常使用西瓜皮汁液敷脸,能够创造美白滋润的皮肤,增加皮肤弹性,减少皱纹,增添光泽。

黄瓜面膜

材料

黄瓜半条,干净纱布或脱脂棉适量。

制法

1.将黄瓜用搅拌机打碎,放入纱布中过筛滤渣,将黄瓜汁放入碗中备用。

2.以脱脂棉蘸取黄瓜汁在脸上轻轻按摩。

3.约 20 分钟后洗干净即可。

美容功效

在烹调黄瓜时,不妨充分运用剩下的黄瓜,黄瓜有洁肤作用,可以防止皮肤老化。用新鲜黄瓜做面膜对皮肤有美白作用,可使皮肤变得有弹性。鲜黄瓜所含的黄瓜酶,是很强的活性生物酶,能有效促进新陈代谢,扩张皮肤毛细血管,促进血液循环,达到美容效果。

草莓牛奶面膜

材料

草莓 4 颗,鲜奶 1 大匙,蜂蜜 1 大匙,干净纱布或脱脂棉适量。

制法

1.将草莓洗干净,去蒂,每一个都切成两瓣。

2.在锅中放入草莓、倒入鲜奶,再加入蜂蜜,充分拌匀。

3.将锅放在火上稍微加热,至草莓软化并与牛奶蜂蜜混合后,搅拌均匀,熄火。

4.以干净纱布或脱脂棉沾满草莓牛奶液,均匀地涂抹在脸部。

5.25~30 分钟后,洗干净即可。

美容功效

草莓、牛奶与蜂蜜都是美容圣品,加热后外敷具有高度的美白效果。不妨在草莓旺季多购买一些,多多使用这款面膜,让蜂蜜甜美的气息溶化在面膜中,给予您春天里最需要的滋润。

蜂蜜柠檬美白面膜

材料

蜂蜜 1 大匙,柠檬汁 1 大匙,麦片粉 1 小匙,维生素 E 胶囊 1 粒。

制法

1.将麦片粉、蜂蜜、柠檬汁一同放入容器中。

2.用剪刀将维生素 E 胶囊剪破,将油液加入容器中,并将所有材料搅拌均匀。

3.洁面后,将本款面膜均匀涂于脸上,避开眼部及唇部。

4.约 20 分钟后,用清水洗净。每周敷一次。

美容功效

收缩毛孔,有效去除皮肤油脂,调节肌肤水油平衡。

鲜奶提子嫩白面膜

材料

鲜牛奶适量,新鲜提子 8 颗。

制法

1.将提子洗净后连皮捣烂。

2.将鲜牛奶加入提子泥中,充分搅拌均匀至黏稠。

3.洗完脸后,将本款面膜敷在面部。

4.接着用手指轻轻按压,以助吸收,15 分钟后,用温水洗净即可。

美容功效

去除死皮,令皮肤柔软、细滑、滋润白皙,还可消除皮肤暗疮、雀斑、黑斑。

胡萝卜面膜

材料

胡萝卜适量。

制法

1.取适量胡萝卜去皮后打成泥。

2.将胡萝卜汁均匀地涂在脸部,10~20 分钟后洗净。

美容功效

胡萝卜是厨房中常用的蔬菜,含有丰富的维生素 A,挤压出的胡萝卜汁是美容的外用优质材料。胡萝卜面膜能有效改善皮肤粗糙暗沉现象,早晚可各敷 1 次,连续使用 10 天后即可见到脸部变得白嫩许多。

绿豆牛奶面膜

材料

绿豆、牛奶适量,面膜纸 1 张。

制法

1.将绿豆连皮磨碎,再将牛奶慢慢倒入,并搅拌成糊状。

2.将调好的面膜敷于面部,从下巴开始,至两颊、鼻子、额头,之后再将面膜在面部抹匀,并敷一张略湿润的面膜纸在上面,以避免面膜在空气中蒸发过快。30分钟左右就可以将面膜洗掉了,面膜不宜在脸上停留时间过长,这样很容易堵塞毛孔。一般 1 周使用 1 次,如果是干性皮肤,建议 10 天使用 1 次。

美容功效

此款面膜具有美白功效。

杏仁美白滋养面膜

材料

杏仁粉 15 克,纯净水 30 毫升。

制造

1.将杏仁粉放入碗中,加入纯净水,调成糊状。

2.将调好的面膜均匀涂抹于脸上,注意要避开眼部及唇部周围,待 15 分钟后用温水洗净即可。

美容功效

此款面膜在美白的同时还可以有效滋养皮肤。杏仁富含蛋白质、维生素等,能补充皮肤表皮层含水量,可滋养肌肤。纯净水能有效清洁皮肤,清除堵塞毛孔的脏物,加速皮肤的新陈代谢,使肌肤具有弹性,变得丰润而有光泽。

木瓜牛奶面膜

材料

木瓜 1/3 个,牛奶 3 大匙。

制法

1.将木瓜切块放入果汁机中,加入牛奶打成泥状。

2.以脱脂棉蘸取木瓜汁液涂抹在脸部。

3.敷面约 20 分钟后可洗干净。

美容功效

木瓜能有效地软化肌肤,使皮肤柔软光亮,与牛奶搭配能够美白皮肤。

鲜奶酸奶面膜

材料

柠檬 4 片,鲜奶 3 大匙,酸奶 3 大匙。

制法

1.将柠檬挤出汁,加入鲜奶和酸奶充分拌匀。

2.将面膜汁涂抹在脸部,待1小时后以清水洗净。

美容功效

鲜奶与酸奶制成的面膜具有美白的疗效,并能够有效紧致肌肤,使皮肤有弹性、容光焕发。

牛奶美白面膜

材料

牛奶半杯。

制法

1.将牛奶倒进碗中,用毛巾蘸取牛奶在脸部按摩约10分钟,动作要轻柔。

2.再以牛奶敷面约15分钟,然后以清水洗净即可。

美容功效

牛奶面膜不仅取材方便,价格也便宜。持之以恒地进行牛奶敷面可以使皮肤光滑、白嫩,不妨多多利用。

珍珠面膜

材料

蛋清1份,珍珠粉4克。

制法

1.在中药行购买珍珠粉,回家后在其中加入蛋清,调匀。

2.早晚各敷面一次,每次约敷25分钟,后洗净。

美容功效

可使肌肤白皙洁净。

冬瓜牛奶美白面膜

材料

冬瓜 1 块，牛奶、面粉各适量。

制法

1.冬瓜去皮、去籽，用搅拌机打碎。

2.加入牛奶、面粉拌成糊状。

3.将面糊敷在脸上，15 分钟左右洗净即可。

美容功效

此款面膜具有美白的功效。冬瓜有很好的润肤增白的功效，还可以利水消肿，而牛奶是公认的美白圣品，因此，本款面膜具有超强的美白作用。

苦瓜牛奶美白面膜

材料

苦瓜 40 克，牛奶 20 毫升，面粉 5 克。

制法

1.将苦瓜洗净后去皮，切成小块，加入牛奶用榨汁机榨汁、搅拌。

2.在苦瓜牛奶汁中加入面粉，充分搅拌均匀。

3.将面膜均匀地涂在面部，避开眼睛和嘴唇部位。

4.静敷 15 分钟后，用温水洗净即可。

美容功效

苦瓜能滋润美白、镇静和保持肌肤水分,特别是在燥热的夏天,敷上冰过的苦瓜片,可使肌肤清爽舒适。

燕麦蜂蜜面膜

材料

燕麦粉 2 大匙,蜂蜜 1 大匙。

制法

1.燕麦粉中加入蜂蜜,充分搅拌均匀。
2.将燕麦面膜均匀地涂抹在脸部,25 分钟后洗干净即可。

美容功效

具有美白润泽功效。

红茶红糖美白面膜

材料

红茶水 30 毫升,红糖 15 克,面粉少许,水适量。

制法

1.将红茶叶与红糖加水煎煮片刻,冷却至 37℃~40℃。
2.加入面粉调匀。
3.将调好的面膜涂在脸上,15 分钟后用清水洗净即可。

美容功效

红茶具有抗氧化和美白作用,红糖也具有美白作用,两种放在一起做面膜,不

·美容美体·

图文珍藏版

但可为肌肤补充所需的养分与水分,滋润肌肤,还能红颜悦色,令肤色白皙红润。

牛奶芝麻美白面膜

材料

牛奶半杯,芝麻2大匙。

制法

1.将芝麻放进研钵里磨至粉状,放入容器中。

2.将牛奶倒入芝麻粉中,充分搅拌至糊状。

3.洁面后,将本款面膜敷于脸上,避开眼、唇部周围。

4.静置10~15分钟,用净水冲洗干净即可。

美容功效

有效保温、滋润皮肤,为肌肤提供营养,使肌肤白皙、亮丽。

瓜果清凉美白面膜

材料

小西红柿3个,西瓜1块,黄瓜半根。

制法

1.将小西红柿、黄瓜洗净,将西瓜的红色果肉取出。

2.将小西红柿、黄瓜、西瓜肉放入榨汁机中,榨取汁液,盛在容器中。

3.把装有汁液的容器放到温水中隔水蒸至温热。

4.洁面后,用棉签蘸满本款面膜均匀地涂抹在脸上。

5.约25分钟后,用清水彻底冲洗干净即可。

美容功效

具有良好的镇定作用,能有效滋润、美白肌肤。

白芷蜂蜜美白面膜

材料

白芷粉适量,麦片粉1大匙,蜂蜜1大匙,纯净水适量。

制法

1.在白芷粉中加入适量凉纯净水,调成糊状。

2.将蜂蜜、麦片粉加入白芷糊中,搅拌均匀即可。

3.洁面后,将本款面膜敷在脸上。

4.约20分钟后,用清水洗净即可。

美容功效

有效清理肌肤深层污垢,使肌肤嫩白、润泽。

五、自制润肤、紧肤面膜

蛋黄蜂蜜面膜

材料

蛋黄1个,植物油1匙,蜂蜜1匙。

制法

1.将蛋黄打散,加入植物油与蜂蜜充分搅拌。

2.将脱脂棉蘸取蛋黄蜂蜜汁涂抹在脸上,25分钟后洗干净。

美容功效

蜂蜜能够有效地改善皮肤粗糙现象,蛋黄能使皮肤润泽光滑。

蛋清牛奶蜂蜜面膜

材料

蛋清1份,奶粉2大匙,蜂蜜1大匙。

制法

1.将蛋清、奶粉与蜂蜜充分搅拌混合,注意三者比例。

2.将面膜汁涂抹在脸部,快要干时喷一些清水。

3.静待约10分钟后洗干净。

美容功效

具有使皮肤紧实、面容光洁亮丽的功效。

菠萝蜂蜜面膜

材料

菠萝汁3大匙,蜂蜜2大匙。

制法

1.先将蜂蜜在脸部涂一层。

2.15分钟后以化妆棉蘸取菠萝汁将蜂蜜去除。

3.再次于脸部涂上菠萝汁。

4.静待10分钟后洗净即可。

美容功效

菠萝与蜂蜜制作的双重面膜可以使皮肤光滑、细致、有光泽。

草莓蜂胶润肤面膜

材料

草莓 3~5 颗,蜂胶 5 毫升,燕麦粉 20 克。

制法

1.将草莓洗净去蒂捣成泥状。

2.在草莓泥中加入蜂胶、燕麦粉,搅拌均匀。

3.将面膜均匀涂于脸上,避开眼部及唇部周围,15 分钟后用清水洗净即可。

美容功效

此款面膜可润肤、嫩肤,促进肌肤细胞的新陈代谢。草莓富含氨基酸、果糖、蔗糖、葡萄糖、柠檬酸、苹果酸、果胶、胡萝卜素、维生素 A、维生素 B 族、维生素 C、烟酸及大量矿物质,可增加皮肤弹性,具有美白和滋润保湿皮肤的功效。

蜂蜜胡萝卜酸奶面膜

材料

蜂蜜、胡萝卜汁各 5 毫升,酸奶 8 毫升。

制法

1.将蜂蜜、胡萝卜汁、酸奶混合调匀。

2.将面膜均匀涂在脸上,20 分钟后,用清水洗净即可。

美容功效

此款面膜可起到分区补水的作用,同时可以控制肌肤水油平衡。对于混合性肌肤的人,T 字部位是重要的,早、晚洗脸后还可涂些清爽型乳液。

红糖蜂蜜滋润保湿面膜

材料

红糖 5 克,蜂蜜各 5 毫升,纯净水少许。

制法

1.将蜂蜜和红糖放入面膜碗。

2.加入纯净水,搅拌至粘稠状。

3.将面膜均匀地涂于面部,15 分钟后用清水洗净即可。建议每周使用 2～3 次。

美容功效

此款面膜具有滋润、保湿的功效。红糖含矿物质、维生素、氨基酸,可使皮肤光滑,促进皮肤新陈代谢。

蜂蜜香蕉滋润面膜

材料

香蕉 1 根,蜂蜜 2 大匙。

制法

1.将香蕉去皮后,放入容器中捣成泥状。

2.将蜂蜜加入香蕉泥中,充分搅拌均匀。

3.洁面后,将本款面膜均匀地敷在脸部。

4.约20分钟后,用清水彻底冲洗干净即可。

美容功效

锁住肌肤的水分、滋润肌肤,使面部皮肤更紧实。

维 E 蛋黄蜂蜜滋润面膜

材料

维生素 E 胶囊 l 粒,生鸡蛋黄 1 个,蜂蜜 1 大匙,甘油 1 大匙。

制法

1.将生鸡蛋黄、蜂蜜、甘油放入同一容器中。

2.用剪刀将维生素 E 胶囊剪破,将油液倒入已混合的材料中。

3.将所有混合材料充分搅拌均匀。

4.洁面后,将本款面膜均匀敷在脸部。

5.约20分钟后,用清水彻底洗净即可。

美容功效

保持肌肤湿润,消除皱纹,让皮肤更柔嫩。

玫瑰橄榄油面膜

材料

干玫瑰花 6 朵,橄榄油适量。

制法

1.用干玫瑰花瓣数片,浸入橄榄油中片刻。

2.将玫瑰花瓣取出,直接敷面或敷眼角皱纹处,20分钟后洗净即可。

美容功效

此款面膜具有补水、润肤的功效。橄榄油富含与肌肤亲和力极佳的角鲨烯和人体所必需的脂肪酸,使肌肤可以迅速吸收,可有效保持肌肤弹性和润泽。

玫瑰胶原补水美白面膜

材料

玫瑰花茶6克,胶原面膜纸1张,纯净水30毫升。

制法

1.将纯净水煮沸,冲泡玫瑰花茶。5~10分钟后,滤出待凉备用。

2.将胶原面膜纸覆盖在脸上,用化妆棉蘸玫瑰水湿敷。

3.全脸都湿润后,敷上一层保鲜膜以增强效果。

4.敷面20分钟后,揭掉面膜纸,用手轻拍脸部促进吸收。

美容功效

此面膜可补充肌肤水分,使肌肤水嫩白皙。玫瑰的养颜功效是众所周知的,对干性、敏感性、老化肌肤效果尤其明显。它能增强肌肤的免疫功能,改善肌肤天然保湿功能;能增强弹力纤维、胶原纤维活性;具有分解黑色素、保湿、活肤、消除暗沉、除皱的功效,是公认的美容佳品。如果放在冰箱里冷冻后使用,还能收缩毛孔。脸色偏黄和长期熬夜的"美眉"们不妨试试,玫瑰特有的清香会令你在美丽的同时心情愉悦。

酵母酸奶面膜

材料

酵母粉 1 茶匙,酸奶 2 杯,面膜纸 1 张。

制法

1.将酵母粉与酸奶混合搅拌均匀。

2.将面膜泥敷在脸上,并盖上面膜纸,待 20 分钟后将脸洗净。

美容功效

酵母具有促进新陈代谢的作用,可深层清洁肌肤,使皮肤光滑细致。

玉米粉润肤面膜

材料

玉米粉 3 大匙,牛奶 2 小匙。

制法

1.将玉米粉与牛奶充分搅拌混合。

2.将玉米粉面膜涂抹在脸部,25 分钟后洗干净即可。

美容功效

玉米粉具有良好的滋润效果,能够光洁润泽肌肤。

苹果润肤面膜

材料

苹果 1 个,水梨 1 个,香蕉 1 根。

制法

1.将苹果与水梨洗干净后去皮,将香蕉去皮。

2.将其放入果汁机或食物搅拌器中,充分搅拌成泥状。

3.以脱脂棉蘸取面膜泥均匀地涂抹在脸部,25 分钟后洗干净即可。

美容功效

水果果酸具有深层滋养效果,能使皮肤有光泽、容光焕发。

冬瓜马铃薯面膜

材料

冬瓜 3 两,马铃薯 1 个,牛奶 1 大匙,蜂蜜 1 大匙。

制法

1.将马铃薯洗干净后去皮切块,将冬瓜洗干净切成小块。

2.将马铃薯与冬瓜放入果汁机中搅拌成泥状,加入牛奶与蜂蜜充分搅拌。

3.将面膜涂抹在脸部,25 分钟后洗干净。

美容功效

可滋润肌肤,具有良好的润泽性,能使皮肤光滑、柔软。

苦瓜保湿面膜

材料

苦瓜粉 2 匙,薏仁粉 1 匙,珍珠粉适量,牛奶(或凉饮用水)适量。

制法

1.将苦瓜粉、薏仁粉、珍珠粉放入面膜碗中,加适量牛奶(或凉饮用水)搅拌成糊状。

2.敷于面部,15~20 分钟后用温水洗净。每周使用 2—3 次。

美容功效

此款面膜具有美白、保湿的功效。薏仁粉可润泽肌肤,美白补水,防止皮肤干燥,珍珠粉是美白和细致皮肤的佳品,与苦瓜粉合用,美白、保湿效果自然更胜一筹。

小黄瓜润泽面膜

材料

小黄瓜半条,酸奶 2 大匙。

制法

1.将小黄瓜磨成泥,加入酸奶充分混合搅拌。

2.将黄瓜泥涂抹在脸部,轻轻按摩。

3.10 分钟后洗净即可。

美容功效

能使干燥肌肤润泽柔软,创造更优质、温和的肤质。

牛奶杏仁保湿面膜

材料

奶粉 3 大匙,杏仁粉 2 小匙,蜂蜜半大匙,水适量。

制法

1.在杏仁粉中加入少许水,调成糊状。

2.将奶粉与蜂蜜加入杏仁糊中,充分搅拌均匀。

3.洁面后,将本款面膜均匀涂抹在脸部,避开眼睛及唇部四周。

4.将保鲜膜覆盖在涂好面膜的脸上,约 10~15 分钟后,取下保鲜膜,用清水冲洗干净即可。

美容功效

具有极好的修护作用,能锁住肌肤水分、润泽肌肤。

黄瓜土豆保湿面膜

材料

小黄瓜 1 根,土豆半个,面粉适量,纯净水少许。

制法

1.小黄瓜洗净后去头尾,土豆去皮。

2.将小黄瓜、土豆和纯净水放入榨汁机中,榨取汁液。

3.用无菌滤布将汁液中的残渣滤掉,留取汁液。

4.将面粉缓缓加入汁液中,边加入边搅拌,调成糊状。

5.洁面后,用面膜刷蘸取本款面膜,均匀地涂在脸上,避开眼、唇部位。

6.约 15~20 分钟后洗净即可。

美容功效

防止皮肤干燥,为肌肤补充水分,持久滋润、保湿肌肤。

西瓜蛋清补水面膜

材料

新鲜西瓜 1 块,鸡蛋 1 个,面粉适量。

制法

1.将西瓜去皮,切成小块,放入果汁机打成泥备用。

2.将鸡蛋的蛋清、蛋黄分离,取蛋清备用。

3.向西瓜泥中加入蛋清、面粉,混合搅拌成糊状。

4.洁面后,将面膜涂于面部,约 15 分钟后用清水洗净即可。建议每周使用 2~4 次。

美容功效

此款面膜可补充肌肤水分,使肌肤光滑有弹性。蛋清中有宝贵的维生素 A、维生素 D 和维生素 E,有抗氧化和滋润肌肤的作用,西瓜果肉含蛋白质、葡萄糖等,不仅解热,还可以补充水分。

苹果山药粉补水面膜

材料

苹果 30 克,山药粉 10 克,纯净水适量。

制法

1.将苹果洗净,切小块,与适量纯净水放入榨汁机中榨汁,去渣留汁液。

2.将山药粉加入苹果汁液中,调匀成糊状。

3.洁面后,将面膜均匀敷在脸上,注意避开眼、唇部周围肌肤。

4.待面膜至八成干时,用清水彻底洗净即可。建议每周使用本款面膜2~3次,如果面膜干得太快,可用补水喷壶补一次水。

美容功效

此款面膜可补充皮肤所需的营养与水分,使肌肤柔嫩、细腻。

藕粉牛奶面膜

材料

藕粉20克,牛奶30毫升。

制法

1.将牛奶加热到70℃~80℃。

2.将藕粉放入到玻璃器皿中,倒入热牛奶,搅拌成浓稠糊状即可。

3.将面膜厚厚地、均匀地涂抹在脸上。

4.静敷15分钟后用温水洗净。

美容功效

此款面膜能长久滋润肌肤,补充肌肤所缺的水分,防止干性皮肤产生痤疮。藕粉粉质细腻,有生津清热、滋阴润肤之功效。坚持长期使用,可使脸部肌肤变得细嫩晶莹,瘢痕也得到逐渐淡化。

黑芝麻蛋黄保湿面膜

材料

黑芝麻 3 茶匙,鸡蛋 1 个。

制法

1.先将黑芝麻打碎成芝麻粉。

2.将鸡蛋的蛋清、蛋黄分离,取蛋黄,并把蛋黄打散、搅匀。

3.将蛋黄和芝麻粉调匀即可。

4.将面膜敷面 10~15 分钟,以清水洗净。

美容功效

此款面膜具有保湿的功效。黑芝麻含有维生素 E、矿物质和芝麻素,是抗衰老的能手;蛋黄的卵磷脂成分则能加强细胞间的防御性,提高皮肤的保湿能力。长期使用此款面膜可深层滋润干燥肌肤和预防肌肤老化。

薏米牛奶保湿面膜

材料

薏米 100 克,脱脂牛奶、水(最好是矿泉水)适量,蜂蜜 1 匙,面膜纸 1 张。

制法

1.把薏米洗干净,放在锅里,向锅内加入 4 倍的水,浸泡 3 个小时。

2.把已经泡好的薏米放在火上煮沸后,开小火再煮 10 分钟关火。

3.把煮好的水(以下称薏米水)倒入一个容器里(最好是瓶子之类可以封闭的容器),放入冰箱冷藏。

4.需要用时从冰箱里取出,找一个干净的小碗,倒出少量薏米水,加少许脱脂牛奶,一匙蜂蜜,搅拌均匀。

5.把面膜纸放入搅拌好的液体里浸透,放到脸上敷 20 分钟,洗净即可。每次晚上洗脸后,用这种水泡纸膜敷脸 20 分钟,同时用水拍拍脖子,第二天脸色会很好,一个月后皮肤会明显白皙,干干的皮肤会变得水嫩嫩的,毛孔也会细致不少。

美容功效

此款面膜具有保湿、滋润的功效。

燕麦酸奶保湿面膜

材料

鸡蛋 1 个,橘子汁 2 汤匙,酸奶 1 匙,燕麦片适量。

制法

1.将鸡蛋的蛋清、蛋黄分离,取蛋黄备用。

2.将燕麦片以研磨器磨碎,将所有材料混合均匀。

3.以燕麦混合物均匀涂抹在脸部,约 10 分钟后再用温水清洗干净。

4.再用毛巾蘸凉水将面部冷敷一下。

美容功效

此款面膜可有效保湿,帮助肌肤保持润泽,改善干燥现象。

蛋黄黑豆粉面膜

材料

鸡蛋 1 个,黑豆粉 10 克,蜂蜜 10 毫升,纯净水 20 毫升。

制法

1.将鸡蛋的蛋清、蛋黄分离,取蛋黄备用。

2.将蛋黄、蜂蜜与黑豆粉混合,加入适量纯净水,充分搅拌均匀即可。

3.洗净脸后,用面膜刷将面膜均匀地涂在脸部,避开眼睛和嘴唇部位。

4.20分钟后,用温水洗净即可。

美容功效

此款面膜可为肌肤补充水分,提升肌肤保水能力,防止肌肤因干燥而产生细纹。这款面膜非常适合冬天使用,蛋黄和蜂蜜均有滋润作用。黑豆含有丰富的维生素、植物性蛋白质、卵磷脂等,具有减缓肌肤老化的功效,适当多吃黑豆对皮肤非常有益。

六、自制洁肤面膜

洗米水润肤清洁面膜

材料

白米、水各适量。

制法

1.将白米先用水稍微洗一下,然后用少量的水用力洗,留下第二次的洗米水。因为用水量较少,所以水感较浓稠,放置一晚后得到的沉淀物也比较多。

2.将已出现沉淀的洗米水,轻轻地倒掉上层较清的水部分(但不要丢掉,放于另一容器中备用),留下底部的沉淀物。

3.洗澡前,以按摩要领将沉淀物涂在脸上,约15分钟后,沉淀物变干时,再涂上洗米水,直到洗米水用完为止。

4.用完所有洗米水后,等它慢慢自然风干,再在洗澡时用温水洗净;最后用冷水冲一下,让皮肤收紧。

美容功效

本款面膜具有润肤、深层清洁的功效。拥有超凡卓越的润肤及重整皮质的效能。本款面膜,一周使用一次即可。当沉淀物变干时,可用手轻轻擦去沉淀物,效果也不错。但切记,如果太干时,千万不可用力去除,用温水轻轻擦掉即可。另外沉淀物可加一点点面粉,以增加黏稠度。

蛋黄酸奶洁肤面膜

材料

生鸡蛋 1 个,杏仁粉 15 克,酸奶 1 杯。

制法

1.鸡蛋打破,去壳,留取蛋黄。

2.将杏仁粉、蛋黄、酸奶一同放入容器中,充分搅拌均匀。

3.洁面后,取适量本款面膜均匀地涂在脸上,避开眼、唇四周。

4.约 30 分钟后,用温水彻底洗净即可。

美容功效

能温和去除肌肤的老废角质,使肌肤光滑、嫩自、有活力。

花奶番茄清洁面膜

材料

小西红柿 3~5 个,干菊花 10 朵,全脂奶粉 2 大匙,沸水适量。

制法

1.将菊花泡在沸水中约 3 分钟后,用无菌滤布将残渣滤去,留取菊花水。

2.将小西红柿洗净、捣成泥状,与奶粉一同放入菊花水中,调匀。

3.洁面后,将本款面膜均匀地涂于脸部,再盖上面膜纸,以防滴漏。

4.约 15 分钟后,用清水彻底洗净即可。

美容功效

深层清洁肌肤,去除老化角质,减少黑色素沉积。

猕猴桃清洁面膜

材料

猕猴桃半个,面粉 2 匙。

制法

1.将猕猴桃去皮切片,放入榨汁机中打成泥状。

2.在猕猴桃泥中加入面粉调成糊状。

3.将猕猴桃面膜均匀地涂在脸部,30 分钟后用温水洗净。

美容功效

此款面膜可清洁毛孔,有效预防面疱,特别适合油性肌肤使用。猕猴桃中的果酸具有很好的洁肤效果,能软化肌肤,消除角质,恢复肌肤亮泽。

樱桃玫瑰清洁面膜

材料

樱桃 10 颗,玫瑰干花 3~5 朵,黄瓜 1/2 根。

制法

1.将玫瑰干花用开水泡开,待冷却后,取汁液备用。

2.把樱桃、黄瓜洗净,樱桃去核后,与黄瓜一同放入榨汁机中榨汁,再加入玫瑰汁,调匀。

3.将面膜均匀地涂在脸上,5分钟后再涂上一层,如此重复3次,待面膜干后,用清水洗净即可。

美容功效

本款面膜可深层清洁肌肤细胞污垢,补充肌肤水分,使肌肤滋润、白嫩、有光彩。樱桃富含平衡皮脂分泌、延缓衰老的维生素 C、维生素 A 和维生素 B_2,以及碱酸、铁、钙、磷等活化细胞、美化肌肤的成分,能有效抑制黑色素的生成,补充肌肤养分。

西红柿酸奶面膜

材料

西红柿1个,柠檬汁2小匙,酸奶2小匙。

制法

1.将西红柿洗干净切成片,再去掉籽后捣成泥。

2.将西红柿泥中加入柠檬汁及酸奶,充分搅拌。

3.将西红柿酸奶泥涂抹在脸上,20分钟后洗净即可。

美容功效

西红柿具有良好的收敛性,能够有效地清洁皮肤的毛孔,还有去角质的作用。

哈密瓜清洁面膜

材料

哈密瓜 1/4 个。

制法

1.将哈密瓜去皮、切块后放入果汁机中打成泥状。

2.将哈密瓜泥均匀地敷在脸部,约 20 分钟后洗净。

美容功效

哈密瓜做成的天然果泥面膜具有良好的清洁效果,可清除毛孔废物,使肌肤有活力、有弹性。

草莓黄瓜面膜

材料

草莓 3~5 颗,黄瓜 1/2 根,牛奶 10 毫升,蜂蜜 5 毫升,面膜纸 1 张。

制法

1.将草莓洗净去蒂榨汁。

2.将黄瓜削皮洗净,放入搅拌机中搅拌成泥状。

3.在黄瓜泥中加入草莓汁、牛奶、蜂蜜,搅拌均匀。

4.取 1 张压缩面膜纸,充分吸收汁液后展开敷于面部,15 分钟后取下,用手指肚以画圈的方式顺时针轻轻按摩面部,待汁液完全被吸收后,用清水洁面。

美容功效

本款面膜具有洁肤、美白的功效。它还可以深层清洁、滋润肌肤,保湿美白效果极佳,同时它促进肌肤细胞新陈代谢,使肌肤富有弹性。

苹果泥面膜

材料

苹果1个,柠檬汁2大匙。

制法

1.将苹果去核、去皮,在果汁机中打成泥状。

2.加入柠檬汁,搅拌均匀后,涂抹在脸部,约15分钟后洗净即可。

美容功效

可有效地清洁油性肌肤,具有良好的清洁效果。

西瓜面膜

材料

西瓜2片。

制法

1.将西瓜去皮,捣成果泥。

2.将西瓜泥敷在脸部,轻轻按摩,约20分钟后洗净即可。

美容功效

可清洁皮肤、清除毛孔内废物,具有活化皮肤的作用。

红萝卜面膜

材料

红萝卜半条,炼乳 2 小匙。

制法

1.将红萝卜洗干净,放入果汁机中榨出汁。

2.将红萝卜汁中加入炼乳,搅拌均匀。

3.将红萝卜面膜涂抹在脸部,约 30 分钟后洗干净即可。

美容功效

可有效清除脸部油脂,具有优良的清洁效果。

木瓜苹果收敛面膜

材料

苹果 50 克,木瓜 40 克。

制法

1.木瓜去籽,将果肉用汤匙挖出,放在碗中,捣成泥状。

2.苹果洗净榨汁,与木瓜泥混合,充分搅拌均匀。

3.将面膜均匀涂在脸上,避开眼周和嘴唇部位。

4.静待 15 分钟,然后用清水洗净即可。

美容功效

木瓜中含有很珍贵的天然水果酵素,可深层清洁藏在毛孔中的污垢,还可收敛毛孔。木瓜的 B 族维生素可激活疲倦的肌肤,让肌肤充满活力。这款面膜适合早

国学经典文库

家庭生活百科

· 美容美体 ·

图文珍藏版

上使用。夏季时,可用保鲜膜把制好的面膜封起来,放入冰箱冷藏室10~20分钟后再拿来敷脸,会使肌肤感到更加清爽,让肌肤更紧致。

柠檬玫瑰面膜

材料

柠檬1个,玫瑰干花6朵,玉米粉20克,甘油5毫升,纯净水25毫升。

制法

1.将柠檬洗净后榨成汁。

2.将玫瑰干花泡在热开水或纯净水中,待冷却后,滤出汁液放入小碗中。

3.在玫瑰花汁中加入玉米粉、柠檬汁和甘油,搅拌均匀即可。

4.用温水清洗脸部,将面膜均匀地涂在脸上,避开眼部及唇部,静待20分钟后用温水洗净即可。

美容功效

此面膜可促进肌肤细胞血液循环,清除肌肤多余水分以及毒素,具有洁肤、美白之功效。

西柚米粉面膜

材料

西柚1/2个,米粉20克,蜂蜜5毫升。

制法

1.将西柚洗净,取其果肉放入搅拌机搅拌成泥状。

2.在西柚泥中加入米粉、蜂蜜,搅拌均匀。

3.将面膜均匀涂于面部,待 10 分钟后,用温水洗净即可。

美容功效

此款面膜可深层清除毛孔污垢,抑制肌肤黑色素的沉淀,使肌肤白皙柔嫩。

酪梨鲜奶面膜

材料

酪梨 1 个,鲜牛奶半杯。

制法

1.将酪梨洗干净,取其果肉放入果汁机中打成泥,加入鲜奶,搅拌混合。

2.将酪梨鲜奶涂抹在脸部,约 25 分钟后洗净即可。

美容功效

能有效滋润与清洁皮肤,具有良好的清洁效果。

牛奶柠檬面膜

材料

柠檬汁 2 小匙,牛奶 2 大匙。

制法

1.将柠檬汁加入牛奶,充分搅拌混合。

2.将牛奶柠檬汁均匀地涂抹在脸部,敷约 25 分钟后洗净即可。

美容功效

可温和有效地洗净脸部毛孔废物,具有洁净的效果。

乳酪水梨面膜

材料

水梨 1 个,乳酪半杯。

制法

1.将水梨放入果汁机中打成泥状,加入乳酪搅拌均匀,使其成糊状。

2.将面膜均匀地涂抹在脸部,约 20 分钟后洗净即可。

美容功效

具有清洁皮肤,使皮肤柔嫩的作用。

精油洁肤面膜

材料

蓝莓 4~6 个,玫瑰精油 1 滴,橙花精油 1 滴,红糖 5 克,压缩面膜纸 1 张。

制法

1.把蓝莓洗净,放入榨汁机中榨汁备用。

2.在蓝莓汁中加入玫瑰精油、橙花精油、红糖,搅拌均匀。

3.取 1 张压缩面膜纸,放入混合汁液中,待展开充分吸收汁液后敷于面部,15 分钟后取下,按摩至汁液完全被皮肤吸收后,用清水洗净即可。

美容功效

本款面膜可深层清洁毛孔污垢、补充肌肤水分,控制肌肤油脂平衡,达到洁肤、润肤的效果。

糯米桑葚维 E 面膜

材料

桑葚 5~8 个,维生素 E 胶囊 2 粒,糯米 50 克。

制法

1.将糯米洗净、放入蒸锅蒸 30 分钟。

2.把桑葚洗净,与糯米一同放入搅拌机中搅拌成泥状。

3.向混合泥状物中滴入 2 粒维生素 E 胶囊中的油,搅拌均匀。

4.将面膜敷于面部,约 10 分钟后,用清水洗净即可。

美容功效

本款面膜可清洁毛孔污垢,改善肤质,让肌肤水嫩白皙。

芦荟豆腐洁肤面膜

材料

芦荟 50 克,豆腐 40 克,蜂蜜 10 毫升。

制法

1.芦荟去皮洗净,放入榨汁机中榨汁,滤渣取汁备用。

2.将芦荟汁、蜂蜜与豆腐放入搅拌机中,搅拌均匀即可。

3.用温水清洁脸部肌肤,然后将调好的面膜均匀、轻柔地涂抹在脸上,避开眼、唇部位。

4.用指腹由内到外以打圈的方式按摩 15 分钟后,用温水洗净。

美容功效

此款面膜可有效清洁皮肤,有较好的抗菌作用,可预防痘痘产生;经过按摩,可刺激皮肤的血液循环,收缩毛孔,使肌肤平滑细腻。

黄豆粉清洁面膜

材料

黄豆粉2茶匙,鸡蛋清2茶匙。

制法

1.将鸡蛋的蛋清、蛋黄分离,取蛋清备用。

2.将黄豆粉与蛋清调和均匀即可。

3.将面膜敷在脸部(避开眼、唇部),10分钟之后用清水洗净。每周可使用1~2次。

美容功效

本款面膜具有深层清洁肌肤的功效。此款针对油性肌肤的深层清洁面膜,可以改善粉刺及毛孔粗大的问题。

菊花黄瓜靓肤美白面膜

材料

干菊花5朵,黄瓜30克,牛奶10毫升,豆腐20克,纯净水10毫升。

制法

1.先将菊花用纯净水泡软,黄瓜洗净,切小块,一起放入榨汁机中加入适量纯净水打成泥状。

2.将豆腐用勺子压成泥状。

3.将菊花、黄瓜泥和豆腐泥、牛奶调匀即可。

4.将面膜均匀涂抹于脸上，避开眼睛和嘴唇周围。

5.静置10分钟后，用清水洗净即可。每周2~3次。

美容功效

本款面膜可柔润肌肤，清洁靓肤。菊花含有丰富的香精油、菊色素，可有效抑制皮肤黑色素的产生，柔化表皮细胞。因此，这款面膜在清洁肌肤的同时，还可美白、防晒。这款面膜很适合脸颊发烫、皮肤有红斑及日光过敏的"美眉"们使用。

维生素E酸奶抗氧化面膜

材料

维生素E胶囊2粒，柠檬小半个，酸奶5毫升，蜂蜜适量，面膜纸1张。

制法

1.先将柠檬去皮榨汁。

2.维生素E胶囊用针戳破，挤出油，并将维生素E油与柠檬汁、蜂蜜、酸奶混合搅拌均匀即可。

3.将调好的面膜均匀涂抹于脸上，再敷上面膜纸。

4.15分钟后，用温水洗净即可。每周可做2~3次。

美容功效

本款面膜能深层清洁皮肤内污垢，具有高效抗氧化，减轻皱纹，延缓肌肤衰老的功效。维生素E具有全面、高效的抗氧化作用，能保护细胞膜上的不饱和脂肪酸免受自由基的攻击，维持细胞膜的完整性，维生素E还能减慢动物成熟后蛋白质分解代谢的速度，从而可延缓肌肤衰老。

山药绿豆粉洁肤面膜

材料

山药 1/2 根,绿豆粉 20 克,鸡蛋 1 个。

制法

1.将山药去皮削块,放入榨汁机中榨汁备用。

2.将鸡蛋的蛋清、蛋黄分离,取蛋清备用即可。

3.在绿豆粉中加入蛋清、山药汁,搅拌均匀。

4.将面膜均匀涂于面部,避开眼部及唇部周围,15 分钟后用温水洗净即可。

美容功效

此面膜具有清洁肌肤深层污垢,杀菌消炎,滋润、保湿的功效。山药是一种药食两用的药材,富含氨基酸、淀粉、蛋白质、黏液质、维生素等二十多种营养和保健成分,不仅可外用美容,内服还能增强人体免疫力。

七、自制去角质面膜

柚子磨砂面膜

材料

柚子 1/4 个,燕麦粉 1 大匙。

制法

1.将柚子挤压出汁,去籽。

2.将柚汁加入燕麦粉中充分搅拌。

3.将柚子面膜涂抹在脸部,静待 20 分钟后洗干净。

4.洗时一边按摩一边冲洗,可以达到去角质之效果。

美容功效

具有软化肌肤、去角质和清洁之效果。

杏仁粉去角质面膜

材料

杏仁粉 3 大匙,牛奶 2 大匙。

制法

1.将杏仁粉加入牛奶中,充分搅拌。

2.将杏仁面膜涂抹在脸部,静待 20 分钟后洗干净。

3.清洗时一边按摩,一边冲洗,可以达到去角质之效果。

美容功效

杏仁具有美白润肤的效果,运用颗粒按摩还有去角质的功效。

胡萝卜玉米粉面膜

材料

胡萝卜半根,玉米粉 2 大匙。

制法

1.将胡萝卜打成泥状。

2.加入玉米粉充分搅拌,然后敷在脸部约 15 分钟。

3.冲洗时一边按摩,一边冲洗,可以达到去角质之效果。

美容功效

此款面膜富含胡萝卜素,能够滋润肌肤,具有去角质和清洁之功效。

玉米片去角质面膜

材料

玉米片 2 大匙,牛奶 2 大匙。

制法

1.将玉米片压碎。

2.将牛奶加入玉米碎片中,充分搅拌。

3.将玉米片面膜涂抹在脸部,静待 20 分钟后洗干净。

4.清洗时一边按摩,一边冲洗,可以达到去角质之效果。

美容功效

使用早餐用的玉米片即可,最好选择无糖型,与牛奶混合做成面膜,具有滋养与去角质之效果。

柚子燕麦粉去角质面膜

材料

柚子 30 克,燕麦粉 20 克。

制法

1.将柚子洗净,去皮、去籽,放入榨汁机中打成泥状。

2.将柚子泥加入燕麦粉中,充分搅拌均匀即可。

3.将面膜均匀涂抹在脸上,用手轻轻按摩,10 分钟后洗净即可。

美容功效

本款面膜具有软化肌肤,去角质和清洁肌肤的功效。敷完面膜洗脸时,最好一边按摩一边冲洗,可达到很好地去角质效果。除外用美肤外,柚子食用对人体更是益处多多:柚子含有非常丰富的蛋白质、有机酸等人体必需的元素,是其他水果难以比拟的;柚子肉中还富含维生素 C 以及类胰岛素等成分,有降血糖、降血脂、减肥、美肤养颜等功效。

菠萝洁肤去角质面膜

材料

菠萝 2 片,海藻粉 1 大匙,甘油 1 小匙,矿泉水适量。

制法

1.将菠萝去皮,放入果汁机打成泥状。

2.向海藻粉里加入矿泉水搅拌后,再放入菠萝泥和甘油,一起搅拌均匀即可。

美容功效

此面膜能够深层洁肤,去除毛孔中的皮脂和陈旧角质。

西红柿杏仁粉面膜

材料

西红柿 1 个,杏仁粉 15 克。

制法

1.将西红柿连皮打成浆状。

2.在西红柿浆中加入杏仁粉搅拌均匀。

3.将面膜均匀地涂于面部,15分钟后用清水洗净即可。建议每周使用2次。

美容功效

此面膜能有效去除面部角质,令肌肤白皙、滋润。西红柿中富含维生素C及果酸,是美白、滋润肌肤的佳品。

南瓜白醋去角质面膜

材料

南瓜一小块,白醋2滴,鸡蛋1个。

制法

1.将南瓜洗净、去皮,放入榨汁机中打碎备用。

2.将鸡蛋的蛋清、蛋黄分离,取蛋清备用。

3.将蛋清与南瓜泥混合搅拌均匀后滴入白醋,然后将所有材料搅拌均匀即可。

4.洁面后,将面膜均匀地涂抹在脸上,15分钟后用温水洗净即可。

美容功效

此款面膜具有美白、去角质的功效;南瓜有美白、祛斑的作用,醋含有醋酸,可去死皮和角质,二者结合可改善皮肤的粗糙。

莲藕精油去角质面膜

材料

莲藕1/2根,柑橘精油2滴,面粉15克。

制法

1.将莲藕洗净后放入榨汁机内榨汁。

2.在莲藕汁中加入面粉,搅拌均匀后,滴入柑橘精油,调匀即可。

3.洁面后,将面膜均匀涂于脸上,注意避开眼部及唇部周围,15分钟后用温水洗净即可。

美容功效

此面膜可促进肌肤细胞新陈代谢,去除老化角质,补充肌肤所需水分,起到保湿的效果。莲藕富含的铁质能滋润肌肤,除皱养颜;丰富的维生素 C 和矿物质,能促进肌肤新陈代谢,使肤质细腻光洁。

黑芝麻芦荟去角质面膜

材料

芦荟1片,黑芝麻10克,蜂蜜10毫升。

制法

1.黑芝麻研磨成粉末。

2.芦荟去刺、去皮后放入榨汁机内榨汁。

3.将黑芝麻粉、芦荟汁、蜂蜜搅拌均匀即可。

4.洁面后,取适量面膜均匀地涂在脸上,避开眼、唇四周。30分钟后用温水洗净。

美容功效

此款面膜可温和去除老死角质细胞,滋润、镇静肌肤,促进血液循环和细胞再生,使肌肤细胞变得柔软有弹性,延缓衰老。适合各类肤质,尤其是发痒过敏肤质。芦荟中含有大量的植物蛋白、脂溶性维生素、水溶性维生素以及芦荟特有的芦荟素、叶绿素、芦荟大黄素、多种氨基酸、微量元素等,能软化角质,抑制色素沉积,使肌肤细胞变得柔软有弹性,促进血液循环和细胞再生。黑芝麻的抗衰老功效也不可小看,它所含的维生素 E 居植物性食品首位,维生素 E 能促进细胞分裂,延缓细胞衰老,并可中和或抵消细胞内的自由基,使肌肤保持柔软、润泽。

核桃仁蜂蜜去角质面膜

材料

核桃仁 25 克,面粉、蜂蜜适量。

制法

1.将核桃仁磨成细粉,加入蜂蜜、面粉调和成糊状即可。

2.洁面后,将面膜均匀地敷在脸上 10~15 分钟即可。

美容功效

此款面膜可滋润肌肤,去除老旧角质,使皮肤光洁白皙。

酸奶花粉面膜

材料

酸奶 50 毫升,花粉少许。

制法

1.将花粉与酸奶直接混合搅拌均匀。

2.洁面后,把调好的面膜敷于面部,待约 15 分钟后洗净即可。

美容功效

本款面膜能有效解除夏天带来的皮肤不适。酸奶里面含有的乳酸能够美白、嫩肤,并有去除角质的功能。

槐花麸皮去角质面膜

材料

干槐花 3 克,玉米须 10 克,麸皮 25 克。

制法

1.先将干槐花、玉米须和麸皮一起置于锅中。加水煮沸后继续煮 5 分钟,用纱布过滤取汁即可。

2.待面膜汁液冷却至 40℃ 左右时用毛巾蘸取,轻轻拍打按摩脸部,15 分钟后洗净即可。每周可使用 2~3 次。

美容功效

本款面膜可美白、去角质,柔滑肌肤。玉米须有美容、减肥的功效。

燕麦果奶去角质面膜

材料

奶酪 1 小片,蜂蜜 2 大匙,燕麦片 3 大匙,苹果半个,蛋清 1 个,水适量。

制法

1.将燕麦片放入沸水中拌匀,用大火煮至糊状。

2.苹果洗净,去皮,去核,切成小块倒入榨汁机中,榨取汁液。

3.将苹果汁、蛋清、奶酪、蜂蜜加入燕麦糊中,调匀。

洁面后,将面膜均匀地涂于脸上,避开眼部及唇部。10~15 分钟后,用清水洗净即可。

美容功效

有效去除角质,消除黑色素,深层排除肌肤污垢与毒素。

木瓜去角质面膜

材料

木瓜 1 小块,燕麦粉适量。

制法

1.将木瓜洗净,去皮去籽,捣成泥状。

2.将燕麦粉加入木瓜泥中,搅拌均匀,调成糊状。

3.洁面后,将本款面膜均匀涂在脸上,避开眼、唇四周。

4.约 30 分钟后,用温水彻底洗净。每周使用 1~2 次。

美容功效

具有良好的清洁功效,能去除皮肤上的死皮,使肌肤润白柔嫩。

八、自制战痘面膜

芦荟珍珠粉面膜

材料

芦荟汁 10 毫升,珍珠粉 0.2 克,面膜纸 1 张。

制法

1.将芦荟汁和珍珠粉混合,搅拌均匀。

2.将面膜纸浸入混合汁中,充分吸收汁液后敷于面部,15 分钟后取下,用温水洗净即可。

美容功效

此款面膜有良好的消炎、去痘、美白效果,对于敏感性肌肤和有痘的肌肤非常适合,而且做完后感觉很清爽。

红萝卜面膜

材料

红萝卜 1/3 个,柠檬汁 1 小匙,酸奶 2 小匙,啤酒 1 大匙。

制法

1.将红萝卜去皮后研磨成泥状。

2.在红萝卜泥中加入柠檬汁、酸奶与啤酒,充分搅拌。

3.将上述面膜汁涂抹在脸部,20 分钟后洗净即可。

美容功效

将红萝卜磨成泥做成面膜能够有效地去除面部油脂,去除面疱,使脸部肌肤清洁、紧实。

西红柿片面膜

材料

西红柿 1 个。

制法

1.将西红柿洗干净后去蒂、切片。

2.将西红柿片敷在洗干净的脸部。

3.15 分钟后取下。

美容功效

西红柿片可改善脸部多油的现象,可消除面疱的产生。

绿茶蜂蜜面膜

材料

绿茶粉 15 克,蜂蜜 10 毫升,纯净水适量。

制法

1.将所有原料放入面膜碗中,搅拌均匀即可。

2.洁面后,将面膜均匀地涂于面部,15 分钟后用清水洗净即可。建议每周使用 2~3 次。

美容功效

此款面膜具有美白、祛痘的功效。绿茶粉用来做面膜,能够彻底清洁皮肤,同时淡化痘印,促进受损皮肤的恢复。

绿茶南瓜面膜

材料

绿茶粉 2 大匙,南瓜肉 4 大匙,豆腐 4 大匙。

制法

1.南瓜洗净,去皮,去籽,放在锅里蒸软。

2.将南瓜、豆腐、绿茶粉一同放进搅拌机中,搅拌成糊状。

3.洗完脸后,将本款面膜敷在面部,避开眼、唇部皮肤。

4.用手轻轻按摩,约 15 分钟后,用温水洗净即可。

美容功效

有效美白肌肤,并能消除长痘痘后留下的疤痕。

蛋清米醋抗痘面膜

材料

鸡蛋 1 个,米醋适量。

制法

1.鸡蛋打破,去壳,取出蛋清。

2.将蛋清放入米醋中浸泡。

3.三天后,取出蛋清醋搅拌均匀。

4.洗完脸后,将本款面膜敷在面部,避开眼、唇部皮肤。

5.约 15 分钟后,用温水洗净即可。

美容功效

能温和地祛除痘痘和面疱,使肌肤光滑、紧致。

祛痘苦瓜面膜

材料

黄莲粉 1 小匙,新鲜苦瓜 1 块,绿豆粉 1 小匙。

制法

1.将苦瓜洗净、去籽后放入榨汁机中,榨取汁液。

2.将黄莲粉、绿豆粉、3小匙苦瓜汁一同放入碗中,充分搅拌,调成糊状。

3.将本款面膜敷于脸上,避开眼、唇部肌肤。

4.静置15分钟后,用温水将脸洗净。

美容功效

洁净肌肤、清热解毒、改善青春痘及暗疮症状。

木瓜面膜

材料

木瓜半个。

制法

1.将木瓜切块放入果汁机中打成泥状。

2.将木瓜泥敷在脸上,静待20分钟后洗干净。

美容功效

木瓜面膜含有丰富的木瓜酵素,能够有效去除面疱,并清除毛孔中的废物,具有相当好的洁净效果。

芦荟面膜

材料

新鲜芦荟叶1片。

制法

1.将芦荟叶外皮撕开,将叶肉取下,捣碎后取出汁,将汁涂抹在脸部。

2.10分钟后洗干净,以热毛巾热敷整个脸部即可。

美容功效

对于已长出粉刺的脸部肌肤,持续使用一星期的芦荟面膜敷脸,能够有效地消除粉刺。

醋鸡蛋面膜

材料

鸡蛋 1 个,醋 3 大匙。

制法

1.将鸡蛋打散,加入醋后充分拌匀。

2.将醋蛋汁均匀涂抹在脸部,20 分钟后洗净即可。

美容功效

能够有效洁净肌肤的毛孔,具有去除面疱和油脂的功效。

猕猴桃面粉面膜

材料

猕猴桃半个,面粉 2 大匙。

制法

1.将猕猴桃切块,放入果汁机中打成泥状。

2.加入面粉调成糊状。

3.将猕猴桃面糊均匀地涂抹在脸部,30 分钟后以温水洗净。

美容功效

清洁毛孔,有效预防面疱。

西红柿蜂蜜面膜

材料

西红柿 1 个,蜂蜜 2 大匙。

制法

1.将西红柿打碎取其汁,加入蜂蜜充分拌匀。

2.将西红柿蜂蜜汁均匀涂在脸部,25 分钟后洗干净即可。

美容功效

西红柿具有良好的杀菌效果,能够有效地预防面疱产生。

草莓酸奶面膜

材料

新鲜草莓 4 个,酸奶 2 大匙。

制法

1.将草莓洗干净,在果汁机中打成果泥。

2.在果泥中加入酸奶,充分拌匀。

3.将草莓酸奶均匀地敷在脸部,25 分钟后洗干净即可。

美容功效

具有洁净毛孔的效果,并能够软化肌肤、有效地预防面疱产生。

大蒜面膜

材料

大蒜 3 个,面粉 2 大匙,蜂蜜 1 大匙。

制法

1.将大蒜捣成泥状。

2.在大蒜泥中加入面粉与蜂蜜,充分拌匀。

3.将大蒜面膜静置在阴凉处约 1 小时后再使用。

4.将大蒜泥敷在脸部,15 分钟后洗干净即可。

美容功效

能促进新陈代谢,平衡分泌过多油脂的皮肤,彻底清洁长面疱的脸部。

牛奶红酒祛痘面膜

材料

牛奶 1/3 杯,红酒 1/4 杯,橄榄油 1 小匙,蜂蜜 1/4 杯,面粉适量。

制法

1.将牛奶、红酒、橄榄油、蜂蜜加入面粉中,调成糊状。

2.洁面后,将面膜敷于面部,10 分钟后用清水洗净即可。

美容功效

此面膜可促进血液循环,修复细胞组织,特别对于有痘疤的"美眉"有显著的功效。此外,应注意,对酒精过敏的人不能使用上述方法。另外,红酒最好用新开封的。

金银花绿豆粉面膜

材料

金银花 10 克,绿豆粉 5 克,纯净水适量。

制法

1.把金银花与纯净水一同入锅,先用大火煮沸,再用小火煮 5 分钟,然后滤取汁液,晾凉备用。

2.把绿豆粉与金银花汁充分搅拌,调匀成稀薄适中的糊状即可。

3.清洁脸部后,先用热毛巾敷脸约 5 分钟。

4.取适量本面膜均匀地涂抹在脸部上,避开眼部、眉毛、唇部。静敷约 15 分钟后,以清水彻底洗净脸部,并进行肌肤的日常护理即可。建议每周使用 1~2 次。

美容功效

本款面膜可清热解毒,有效防治痤疮、痘痘。

柠檬果泥抗痘面膜

材料

梨 1 个,柠檬汁适量,面粉适量。

制法

1.梨洗净,去皮,去籽,压碎后打成果泥。

2.在梨泥中加入柠檬汁和面粉,充分搅拌成糊状。

3.洗完脸后,将本款面膜敷在面部,避开眼、唇部皮肤。

4.约 15 分钟后,用温水洗净即可。

美容功效

能够深层清洁肌肤,有效去除面部油污,预防青春痘、粉刺的产生。

红豆泥抗痘面膜

材料 红豆 100 克,纯净水适量。

制法

1.将红豆洗净,放入沸水中煮至软烂。

2.将煮好的红豆放入搅拌机中充分搅拌成泥状,冷却待用。

3.洁面后,将本款面膜均匀涂抹于面部,避开眼、唇部皮肤。

4.约 15 分钟后,用温水洗净即可。

美容功效

能促使皮肤迅速排出油脂,有效控制痘痘再生。

蜂蜜双仁去痘印面膜

材料

冬瓜仁 10 克,桃仁 10 克,蜂蜜 5 毫升。

制法

1.将冬瓜仁、桃仁晒干后用研磨器磨成细粉。

2.将蜂蜜加入粉末中,调成黏膏状。

3.睡觉前洁面后,均匀地将面膜涂抹在脸上,避开眼、唇部位。

4.静待 20 分钟后,用温水清洗干净。

美容功效

冬瓜仁含脂肪油酸、瓜氨酸等成分,有去痘印的功效;桃仁含有丰富的维生素E、维生素 B_6,可帮助肌肤抗氧化,减轻紫外线对肌肤的伤害;蜂蜜的保湿效果十分好。做这款面膜时要注意防晒。

玫瑰生地赤芍祛痘面膜

材料

玫瑰花 15 克,生地 15 克,赤芍 10 克,纯净水 10 毫升。

制法

1.将玫瑰、生地、赤芍用无菌纱布包好,用棉绳扎紧袋口。

2.锅中放入纯净水和药袋,煮沸后小火继续煎煮 20 分钟即可。

3.待温凉过滤,取汁敷脸,隔日 1 次,连续使用 10 次后可见效。

美容功效

本款面膜可防治痘痘及暗疮。

荷叶甘菊杀菌面膜

材料

荷叶 20 克,甘菊 30 克,薄荷 10 克,蜂蜜 20 毫升。

制法

1.将荷叶、甘菊和薄荷混合磨成细末。

2.将蜂蜜加入细末中,调和均匀即可。

3.洁面后,将面膜均匀地涂于面部,15 分钟后用清水洗净即可。建议每周使用

3次。

美容功效

此款面膜具有杀菌解毒的作用,能改善肌肤粉刺和面疱问题。荷叶含有多种生物碱及维生素 C,有清热解毒、凉血、止血的作用。

茄子蜂蜜祛痘面膜

材料

茄子 1 个。蜂蜜适量。

制法

1.将茄子去皮、切块,放入榨汁机中榨成泥。

2.向茄子汁泥中加入蜂蜜均匀搅拌即可。

3.洁面后,将面膜敷于面部,约 10 分钟后洗净即可。

美容功效

本款面膜在补水保湿的同时,还能预防暗疮,特别适合于痘痘肌肤使用。

酸奶红薯面膜

材料

酸奶 40 毫升(最好使用含糖低的原味酸奶),红薯半个。

制法

1.先将红薯洗净去皮,放入蒸锅蒸至软烂。

2.将蒸好的红薯切成小块放入搅拌机,再倒入酸奶,搅拌均匀即可。

3.将搅拌好的红薯酸奶泥倒入面膜碗中,待冷却后即可使用。

4.洁面后,把调好的面膜涂抹在脸部,避开眼睛和嘴唇。

5.静待 15 分钟后,用温水洗净即可。

美容功效

红薯含具有特殊功能的维生素,可用来治疗痘痘;与酸奶一同使用,可有效收缩毛孔,使肌肤变得细腻光滑,排毒效果相当不错。酸奶是很多人喜欢的美味饮品,酸奶含有大量的乳酸,酸奶面膜就是利用这些乳酸,发挥剥离性面膜的功效,作用温和,而且安全可靠。

胡萝卜啤酒祛痘面膜

材料

胡萝卜少许,柠檬汁 1 小匙,酸奶 2 小匙,啤酒 1 大匙。

制法

1.胡萝卜洗净、去皮后捣成泥状。

2.将柠檬汁、酸奶、啤酒加入胡萝卜泥中,充分搅拌均匀。

3.洗完脸后,将本款面膜敷在面部,避开眼、唇部皮肤。

4.用手轻轻按摩,约 15 分钟后,用温水洗净即可。

美容功效

去除面部油脂、面疱,使脸部肌肤清洁、紧实。

九、自制祛斑面膜

苹果醋面膜

材料

苹果醋(超市有售)3 大匙,面粉 3 大匙。

制法

1.在苹果醋中加些温水,调匀。

2.在醋中加入面粉,拌匀。

3.将面膜涂满脸部,20 分钟后洗干净即可。

美容功效

选择具有弱酸性的苹果醋制成的果酸面膜,若能持之以恒地使用,能够有效去除黑斑,使皮肤软化。

柠檬砂糖面膜

材料

柠檬 1/4 个,砂糖适量,面膜纸 1 张。

制法

1.将柠檬榨成汁。

2.向柠檬汁中加入白糖水均匀搅拌后,将面膜纸浸入。

3.将浸满汁液的面膜纸敷于面部。

4.待面膜充分吸收后,即可揭下。此款面膜可以每天使用。

美容功效

此面膜可祛斑,并有美白肌肤的功效。

芦荟祛斑面膜

材料

芦荟汁 3 大匙,面粉 1 大匙,蜂蜜 1 大匙。

制法

1.在芦荟汁中加入面粉与蜂蜜,调匀。

2.将芦荟面膜均匀地涂抹在脸部,30 分钟后洗净。

美容功效

持之以恒地使用芦荟汁面膜一段时间后脸上的斑点将会被淡化。

杏仁茯苓莲子面膜

材料

杏仁粉 3 大匙,茯苓粉 3 大匙,莲子粉 3 大匙。

制法

1.将杏仁粉、茯苓粉、莲子粉三者充分混合,加水搅拌均匀。

2.将面膜均匀地涂抹在脸部,30 分钟后洗干净。

美容功效

可温和有效地淡化斑点,有美白作用。

红萝卜牛奶面膜

材料

红萝卜半根,牛奶2大匙。

制法

1.将红萝卜洗净,切成块,放入果汁机中加入牛奶打成汁。

2.睡前将红萝卜汁均匀涂抹在脸部,隔天起床再洗干净。

美容功效

经常持续使用此面膜可有效地淡化脸上的雀斑。

西红柿祛斑面膜

材料

西红柿1个,蜂蜜2大匙,面粉1大匙。

制法

1.将西红柿捣烂取汁,加入蜂蜜与面粉,调匀。

2.将西红柿面膜轻敷在脸部,25分钟后洗净即可。

美容功效

使皮肤滋润、白嫩、柔软,长期使用可有祛斑功效。

西瓜皮祛斑面膜

材料

西瓜皮数片。

制法

1.将西瓜皮上的白色部分以汤匙或刀刮下。

2.将刮下的瓜瓤敷在脸部有斑点的部位。

3.可隔夜再取下,洗净脸部即可。

美容功效

西瓜皮具有消炎作用,也具有祛斑的功效。

玫瑰桃仁面膜

材料

玫瑰 10 克,面粉 2 大匙,桃仁 10 克。

制法

1.请中药店工作人员将桃仁研磨成粉,加入面粉,再调入水,充分混合。

2.在桃仁糊中加入玫瑰花瓣,放在炉火上以小火煮至玫瑰软化,面糊呈粉红色。

3.放凉后将面膜均匀涂在脸部,30 分钟后洗干净。

美容功效

此款面膜具有美颜淡斑的疗效,玫瑰具有活血作用,能够有效抑制黑色素产生。

香蕉芹菜淡斑面膜

材料

香蕉 1/3 根,芹菜 30 克,柠檬汁 15 毫升,青瓜 1/4 根,鸡蛋 1 个。

制法

1.将香蕉剥皮后捣成泥状。

2.芹菜洗净切碎成泥状。

3.用搅碎机将青瓜搅拌成泥状。

4.将鸡蛋的蛋清、蛋黄分离,取出蛋清备用。

5.将所有原料倒入面膜碗中,加入柠檬汁搅拌均匀即可。

6.洁面后,用面膜刷将面膜涂在脸上,约 15 分钟后,用温水洗净即可。

美容功效

此面膜可美白、淡斑,还可改善肌肤松弛现象,有效地去除肌肤中的污垢和多余油脂,使肌肤平滑紧绷,细柔嫩白。

桃花白酒祛斑美白面膜

材料

桃花 15 克,白酒 100 毫升。

制法

1.将桃花洗净,沥干水分。

2.将桃花放在白酒中浸泡 7 天即可。

3.洁面后,取适量桃花酒,加温水 250 毫升,搅匀后洗脸,早晚各 1 次。

美容功效

此面膜有助于消除因痤疮引起的面部黑斑。桃花富含氨基酸、维生素 C,有营养肌肤、祛斑、美白的功效。桃花中富含植物美白和呈游离状态的氨基酸,易被皮肤吸收,可防治皮肤干燥、粗糙,可增强皮肤的抗病能力,有防治脂抑性皮炎、化脓性皮炎等症状的功效。

苹果绿茶淡斑亮肤面膜

材料

苹果 1/2 个,奶油 10 克,绿茶 15 毫升(浓茶更佳)。

制法

1.将苹果洗净放入榨汁机中榨汁。

2.向苹果中加入奶油和已经冷却的绿茶,充分搅拌均匀即可。

3.洁面后,用棉花球蘸取面膜汁液,轻轻在面部擦拭,避开眼部及唇部周围。

4.约 15 分钟后用温水洗净即可。

美容功效

此面膜可淡化色斑,使肌肤恢复润泽亮白。

葡萄籽油祛斑面膜

材料

葡萄、蜂蜜各适量。

制法

1.将葡萄取籽榨油。

2.将葡萄籽油与蜂蜜混合调匀。

3.洁面后,将面膜涂在脸上,轻轻按摩 25 分钟左右洗净即可。

美容功效

此面膜可滋润皮肤,预防和消除雀斑。

芒果茉莉花美白淡斑面膜

材料

芒果 1 个,茉莉干花 6 朵,橄榄油 10 毫升,热水 25 毫升,压缩面膜纸 1 张。

制法

1.将芒果去皮去核后捣成泥状。

2.将茉莉干花浸泡在热水中,待冷却后,滤出汁液。

3.将芒果泥与茉莉花汁放入器皿中,加入橄榄油搅拌均匀即可。

4.取 1 张压缩面膜纸,充分吸取汁液后展开敷于面部,待 15 分钟后取下,用指腹以画圈方式顺时针按摩,待汁液完全吸收后,用清水洗净即可。

美容功效

此面膜可促进面部血液微循环,有助于肌肤对美白成分的吸收,可有效抑制黑色素的生成,并有效淡斑。

橘皮蛋黄杀菌淡斑面膜

材料

橘子 2 个,鸡蛋 2 个。

制法

1.取橘皮,洗净放入榨汁机中打碎备用。

2.将鸡蛋用过滤匀分离蛋清和蛋黄,取蛋黄备用。

3.在小碗中放入蛋黄、橘皮碎,用搅拌棒搅拌均匀即可。

4.用温水清洁脸部肌肤,然后将面膜均匀涂抹在脸上,避开眼、唇部位。

5.10 分钟后用温水洗净。

美容功效

此面膜可加快肌肤细胞新陈代谢,从而减少皮肤色素沉着,防止色斑产生;同时还能杀灭肌肤滋生的细菌,保护肌肤不受环境侵蚀,使肌肤时刻保持清爽。

李子仁祛斑面膜

材料

李子核 15 克,鸡蛋 1 个。

制法

1.将李子核去硬壳,取出李子仁研成细末。

2.将鸡蛋的蛋清、蛋黄分离,取蛋清备用。

3.将蛋清调入李子仁末,搅拌均匀即可。

4.每晚睡前敷脸,翌晨用清水洗去。

美容功效

本面膜有祛除黄褐斑及其他黑斑的功效。

丝瓜面粉祛斑美白面膜

材料

丝瓜 1 根,面粉 5 克。

制法

1.将丝瓜洗净后榨汁备用。

2.向丝瓜汁中加入面粉,混合搅拌均匀。

3.洁面后,将面膜均匀地涂于面部,15 分钟后用清水洗净即可。建议每周使用

2 次。

美容功效

此款面膜可改善肤色,清除肌肤色斑,使肌肤嫩白、细腻。丝瓜是增白、去皱的天然美容品,丝瓜汁有"美人水"之称。

苦瓜浮萍淡斑面膜

材料

苦瓜 30 克,浮萍 10 克,苏木 9 克。

制法

1.把苦瓜洗净去瓤,切成条状,用榨汁机榨汁盛于碗中。

2.将浮萍、苏木分别研磨成粉末,再搅拌均匀。

3.将苦瓜汁慢慢加入浮萍、苏木粉末中,搅拌均匀成泥膏状即可。

4.睡前洁面后,将面膜均匀涂于脸上,并用手轻轻按摩脸部约 10 分钟,等第二天早上睡醒,再用温水洗净即可。

美容功效

此面膜可淡化斑点,美白肌肤。苦瓜具有消内热、明目解毒的功效,与浮萍、苏木共用则可以美白肌肤,淡化色斑。

胡萝卜甘油淡斑面膜

材料

甘油6毫升,胡萝卜半根,纯净水30毫升,面膜纸1张。

制法

1.将胡萝卜洗净,切成小块,加入纯净水榨汁。

2.将胡萝卜汁倒入面膜碗中,加入甘油搅拌均匀即可。

3.洁面后,取1张面膜纸浸透胡萝卜汁,将浸过面膜液的面膜纸静敷脸部15分钟,然后揭下面膜纸,用温水清洗干净即可。

美容功效

此面膜可预防肌肤粗糙,淡化斑点。甘油具有极强的保湿性,擦在皮肤上,会形成一层甘油薄膜,可隔绝空气,使皮肤里的水分不易蒸发,从而有效防止皮肤干燥。

十、自制防皱面膜

蛋清除皱面膜

材料

鸡蛋1个。

制法

1.将鸡蛋的蛋清、蛋黄分离,取蛋清备用。

2.将蛋清在碗中搅打成白泡状即可。

3.将面膜直接敷于面部,待完全干后,用温水洗净即可。

美容功效

此面膜可紧致肌肤、消除皱纹、清洁肌肤。蛋清中含有蛋白质、蛋氨酸及维生素、磷、铁、钾、镁、钠、硅等多种矿物质营养成分。蛋清中的蛋白质氨基酸的组成与人体最接近,还有清热解毒、消炎,保护皮肤和增强皮肤免疫功能的作用。但有痘的女生不要使用本方。

抗皱粉蜜面膜

材料

杏仁粉 9 克,白芷粉 3 克,冰片粉少许,面粉 1 大匙,蜂蜜适量。

制法

1.将杏仁粉、白芷粉、冰片粉过筛,筛取细粉。

2.将筛取的细粉与面粉调匀,保存在密封罐中。

3.使用前,先将蜂蜜加少许温水调至黏稠状,然后再取出罐中细粉与蜂蜜水调匀。

4.洁面后,将本款面膜涂于脸上,避开眼、唇部肌肤。

5.约 10~15 分钟后,用温水彻底洗净即可。

美容功效

能有效收紧肌肤、预防皱纹的产生,使肌肤紧致、美白。

中药抗皱面膜

材料

当归 15 克,川芎 15 克,鸡蛋 1 个。

制法

1.鸡蛋打破,去壳。

2.将当归、川芎研磨成粉,一同放入鸡蛋中,充分搅拌均匀。

3.洁面后,取适量本款面膜均匀地涂在脸上,避开眼、唇部四周的皮肤。

4.约 20 分钟后,用温水洗净即可。

美容功效

滋润美白肌肤,抚平脸部皱纹,延缓肌肤衰老。

蛋黄营养祛皱面膜

材料

蜂蜜 1 小匙,面粉 2 小匙,咖啡粉 10 克,鸡蛋 1 个。

制法

1.鸡蛋打破,去壳,留取蛋黄。

2.将蛋黄、蜂蜜、面粉、咖啡粉一同放入碗中,充分搅拌均匀即可。

3.洁面后,将本款面膜均匀涂在脸上,避开眼、唇部皮肤。

4.约 15 分钟后,用温水洗净。

美容功效

滋润肌肤,抚平皱纹,预防肌肤松弛,祛斑增白。

木瓜巧克力抗衰老面膜

材料

木瓜 1/4 个,巧克力 15 克,蜂蜜 5 毫升。

制法

1.将木瓜洗净后去除外皮和籽,捣成泥状。

2.将巧克力隔水加热,至软化。

3.将木瓜泥与可可脂混合,加入蜂蜜,拌成膏状。

4.洁面后,将面膜均匀涂于面部,约 15 分钟后用清水洗净即可。

美容功效

本款面膜具有滋润、抗衰老的功效。木瓜中含有多种维生素,能延缓皮肤衰老。巧克力中的可可脂具有软化肌肤、去皱美容的功效。

珍珠香蕉美白去皱面膜

材料

香蕉 1 根,奶油 2 匙,浓茶水 2 匙,珍珠粉 0.3 克。

制法

1.将香蕉剥皮捣烂。

2.加入奶油、浓茶水和珍珠粉,搅拌均匀。

3.洁面后,将面膜涂抹于面部,10~20 分钟后用清水洗净即可。

美容功效

本款面膜可消除皱纹,保持肌肤光泽。

香蕉牛奶燕麦面膜

材料

香蕉半根,牛奶 10 毫升,燕麦粉 5 克,蜂蜜 5 毫升。

制法

1.将香蕉用勺子压成泥状,与牛奶、燕麦粉一同放入锅内用小火煮熟。

2.加蜂蜜调成糊状即可。

3.睡前洁面后,将调制好的面膜均匀地涂抹在脸上,避开眼睛和嘴唇部位。

4.20 分钟后用温水洗净即可。

美容功效

此面膜有润肤除皱的功效,可保持肌肤水分,防止皮肤细胞老化。

猕猴桃去皱润肤面膜

材料

猕猴桃 1 个,鸡蛋 1 个。

制法

1.猕猴桃去皮搅成泥。

2.取鸡蛋的蛋清部分加入猕猴桃果泥,搅拌至果泥和蛋清彻底混合。

3.洁面后,将果泥涂于面部,待 15 分钟后用清水洗干净即可。

美容功效

本款面膜具有去皱润肤的功效。猕猴桃内含有丰富的维生素,而鸡蛋则含丰富的蛋白质及多种矿物质,是替皮肤补充养分的"好帮手"。常敷此面膜,可起到滋润肌肤,消除细小皱纹的作用,肌肤会变得既白又滑。

苹果玉米粉抗老面膜

材料

苹果 30 克,玉米粉 3 大匙,纯净水适量。

制法

1.将苹果和少量纯净水放入榨汁机中,榨取汁液。

2.用无菌滤布将苹果肉过滤掉,留下汁液。

3.将玉米粉加入上述苹果汁液中,调成糊状。

4.洁面后,将本款面膜涂于面部,并避开眼、唇部位。待脸上的面膜干燥后洗去,再按照一般程序保养即可。

美容功效

此面膜可补充皮肤所需的营养与水分,使肌肤柔嫩、细致。

柑橘芦荟抗衰面膜

材料

柑橘 1 个,鲜芦荟 1 小片,维生素 E 丸 1 粒。

制法

1.柑橘去皮榨汁,鲜芦荟压成泥。

2.将柑橘汁和芦荟泥混合,并将维生素 E 丸刺穿挤出油,搅拌均匀。

3.临睡前涂在脸上有细纹的地方,第二天早起时用水洗去即可。

美容功效

本款面膜可抚平皮肤细纹,延缓衰老。柑橘中富含的维生素 C 有消除毒素、促进胶原合成、抚平脸上细纹、保持皮肤洁白细嫩、延缓衰老的功效。加上具有很强抗氧化功效的维生素 E,可强力去皱,增强皮肤弹性,恢复光洁细腻的肌肤。

菠萝西瓜抗衰面膜

材料

菠萝 100 克,西瓜 50 克,面膜纸 1 张。

制法

1.将菠萝洗净,切长条与西瓜一起榨汁。

2.滤取汁液,用面膜纸蘸上汁液敷于面部,15 分钟后取下洗净即可。

美容功效

此款面膜可抚平肌肤细纹,延缓衰老。

樱桃酸奶祛皱滋养面膜

材料

新鲜樱桃 6~8 个,酸奶 10 毫升,面粉 5 克。

制法

1.将樱桃洗净、去核,放入果汁机中榨汁备用。

2.将酸奶和面粉依次加入樱桃汁中,搅拌成糊状。

3.将面膜均匀涂抹于面部,避开眼睛和嘴周围皮肤。

4.静敷 20 分钟后,用清水洗净。

美容功效

此款面膜能很好地祛斑除皱,使肌肤得到良好的滋养和美白,同时能平衡皮肤的油脂分泌。樱桃具有调中益气、滋养皮肤的功效,经常食用和涂抹于面部,有非常好的美肤效果。

丝瓜奶粉去皱面膜

材料

丝瓜 1 根、奶粉 10 克,杏仁油 3 毫升。

制法

1.将丝瓜洗净后榨汁备用。

2.向丝瓜汁中加入奶粉和杏仁油,混合搅拌均匀。

3.洁面后,将面膜均匀地涂于面部,15 分钟后用清水洗净即可。建议每周使用 2 次。

美容功效

此面膜可彻底清洁肌肤,促进肌肤细胞新陈代谢,有效地去除皱纹,抵抗衰老。

土豆黄瓜嫩白去皱面膜

材料

土豆 1 个,黄瓜 1 根,柠檬汁少量,橄榄油适量。

制法

1.将土豆和黄瓜擦成丝混合,放入果汁机中打成泥。

2.敷在脸上和颈部 20 分钟。然后,用加入少许柠檬汁的水清洗。

3.洗净后,涂抹上橄榄油即可。

美容功效

此款面膜可以平复皱纹,嫩白肌肤。

黄瓜奶汁去皱面膜

材料

黄瓜汁适量,奶粉 2 小匙。

制法

1.将奶粉和黄瓜汁调和均匀即可。

2.洁面后,将面膜直接敷于面部,待 10 分钟左右,用清水洗净即可。

美容功效

此款面膜具有使肌肤柔软、湿润、美白、抗皱、防止肌肤过敏的功效。

灵芝蜂蜜滋养面膜

材料

灵芝 10 克,蜂蜜适量,鸡蛋 1 个。

制法

1.将灵芝放入砂锅中,加水熬 20 分钟后去渣。

2.将灵芝汤汁晾凉倒入面膜碗中,将鸡蛋分离,偏干性皮肤加入蛋黄,偏油性皮肤加入蛋清,搅拌均匀。

3.温水洁面后,取适量汁液,静敷 15 分钟后,用温水洗净即可。

美容功效

本款面膜可滋养肌肤,活化细胞,增强皮肤的弹性,防止皱纹产生并有效地减少细纹。

玉米麦粉抗衰老面膜

材料

玉米粉 15 克,麦粉 10 克,橄榄油 2 滴,水适量。

制法

1.将玉米粉、麦粉加适量水搅拌成糊状。

2.在糊状物中,加入橄榄油并搅拌均匀。

3.将面膜敷于面部,15 分钟后用温水洗净即可。建议每周使用 2—3 次。

美容功效

此款面膜可美白肌肤、抗衰老。玉米粉具有良好的滋润美白效果;麦粉和橄榄油营养丰富,可深层滋养肌肤。如脸上有斑点,也可以针对局部斑点每天使用,效果极佳。

栗子银耳润泽除皱面膜

材料

栗子 20 克,银耳 1 朵,水适量。

制法

1.将银耳放入清水中泡发、洗净,去除根部杂质,撕成小块。

2.栗子去壳洗净,与银耳同入砂锅,加水适量,用大火煮沸后改用小火炖至银耳出现胶质即可。

3.洁面后,取栗子银耳汤汁直接敷于面部,避开眼睛和嘴唇部位,15 分钟后洗净即可。

美容功效

本款面膜可润泽皮肤,消除皱纹。

小黄瓜糯米抗皱面膜

材料

糯米 50 克,小黄瓜 50 克,水适量。

制法

1.将糯米和水放入锅中熬煮成浓粥。

2.冷却后,用干净滤布将米粒滤掉,留取浓汁。

3.小黄瓜洗净后去头尾,与适量糯米汁放入榨汁机中,榨取汁液。

4.洁面后,用面膜刷蘸取本款面膜涂在脸上,避开眼、唇部四周的皮肤。

5.约 15 分钟后洗净,再依照一般程序保养脸部肌肤即可。

美容功效

延缓肌肤老化,滋养、润泽肌肤,使肌肤柔嫩、光滑。

防老化糯米蛋清面膜

材料

糯米粉 2 大匙,蛋清 1 个,纯净水适量。

制法

1.将糯米粉、水、蛋清放入容器中。

2.混合后,用搅拌棒搅拌,调制均匀成糊状。

3.洁面后,在脸部涂上本款面膜,避开眼、唇部四周的肌肤。

4.约 15 分钟后洗净,再依照一般程序保养脸部肌肤即可。

美容功效

深层清洁毛孔防止肌肤老化,消除皱纹,紧致肌肤。

十一、自制瘦脸面膜

胡萝卜藕粉消脂面膜

材料

胡萝卜半根,藕粉 2 小匙,鸡蛋 1 个。

制法

1.将胡萝卜洗净后,放入榨汁机中榨取汁液。

2.将藕粉、鸡蛋一同加入胡萝卜汁中,充分搅拌均匀呈糊状待用。

3.洁面后,将本款面膜敷于脸上,避开口、眼、鼻部。

4.约 20 分钟后,用温水洗净即可。

美容功效

功效收敛脸部毛孔,消除脸部脂肪,使粗糙肌肤变得光滑可人。

大蒜瘦脸面膜

材料

大蒜 5 瓣,纯净水 5 毫升,面膜纸 1 张。

制法

1.先将大蒜剥皮,放入微波炉中,用中火烤 2 分钟以去味。

2.将烤过的蒜放入榨汁机中,加少量纯净水,打成泥。

3.将面膜纸浸入到大蒜汁中。

4.温水洁面后,将面膜纸贴在脸上,20分钟后取下面膜纸,用清水洗净即可。

美容功效

此款面膜具有瘦脸、治痘和去角质的功效。有的"美眉"对大蒜有过敏反应,所以做面膜前要先做过敏测试。

冬瓜鸡蛋消脂面膜

材料

冬瓜100克,鸡蛋1个。

制法

1.将冬瓜洗净,去皮、去籽,放入果汁机中打成冬瓜泥。

2.将鸡蛋的蛋清、蛋黄分离,取蛋黄备用。

3.将蛋黄与冬瓜泥搅拌均匀即可。

4.洁面后,将调好的面膜均匀地敷在脸部及颈部,避开口、眼周围的皮肤。

5.20分钟后,用温水洗净即可。

美容功效

此款面膜可消脂瘦脸,收敛肌肤,淡化色斑。

苦瓜山药瘦脸面膜

材料

苦瓜1/2根,山药粉20克,蜂蜜5毫升。

制法

1.将苦瓜洗净去瓤,放入榨汁机中榨汁备用。

2.在苦瓜汁中加入山药粉、蜂蜜,混合调匀即可。

3.将面膜均匀涂于脸上,避开眼部及唇部,15分钟后用温水洗净即可。

美容功效

此款面膜具有美白瘦脸,排毒养颜,平衡油脂分布的功效,使皮肤紧致清爽。

葡萄柚瘦脸面膜

材料

面粉3大匙,葡萄柚1/4个,纯净水半杯。

制法

1.将葡萄柚去皮,放入榨汁机中搅成泥状。

2.将面粉、纯净水加入柚泥中,充分搅拌均匀待用。

3.用温水清洗脸部后,将本款面膜均匀涂在脸上,避开眼、唇部皮肤。

4.约15分钟后,用温水洗净即可。

美容功效

收缩面部粗大毛孔,消除脸部多余脂肪,使脸庞更加清秀。

蜜柚瘦脸面膜

材料

蜜柚1/4个,面粉3大匙,纯净水半杯。

制法

1.将蜜柚去皮,放入榨汁机中搅拌成泥状。

2.将面粉、纯净水加入柚泥中,充分搅拌均匀待用。

3.用温水清洁脸部后,将本款面膜均匀涂抹在脸上,避开眼、唇部皮肤。大约15分钟后,用温水清洁干净即可。

美容功效

此面膜具有瘦脸的功效。蜜柚不仅可减肥瘦身,其所具有的清新香味还能够消除疲劳,使人心情放松。

瘦脸中药面膜

材料

茯苓、泽泻各 15 克,白术 20 克,面粉少许,纯净水适量。

制法

1.在中药店购买上述药材时,请中药店将药材研磨成细致粉末。

2.将买回的上述药材粉末与面粉过筛,筛取细致粉末,保存在密封罐中。

3.取 2~3 小匙药粉,加适量纯净水调成糊状。

4.洁面后,用面膜刷蘸取本款面膜均匀地涂在脸上,避开眼、唇部肌肤。

5.约 15 分钟后,冲洗干净,依照一般程序保养脸部肌肤即可。

美容功效

能深层滋养肌肤,消除多余脂肪,减掉脸部赘肉。

双粉蛋清瘦脸面膜

材料

干橘皮粉 1 小匙,绿茶粉 2 小匙,鸡蛋 1 个。

制法

1.将干橘皮研磨成细致粉末,过筛,筛取细粉。

2.将干的绿茶研磨成细致粉末,过筛,筛取细粉。

3.将鸡蛋打破去壳,留取蛋清备用。

4.将橘皮粉、绿茶粉、蛋清一同放入碗中,搅匀成糊状待用。

5.洁面后,将本款面膜敷于脸上,避开眼、唇部周围皮肤。

6.10~15分钟后,再用清水冲洗干净即可。每周可使用2~3次。

美容功效

有效改善肌肤浮肿症状,使肌肤紧致、润泽。

红茶面粉瘦脸面膜

材料

红茶叶5克,面粉15克。

制法

1.将红茶叶加水煎煮。

2.冷却后加入面粉,调和均匀即可。

3.洁面后,直接将面膜涂于面部,待15分钟后用温水洗净即可。

美容功效

此面膜可减轻皱纹、去脂瘦脸,令皮肤变得润滑,同时对抗衰老还有良效。

绿茶橘皮紧致面膜

材料

绿茶30克,鸡蛋1个,干燥橘皮10克。

制法

1.鸡蛋用过滤勺将蛋黄和蛋清分离,取蛋清备用。

2.用搅拌机将绿茶和柑橘皮打成细末,将绿茶粉及橘皮粉调入蛋清,搅拌成糊状即可。

3.将调制好的面膜敷于脸上,避开眼部、唇部周围皮肤。

4.静待15分钟后,用清水冲洗干净。每周可使用2~3次。

美容功效

此面膜可紧实肌肤,促进脸部水分排出,改善肌肤浮肿。绿茶中含有丰富的多酚类物质,具有抗氧化的作用,能延缓肌肤衰老。促进血液及淋巴循环,防止肌肤浮肿,对紧致肌肤非常有效。橘皮含有天然植物精油,能够促进肌肤血液循环,加速脸部水分排出,对浮肿肌肤也具有很好的改善功效。

甘草茯苓西红柿瘦脸面膜

材料

甘草粉、茯苓粉各2大匙,小西红柿5个,蜂蜜1小匙,矿泉水少许。

制法

1.西红柿洗净,加矿泉水榨取汁液。

2.将甘草粉、茯苓粉过筛,筛取细粉,再将各种细粉缓慢倒入番茄汁中,拌匀,再加入蜂蜜调匀。

3.洁面后,用面膜刷蘸取本款面膜涂在脸上,避开眼、唇部皮肤,约15分钟后,用清水洗净。

美容功效

减少或消除皱纹,收缩毛孔,消除脸部脂肪,使肌肤细嫩、白皙。

珍珠粉菠菜瘦脸面膜

材料

菠菜 5 克,珍珠粉 50 克。

制法

1.菠菜洗净后用开水快速地烫一下,用榨汁机将菠菜打成浆状。

2.将珍珠粉倒入菠菜浆汁中搅拌均匀即可。

3.将面膜均匀地涂在脸上,避开眼睛四周、嘴唇及眉毛等处。待 15~30 分钟左右,用清水洗净即可。建议每周使用 1~2 次。

美容功效

此款面膜可瘦脸、消除肥肿,使面色红润。菠菜中含有十分可观的蛋白质、维生素,能够促进血液循环,排除毒素,将新鲜的养分和氧气送到脸部表皮,恢复娇白红润。珍珠粉不仅能够收缩毛孔,还能消斑去皱。珍珠粉细腻滑润,能够促进新生细胞的合成,使得皮肤光滑有弹性。

芦荟芝麻瘦脸面膜

材料

芦荟 1 片(取 2~30 克芦荟肉即可),芝麻 5 克(或者直接用纯芝麻粉),纯净水适量。

制法

1.先将芦荟洗净去皮,切成小块后放入榨汁机内,加入少许纯净水打成汁。

2.将芝麻打成粉,与芦荟汁混合,并将其搅拌均匀即可。

3.洁面后,将面膜敷于脸部,避开口、眼周围皮肤。

4.20分钟后,用温水洗净即可。这款面膜在晚上睡前使用,效果最好。每周可使用1~2次。

美容功效

此款面膜可去除老化的角质层,清洁毛孔中积存的污垢,还可有效去除脸部脂肪,消除脸部水肿,改善肌肤松弛,收紧脸部肌肤。

土豆雪梨瘦脸面膜

材料

土豆1个,雪梨1个,酸奶10毫升,麦片5克,压缩面膜纸1张。

制法

1.把土豆、雪梨洗净去皮,放入果汁机中搅拌成泥状。

2.将酸奶、麦片、雪梨和土豆汁缓缓搅拌成糊状。

3.将压缩面膜纸浸入汁液中,充分吸收后敷于面部,15分钟后取下并轻轻按摩脸部,待面膜完全吸收后,用清水洗净即可。

美容功效

此面膜可深层清洁肌肤细胞中的污垢、毒素,排脂瘦脸,收缩毛孔。

海藻乌龙茶瘦脸面膜

材料

海藻粉5克,乌龙茶叶5克或茶包1个,纯净水100毫升,面膜纸1张。

制法

1.将乌龙茶叶(茶包)及海藻粉中加入热水(纯净水),用小火煮沸至海藻粉溶解,茶水剩下一半,再用滤网滤出汁液。

2.用面膜纸蘸取汁液敷于脸上,避开眼睛和嘴唇部位。

3.约15分钟后取下面膜纸,用温水清洗干净即可。

美容功效

此面膜可让脸部肌肤更紧致,促进脸部水分排除,改善肌肤浮肿现象。海藻粉富含氨基酸、矿物质与精油成分,能够加速伤口愈合、促进肌肤再生,协助肌肤排除多余水分及废物,是一种很好的瘦身美容原料。而我们常常饮用的茶叶,含有茶碱及咖啡因,能够促进皮下脂肪分解,达到瘦身和瘦脸功效;此外,茶叶还富含多种多酚类物质,能够帮助肌肤抗氧化、促进血液循环,发挥抗炎消肿的作用。

海藻粉的盐分等成分有时会造成肌肤刺痛,若使用时肌肤感到刺痛不适,建议马上用清水冲洗干净。

薏仁荷叶排水瘦脸面膜

材料

薏仁粉10克,荷叶10克,水100毫升。

制法

1.将荷叶加水用小火煎煮约2分钟至水剩下少量,滤汁备用。

2.将荷叶汁拌薏仁粉调匀成膏泥状即可。

3.将调好的面膜敷于脸上,避开眼部与唇部周围。

4.静待15分钟后,用清水冲洗干净。每周可使用2~3次。

美容功效

此面膜可促进血液循环,消除脸部浮肿,收敛紧致肌肤。薏仁外用于皮肤具有自然美白效果,能提高肌肤新陈代谢与保温的功能,可有效阻止肌肤干燥的现象。荷叶也有助于促进淋巴循环和排除毒素,能发挥紧致肌肤的作用,消除面部浮肿。坚持使用,就会自然而然呈现完美的小脸。

菊花玉米须消肿瘦脸面膜

材料

干燥菊花 10 克,干燥玉米须 3 克,纯净水 100 毫升,面膜纸 1 张。

制法

1.先将菊花、玉米须浸于纯净水中,用小火煎煮约 3 分钟,至水量剩下一半,再滤掉菊花和玉米须,取其汁液放入冰箱冷藏,待冰凉之后备用。

2.用面膜纸蘸取自冰箱取出的菊花玉米须汁液,敷于脸上 15 分钟,再将面膜纸取下即可。

美容功效

此款面膜可紧肤、排水,防止肌肤发炎浮肿。菊花内所含的类黄酮素可以发挥抗氧化、抗自由基的功效,能够消炎、抗浮肿,排除肌肤多余水分与废物,同时达到预防肌肤老化的效果。玉米须能发挥排水、消肿的作用。

蜂蜜糯米排毒瘦脸面膜

材料

蜂蜜 5 毫升,糯米 20 克,小土豆 1 个,冷开水 30 毫升。

制法

1.土豆去皮洗净,和糯米一同放入蒸锅中蒸 30 分钟,直至酥烂。

2.将土豆切小块放入搅拌机,再倒入糯米、蜂蜜、冷开水,搅拌均匀。

3.待冷却后,将面膜均匀轻柔地涂抹在脸上,静敷 15 分钟后,用温水洗净即可。

美容功效

此面膜可排毒、养颜、瘦脸。

蜂蜜黄瓜小麦紧致面膜

材料

蜂蜜 10 毫升,黄瓜半根,小麦粉 10 克。

制法

1.将黄瓜去皮切成薄片。

2.加入适量蜂蜜,放入小麦粉一起搅拌均匀即可。

3.将面膜均匀敷于面部,约 10 分钟后用冷水洗净即可。

美容功效

此款面膜可改善肌肤浮肿症状、紧致肌肤。黄瓜中所含的黄瓜酶是一种有很强生物活性的生物酶,能有效地促进机体的新陈代谢,扩张皮肤毛细血管,促进血液循环,增强皮肤的氧化还原作用,有令人意想不到的润肤美容瘦脸效果。

第二章　瘦身美体

第一节　瘦身常识

一、导致肥胖的因素

1.遗传：如果父母都胖，子女有 70% 的肥胖概率，如果双亲之一肥胖，则子女有 50% 的肥胖概率，当然家里的饮食习惯也有很大影响。

2.吃喝太多：甜食、饮料、高热量食品、高油、高甜、高蛋白质、低纤维也是发胖的主要原因。

3.运动不足：若饮食不变或饮食热量摄取过多，而运动不足，等于有多余热量去转变成脂肪储存，日积月累之后就愈来愈胖。

4.宵夜：长期很晚才吃东西或是睡前吃东西的人，最容易发胖。因为晚上代谢差、吸收好，所以很容易发胖。

5.情绪饮食：常因情绪高兴或伤心，而不由自主地进食或暴饮暴食，导致热量过多，变成脂肪，慢慢变成肥胖者。

6.摄食中枢神经障碍，而导致一直进食却无法终止进食，也会出现肥胖体形。

7.激素分泌不正常或药物的使用，如肾上腺素、甲状腺素、胰岛素等，或使用类固醇药物者都可能导致肥胖。

了解肥胖原因，看看你自己属于哪一种肥胖，对症下药，才能轻松又顺利。

二、女性肥胖有哪些类型

正常妇女的皮下脂肪组织较男性丰厚,特别是乳房、腹部、臀部及大腿等部位更加明显,这些部位丰满的脂肪组织构成了女性特有的形体美。女性皮下脂肪的发达使其易引发肥胖病,这与遗传特点有关。

肥胖类型的分类有几种不同的方法,一般妇女肥胖可分为如下几种:

束带状肥胖——脂肪堆积区主要分布于背部、下腹部、髋部、臀部及大腿,类似肥胖生殖无能综合征者的体形。

大粗隆型肥胖——脂肪主要分布于股骨区域及乳房、腹、阴阜等部位,更年期后的肥胖多属此型。

下肢型肥胖——脂肪贮布区域从髋部而下至踝部,有时局限于腿部及踝部,如进行性脂肪营养不良症,形成下半身极度肥胖而上半身极度消瘦。

上肢型肥胖——脂肪主要分布在背、臂、乳房、颈项、颜面等区域,肾上腺皮质增生、肿瘤及垂体嗜碱性瘤(柯兴氏病)所致的肥胖属于此型。

臀部肥胖——脂肪主要堆积于臀部,形成臀部特别肥大,为某些民族的特征,属于一种遗传疾病。有的合并乳房脂肪堆积,形成巨大乳房肥胖型。

三、人体容易发胖的几个时期

对大多数人而言,一生都在和体重做斗争。尤其在某些特定时期,人体很容易"发福"。要想避免发胖,下面是几个最关键的时期:

1.新婚陷阱

美国疾病防治中心的最新研究表明,婚后妇女体重大约增加 5 磅(1 磅约等于0.45kg),男人 4 磅。营养学家埃维林·崔鲍认为:由于新婚会忽视体育锻炼,新婚夫妇用更多的时间厮守在一起,体重可能会增加。要想避免这种情况,建议两个人一起锻炼,比如打打球,晚饭后散散步。

2.节食停止后

临床心理学家娜茜说:停止节食后人体更容易发胖。原因是停止节食后,新陈代谢率降低 10%,彻底恢复需要一年的时间。这就是节食者在节食之后更应当注意的原因。

3.新工作的压力

当你面临新工作的压力时,往往容易改变已养成的习惯,比如饭量大增或多吃自己偏爱的食品。而且新的工作可能使你没有足够时间准备适当的午餐或保健晚餐,所以应及早调整新工作环境造成的压力。

吃一顿营养早餐对一天来说非常重要。忽略早饭的人一般午饭吃得多,这样容易长胖。每个人都可以试试做最便捷、最简单的早餐:一杯脱脂牛奶和一小杯橙汁,这能提供人体每天所需的 30% 的钙和 15% 的维生素 C。

4.产后忧郁

妇女怀孕期间都会发胖,从臀部和大腿开始。如果体重增长 10~20kg,产后一年可恢复到孕前的状况。分娩后一般不可能很快减肥。

产后第一周,初为人母的人体重都要减轻几斤。这时失去的主要是流质,与吃什么东西无关。

产妇整天和婴儿待在家里,具有诱惑力的食物就在手边。营养学家克斯蒂娜·斯达克女士在哺乳第一个孩子时,发现必须养成一个新的饮食和锻炼习惯。斯达克说:"最好的忠告是,不要把食品放在你很容易就能拿到的地方。"

一些有条件的妇女可购买健身自行车或其他家庭健身器材。但是还有一个最简单、每人都能做到的健身方法,那就是背着婴儿散步。

5.戒烟后

吸烟促进新陈代谢。但研究也表明,戒烟后会发胖很多。"戒烟之后,吸烟时所燃烧的热量得不到挥发,就积聚成脂肪。"一位营养学家说。但热量积累很少,每天稍微多活动一会儿就抵消了。

减肥和戒烟不要同时进行。因为一个人的习惯很难改变,先渡过戒烟这个难关,然后再对付肥胖。

四、女性最易发胖的年龄

很多女性都可能认为中年是"发福"的危险时期,然而殊不知 20~30 岁之间才是最需要警惕的长胖年龄段。

澳大利亚迪肯大学的研究人员通过分析 700 名女性的体重数据发现,这一年龄段的女性中 41% 的体重在 4 年里平均增加了 2.5kg。对此,研究人员展开了导致女性长胖因素的全面调查,内容涉及心理、社会关系和环境。

毕业离开学校是女性要特别注意的一个长胖危险期,很多女性离开学校开始工作之后都减少了参与运动的时间。此外一些女性还会为自己吃巧克力、薯条等高热量零食找到一个借口,因为工作量大,所以需要补充充足的营养物质。同时,一些女性还会因为工作压力大而暴饮暴食发泄自己的情绪。

之所以说 20~30 岁之间女性的体重最容易飙升的另外一个诱发因素是——"婚姻"。很多女性因为结婚,自己的饮食习惯变得和自己的丈夫一样,食欲也大增,这样体重自然而然上升。另外,结婚之后多数女性的业余生活是坐在沙发上看电视或者光盘,而不是像以前那样和朋友、同学外出活动。

怀孕是令 20~30 岁之间女性体重剧增的第三个原因。很多女性生完孩子之后就再也不能够恢复到怀孕之前的体重。怀孕要注意胎儿的安全成为不少女性不爱运动的一张"挡箭牌",很多女性彻底放弃控制饮食的想法,据此,凯莱博士认为,其实怀孕女性也应该合理计划自己的饮食和活动,而不应该毫无控制、放开胃口吃。

最后,因为近年来蔬菜价格不断上涨,一些蔬菜的价格甚至于超过肉类的价格,从而导致一些女性购物时偏向挑选肉类,减少蔬菜。可见蔬菜对于控制体重的重要性。

五、女性各阶段肥胖的特点

女性的生长发育有其自身的规律,女性脂肪的堆积形成的肥胖,也各有其不同的特征。

(一)青春期肥胖

青春期是女性生殖系统发育趋于成熟的阶段,从作为卵巢机能指标的月经来看,成年肥胖者伴有月经异常,而青春期高度肥胖者其初期较早。体脂肪量与初潮密切相关,初潮期必有一定的体脂肪量。有学者对 24 115 名中学生和高中生进行调查研究,发现 9~15 岁初潮者,其体脂肪量占体重的 21%~24%;相反,12 岁以上未来月经者。体脂肪量较来潮早者低。

青春期的女性十分害怕体胖,渴望有一副苗条身材。从肥胖的程度而言,有的仅是有些超重,就十分害羞,人为地进行节食及控制体重的增长。一旦错把正常的体重增长,看作肥胖来进行不必要的减肥,不仅会导致体重过度减轻,还会出现初潮延迟,体重减轻性无月经或者神经性厌食症,有的人还因此造成子宫发育不良,这是形成不孕症的原因之一。因此,对青春期的肥胖症,在没有卵巢机能异常时,应指导其控制在不再增加肥胖程度为好,盲目地减肥弊大于利。

(二)成年期肥胖

成年期的女性几乎绝大多数都会因妊娠而肥胖。妊娠本身就有脂肪蓄积和肥胖的倾向,它与肥胖的关系最大。产褥期及哺乳期的妇女肥胖,主要与进食较多的高脂肪饮食有关,也与坐月子时间过长有关。若经济条件不好或一般,这一时期的肥胖随着哺乳及劳动的恢复,体形可恢复正常;而经济条件好转,不合理的饮食结构,会使更多女性肥胖。

1.妊娠期过度肥胖的危害。

（1）导致妊娠毒血症的危险加大。有人曾对 50 名妊娠毒血症患者做过分析，发现妊娠初期她们的平均体重为 61.8kg，比正常孕妇的体重（58.5kg）有所增加。

（2）导致妊娠高血压病的发生。

（3）孕妇流产、难产、剖宫产的机会增加。如正常妊娠流产率为 2.1%，而肥胖妊娠流产率为 8.1%。

（4）婴儿的死亡率升高。肥胖对胎儿的影响很大，据统计，妊娠 20~30 周，体重增加 7.5~9.1kg 者，胎儿死亡率可增加一倍，若体重增加 9.1kg 以上，则胎儿死亡率可增加 3 倍。

（5）妊娠期及分娩过程的并发症增加。

此外，肥胖妇女皮肤容易出现线状萎缩、形成皱纹而使皮肤粗糙。过度肥胖也常使夫妇疏远及性冷淡等。

2.如何避免妊娠期发胖。许多人认为：妊娠期吃得好，营养丰富，就可以保证胎儿正常发育，将来能生产出健康活泼聪明的胖娃娃。因而大量进食各类食品，如蛋类、糖类、脂肪类等，加上妊娠期妇女活动量大大减少，所以十分容易肥胖。由于妊娠肥胖会产生许多副作用，因此妇女在怀孕后要尽量避免肥胖。主要方法如下：

（1）适时测量自己的体重。一般情况下，怀孕前三个月，每月增加体重 0.75~1.5kg，3~7 个月每月增重 1~1.2kg，足月时较平时正常体重增加约 12kg 左右。若超出此指标，应设法控制自己的体重。

（2）控制脂肪、糖类食品的摄入量。怀孕期切忌大量进食高热量食物，而应以瘦肉、鱼类、蛋类、水果、蔬菜代替高脂肪类食物，使孕妇可从这些食品中摄取蛋白质、维生素和矿物元素，特别要注意钙质的补充。

（3）适当运动。适当的运动对孕妇特别重要，也是防止妊娠肥胖的重要手段。要十分注意的是：怀孕期间不宜做剧烈运动，以防流产。

（三）更年期肥胖

随年龄增长活动减少，机体对能量的消耗也就减少；爱吃甜食等饮食习惯易造成营养过量；卵巢功能减退，激素代谢的改变，致使脂肪代谢改变，以及高血压的形成等。在上述因素的综合作用下,几乎所有更年期及绝经期的妇女都有不同程度的肥胖。由更年期前持续发展而来的肥胖占绝大多数,而进入更年期后,肥胖约占女性肥胖的 8%。

年龄的增长对肥胖影响很大,肥胖的中老年妇女常易产生运动器官的障碍、关节病变及腰腿痛。运动的受限,热量消耗的减少,又使其中一些人成为高度肥胖者,从而出现脂肪肝、高血压病等。也有少数妇女患乳腺癌及子宫癌。尽管许多女性常因社交环境而想减肥,但这个时期妇女的减肥效果往往不如年轻人,循序渐进地减肥对更年期及绝经期妇女的减肥是有益的。

六、测一测你要减肥吗

衡量一下你是否真的需要减肥,你减肥的理由有多充分?

标准一:体重指数 BMI

体重指数(BMI)= 体重(kg)÷身高(m)的平方(BMI 单位为:kg/m²)

参考结果:

体重指数 = 18~25 正常;

体重指数 = 25~30 超重;

体重指数>30 轻度肥胖;

体重指数>35 中度肥胖;

体重指数>40 极重度肥胖。

标准二:体脂肪率

借助体脂肪仪测体脂肪率含量来判断是否肥胖。

脂肪含量为 17%~24%(30 岁以下)、20%~27%(30 岁以上)的女性属"正常",30%~35% 为"轻度肥胖",35%~40% 为"肥胖",40% 以上为"极度肥胖"。

标准三:腰围指数(WI)

腰围指数(WI)= 腰围÷身高

参考结果:腰围指数在 0.5 以上,属于腹型肥胖,应考虑减肥,因为容易患脂肪肝、高血压、高血脂等常见病。

标准四:腰臀比例(WHR)

腰臀比例(WHR)=腰围÷臀围

参考结果:最令人羡慕的女性腰臀比是 0.7。女性理想的腰臀比例在 0.67～0.80 之间,男性在 0.85～0.95 之间。当男性 WHR 值大于 0.9、女性大于 0.85 时,是腹型肥胖者,应考虑腹部减肥。

七、女性肥胖多于男性的原因

国内学者专家对 20 岁以上人群肥胖发生率的调查统计表明,发胖者占调查总人数的 21.7%,其中男性占 46.1%,女性占 53.9%,在一般人群中,女性肥胖人数明显比男性多。

女性肥胖者多于男性的原因大致有以下几个方面:

1.性脂肪细胞多于男性。相对而言,女性容纳脂肪的场所大于男性,容易肥胖。

2.雌激素与脂肪的合成代谢有关。如产妇和长期口服女性避孕药的妇女更易发胖,其主要原因是雌激素水平升高,从而促进了脂肪合成增加。

3.女性的活动量一般较男性少,其热量消耗较少,脂肪积累增多,从而易发生肥胖。

4.女性基本都有妊娠生育的过程,传统的饮食习惯是,为了胎儿的健康而拼命进补与进食,这样易造成营养过剩,孕妇又不能过多活动和参加体育锻炼,使能量蓄积,转化为脂肪堆积在体内,所以妊娠过程也是导致女性肥胖的重要因素。

5.中老年女性肥胖的比例明显高于男性,是由于随着年龄的增长,女性激素逐渐减少,食欲开始增大,对身体是否苗条的顾虑也少了,常过量饮食,天长日久皮下脂肪越积越厚,结果进入肥胖体形行列。

八、女性肥胖的危害

1.轻度肥胖对日常生活几乎不构成影响,中度肥胖的人大多会体态臃肿,变得懒怠和缺乏信心,办事常常力不从心,重度肥胖的人会丧失生活自理能力和运动能力,造成身心痛苦。

2.女性肥胖往往会在心理上产生不良的影响。女性爱美的心理要求往往比男性强。一旦过度肥胖,在公众场合下,易出现害羞、畏惧、心情急躁的情绪变化。因此,对于任何一位极度肥胖的病人一定要树立战胜肥胖的信心,坚持科学减肥。

3.妇女肥胖症患者常易发生乳腺癌、妊娠异常(妊娠中毒症、高血压、糖尿病)及其他妇科疾病,如不孕症、月经不调等。

(1)肥胖女性易患乳腺癌。外国统计资料表明,肥胖者在乳腺癌病人中约占40%。摄入过多脂肪是乳腺癌发病率增加的一个重要原因。体重超过正常标准的妇女,乳腺癌的发病率明显增加,这与动物性脂肪的摄入过量有关。肥胖者体内脂肪堆积,可刺激内分泌系统,使血液中雌激素或催乳素含量增高。对这两种激素特别敏感的妇女来说,可能是一种致癌因素。肥胖还同乳腺癌病人的病情及生存时间有关。日本学者对术后复发率做了研究,手术后生存到5年的,肥胖病人为56%,非肥胖病人则高达80%。他们认为,这是因为肥胖病获得诊断相对较晚,恶性程度较高的缘故。早年经常参加体育锻炼的妇女患乳腺癌及其他生殖系统肿瘤的比例比一般妇女低50%以上。所以,注意合理营养,经常运动,控制肥胖,对乳腺癌的防治有积极意义。

(2)月经过少或无月经。单纯性肥胖症患者中,有50%~60%的患者月经异常,其中有13.3%的患者是因不排卵而引起不孕。对这种病人在其体重减轻后又可重新排卵。许多妇女的肥胖常常发于分娩后,在生育期无排卵性月经时发生肥胖是很常见的。

九、科学减肥常识

减肥并不仅仅是"减去肥肉"那么简单,了解一点减肥的科学,可以帮你设计一个适合自己的减肥计划。

1.减肥的"肥"包括脂肪、肌肉和水分。当我们说减"肥"的时候,减去的不仅仅是脂肪。事实上我们减去了身体的脂肪和肌肉组织的混合物。举个例子说明一下，研究发现，节食之后，减去的重量中脂肪平均占75%，肌肉占25%。更进一步说，减掉的这些重量中，流失的水占了很大的比例。平均说来，水占据一个人体重的70%，而肌肉组织包含了差不多75%的水分（加上20%的蛋白质和5%的矿物质），脂肪包含了大约50%的水分。

2.影响减肥速度的因素。没有一个标准的或者统一的减肥速度。理由是减肥速度受多种因素的影响：体重、饮食和生活方式、身体锻炼、健康状况和基因（比如新陈代谢的速度）、压力等。

3.减肥不是一门精确的科学。减肥会涉及脂肪组织以外的其他组织，而减肥速度也由多种独立的因素决定。准确地回答"我能用多快的速度减肥呢?"这个问题不是不可能，但是受这么多的制约，还是很难回答的。

4.你最多能减多少重量? 你最多能减多少脂肪? 一个星期减10g不是不可能，但减掉的很可能只是水分。而且在日常饮食中，它们很快又会被重新吸收，增加身体的重量。一个健康的人一个星期能够减掉的脂肪最多是3kg。需要特别注意的是，只有肥胖的人才有可能减这么多。一位普通体重的女性（大概60kg）一周最多只能减1kg。

5.为什么你不能减得更多。人类的身体当然不是为了减肥而设计的，它是为了生存而设计的! 我们身体里基本的化学物质从远古就传承下来了这样一个信息:饥饿，是生存的最大威胁，而不是肥胖。这就是不能在短期内减掉过多脂肪的原因。事实上，如果过分地减少了热量吸收，大脑就会下达指令，放慢身体新陈代谢的速度，从而储存热量。这时减肥者就会遭遇减肥的"高原状态"。

6.过快减肥的副作用。过快减肥（比如做减肥手术）可能引起不良的副作用。两个最常见的副作用包括:

（1）皮肤松弛。如果减肥过快，就没有时间让皮肤去适应那瞬间苗条的身体。唯一有效的治疗是外科手术。

（2）胆结石。研究发现快速减肥的人，比起以较慢速度减肥的人，有更大的风险罹患胆石症。过快减肥也可能使原来不活跃的"死"石活过来。

十、肥胖女性应做哪些检查

鉴于女性肥胖有许多特殊性,女性肥胖患者在进行减肥治疗前,更应做一些必要的内分泌学检查。其内容包括:

1.一般项目检查:包括身高、体重、胸围、腰围、臀围以及心肺功能等。

2.器械检查包括皮下脂肪厚度测量,必要时做脂肪密度测定等。

3.内分泌学检查:包括血糖、血脂、雌激素、生长激素、肾上腺功能等。

4.相关因素检查:包括肝脏、肾脏、皮下脂肪的B超等。

5.特殊因素检查:与遗传因素有关的检查,与月经异常有关的检查,与不孕有关的检查等。

选择哪种检查,应根据医生的建议进行。

十一、减肥前应做的健康检查

从血色素、肝功能、白蛋白、尿素氮、尿酸、胆固醇、血糖七项检查结果来衡量你的减肥是否安全健康有保障。

让自己永远保持苗条的身材,相信是每一个女人最大的愿望,只要听到别人一句"你变瘦了"似乎得到天大的赞美,保证那天的心情绝对达到最高点,但是你可能不知道,并不是每个肥胖者都适合减肥,必须由健康检查得知的数据结果,再由专业人员对你评估一下是否有减肥的本钱,才可以健康减肥。

到底减肥前要做哪些基本的健康检查呢?抽血检查前要先放松心情,尽量用和平常一样的生活状态来接受检查,检查前必须禁食8小时,前一晚若进食会干扰血糖值和胆固醇值。

健康检查的项目有以下几项:①血色素:诊断是否有贫血,因为若是血色素太少则所携带的氧气就会较少,相对的脂肪的燃烧就会有影响,饮食中要多补充含铁食物。②肝功能—GOT.GPT:用来诊断脂肪是否沉积在肝脏,因为肝是主掌代谢的器官,肝功能不好则有可能表示体内代谢不好,饮食应避免重口味,太油为原则。

③白蛋白：用来诊断以前是否有不当减肥造成蛋白质耗损，饮食中应多补充优质蛋白质。④尿素氮：指数高通常表示体内代谢废物多、排毒功能较差，饮食应避免过度蛋白质及降低盐分。⑤尿酸：若指数高通常表示高卡路里美食主义，易有痛风倾向，饮食应避免高普林食物例如高汤及增加水分摄取。⑥胆固醇及甘油三酯：用来诊断是否摄取太多动物性食物，也是动脉硬化症的危险因子，指数高通常表示肥胖和运动不足，饮食应降低重口味及饱和脂肪的食物。⑦血糖：用来诊断是否过食或体内糖类代谢异常，饮食应注意热量控制，勿吃太甜食物。

有了健康检查数据的指引，才能依照自己的体质来规划健康减肥，使瘦身过程安全科学。

十二、年轻是减肥的黄金时期

大家都想减肥，但是您可知道，越趁年轻时减肥就越容易。根据调查显示，在越年轻的阶段开始和肥胖打这场仗，就越容易对抗而且胜算很高。只是有很多人没有尽快积极地采取行动减肥，这样等到年过30，后悔就来不及了。

根据一项调查显示，虽有很多人觉得或怀疑自己过胖，但是想减肥却没有真的用心，调查也显示，纵使许多人之所以自认超重，是因为腰围变粗、体重增加、家人与朋友认为他们超重，或是"凭感觉"；而真正用身高与体重的比例来判断或是因为自己患有健康问题而询求医生意见，只占一小部分。而在确定超重后，大多数人通过节食或运动来设法减轻体重。只有6%的人会向医生求助；有近1/3的人还未采取任何行动，或者甚至不打算有所行动；更多的人是在发觉自己超重的几个月后，才开始采取行动。

殊不知体重超重的人很容易患上许多心脏血管方面的疾病。而且对爱美的人来说，在越年轻的阶段开始实行减肥就越容易成功，而且越不费力。

十三、全天瘦脸方案

很多的女性并不是天生就是个大脸盘，但是有时由于晚上临睡前喝水太多，早

·美容美体·

图文珍藏版

上起来会发现自己的脸比平常肿了 1 倍,眼皮也肿肿的,试试这套脸部消肿法,5 分钟就可以解决问题,平时也养成自我保养的好习惯,每天都会有好心情。全天瘦脸方案:

(一)早上脸部降温

1.选用清凉型洁面产品,温水洁面后用冷水敷脸大约 1 分钟。

2.洗完脸后,使用收缩水收紧皮肤,再搽滋润霜。

3.特别在眼部搽些眼部紧肤霜,稍微按摩一下。

(二)中午放松脸部肌肉

1.利用面部表情来锻炼面部肌肉。比如:嘴唇闭上,嘴唇往一边撇,表情持续 10 秒钟,再向另一侧撇。

2.每天练习发"a e i o u"这几个字母,可以达到修饰面部线条的效果。

(三)晚上脸部减肥操

1.用中指和无名指的指腹,从额头边揉边往太阳穴的位置推一推。

2.用中指和无名指交替轻按鼻翼两侧,重复数次。再从下颚往两侧耳朵推动,最后用中指螺旋状由下往上按摩双颊。

3.拇指和食指捏住下颚中间,同时向两边轻捋下颚轮廓线,反复几次。

4.双手交替由下至上轻抚颈部至下颚。

5.涂上按摩霜之后,在颊骨的部分纵拉颊部赘肉,并向外拉开。然后慢慢向下移,到鼻翼为止。一次动作约 5 秒,持续进行 1 分钟。

6.双手贴在脸颊上,着重于抚平鼻唇沟的皱纹(鼻翼的细纹),皮肤以横向拉开。手掌由内向外推,至外围轮廓为止 2~3 秒,反复进行 1 分钟。

7.托高脸颊的赘肉。涂上按摩霜后,轻轻地摩擦皮肤,其指腹须朝内侧。由颊骨部分往上推托。并进行摩擦式的按摩。一个个动作慢慢进行,持续 1 分钟。

8.以指尖拍打颊骨。沿着眼眶,以指尖拍打颊骨。进行到太阳穴时会觉得精神舒畅。

按摩后，以混合的化妆水乳液涂抹均匀，即可完成。

以上步骤，实际上都非常简单。只有懒女人，没有丑女人，赶紧行动起来，做个小脸美女吧。

十四、有益减肥的健康零食

零食是很多女人的最爱，开心的时候吃，不开心的时候也吃，为什么有这么大的魔力？下面这些零食，让你过嘴瘾的同时变身健康美女。

1.葵花子：可以养颜。葵花子含有蛋白质、脂肪、多种维生素和矿物质，其中亚油酸的含量尤为丰富。亚油酸有助于保持皮肤细嫩，防止皮肤干燥和生成色斑。

2.花生：能预防皮肤病。花生中富含的维生素 B_2，正是我国居民平日膳食中较为缺乏的维生素之一。因此有意多吃些花生，不仅能补充日常膳食中维生素 Bz 之不足，而且有助于防治唇裂、眼睛发红发痒、脂溢性皮炎等多种疾病。

3.核桃：可秀甲。核桃中含有丰富的生长素，能使指甲坚固不易开裂，同时核桃中富含植物蛋白，能促进指甲的生长。常吃核桃，有助于指甲的秀韧。

4.大枣：预防坏血病。枣中维生素 C 含量十分丰富，被营养学家称作"活维生素 C 丸"。膳食中若缺乏维生素 C，人就会感到疲劳倦怠，甚至产生坏血病。

5.奶酪：固齿。奶酪是钙的"富矿"，可使牙齿坚固。营养学家通过研究表明，一个成年人每天吃 150g 奶酪，有助于达到人老牙不老的目标。

6.无花果：促进血液循环。无花果中含有一种类似阿司匹林的化学物质。可稀释血液，增加血液的流动，从而使大脑供血量充分。

7.南瓜子和开心果：富含不饱和脂肪酸、胡萝卜素、过氧化物以及酶等物质，适当食用能保证大脑血流量，令人精神抖擞、容光焕发。

8.奶糖：含糖、钙，适当进食能补充大脑能量，令人神爽，皮肤润泽。

9.巧克力：有使人心情愉悦及美容作用，能产生如谈情说爱时一样的体内反应物质。

10.芝麻糊:有乌发、润发、养血之功,对症吃可防治白发、脱发,令人头发乌亮秀美。

11.葡萄干:有益气、补血、悦颜之益,但要注意卫生。

12.薄荷糖:能润喉咙、除口臭、散火气,令人神清喉爽。

13.柑橘、橙子、苹果等水果:富含维生素 C,能减慢或阻断黑色素的合成,美白皮肤,属碱性食品,能使血液保持中性或弱碱性,从而达到健身、美容的效果。

14.牛肉干、烤鱼片:富含蛋白质、铁、锌等,适食令人肌肤红润。

15.乳饮料:含有 1/3 的牛奶,有时还强化维生素和微量元素,是富有营养的饮料之一。

十五、如何防止产后肥胖

我国传统特别重视"坐月子",认为妇女在产前和产后该吃大量补品,致使摄入过多热量。加之产后不加强运动,腹部肌肉会松弛,使脂肪过多地沉积在腹部,影响形体美。

产后肥胖是可以预防的,办法主要如下:

1.合理营养。避免过多地增加脂肪、糖类的摄入,应从豆类、瘦肉、鱼类、水果、蔬菜中摄入人体必需的蛋白质、矿物元素、钙质及维生素等。

2.加速乳汁的分泌。为促进母体的新陈代谢,防止脂肪沉积,应尽量做到给自己的孩子哺乳。

3.及时运动。一般情况下,产后 24 小时即可下床,一周后就可进行相应的活动,如应坚持做广播操、仰卧起坐等适当运动,以促进新陈代谢,防止肥胖。

十六、老年肥胖有哪些特征

老年肥胖与年轻人的肥胖并不相同,其特点有:

1.初老期相对较多,随着年龄的增加逐渐减少。

2.文职人员和行政干部较多,农村相对较少。

3.脑力劳动者要多于体力劳动者。

4.常合并动脉硬化、高血压、高甘油三酯血症、胆囊炎、胆结石等。

5.个别人有服药不当的历史,如长期服用激素。

6.心情改变、饮食习惯的改变、环境的改变也会促进肥胖的产生。

十七、中老年女性饮食减肥的原则

女性进入40岁后,身体各系统器官就开始衰退了,表现在内脏器官重量减轻、腺体分泌能力下降、代谢功能下降、免疫能力也下降等各个方面。所以中老年人的饮食减肥和青年人的饮食减肥存在相当的差距,应该结合中老年人自然的身体状况作相应的调整。

中老年人要减少脂肪,在饮食上应遵循以下几个原则。

1.减少热量,多吃蛋类、蔬菜、水果。随着年龄的增大,身体组织出现萎缩,代谢速度也降低了,所以中老年人消耗的热量比年轻人少很多。如果仍然保持青年时的进食量,必然使热量过剩,不但不能减肥还会继续发胖。少吃脂肪、糖类等含热量高的食物。

2.保证足够的蛋白质和维生素。中老年人分解代谢加强,且对蛋白质的消化利用率下降,所以需要补充足够的高质量的蛋白质,才能满足身体所需。应多吃瘦肉、豆制品、牛奶和蛋类等蛋白质含量多的食物。同时,由于老年人消化吸收功能降低,使得食物中的维生素无法得到充分的利用,容易发生维生素缺乏。而维生素对延缓衰老起着重要的作用,所以老年人应多吃富含各类维生素的食物,如水果、豆类、鱼类和蔬菜等。

3.控制食盐的摄入量。食盐摄入过多,容易使中老年人患高血压、脑中风以及心血管疾病,所以要尽可能地少摄入食盐。一般认为,中老年人每日摄入的食盐量应控制在5g以内;而高血压和冠心病患者,要控制在3g以下。

4.减少脂肪的摄入。中老年应减少饮食中的脂肪量,特别是动物性脂肪,最好都用植物性脂肪代替。脂肪摄入过多,容易引发心血管疾病,严重影响中老年人的身体健康。

5.减少胆固醇的摄入。胆固醇摄入过多,容易造成血管硬化和阻塞,引发多种心血管疾病,所以中老年人应少吃胆固醇含量高的食物,如蛋黄、动物内脏和动物性脂肪等。

6.摄入足够的纤维素。中老年人的消化道运动能力降低,容易发生便秘,而纤维素不仅能够通便,还有利于防止高血压、动脉硬化和糖尿病。因此中老年人应多吃富含纤维素的食物,如粗粮、藻类、蔬菜等。

7.增加钙质的摄入。中老年人如果缺钙,骨骼会变得又软又脆,一点小的碰撞都会造成危险,所以补钙是许多中老年人都面临的问题,要多吃一些钙质含量丰富的食物,如骨头汤等,必要时可口服钙片或活性钙。

8.增加碘的摄入。碘缺乏时会出现甲状腺功能减退,进一步降低代谢,影响脂肪的分解,导致肥胖。而中老年人更应注意、增加碘的摄入。保证正常的代谢速度,并预防黏液性水肿的发生。

十八、中老年减肥饮食疗法

控制饮食是中老年人减肥最基本的措施,采取低热能饮食,使机体总热能的摄入低于热能的消耗,迫使机体大量消耗脂肪,以达到减轻体重的目的。在饮食控制时,一般食物总量有所下降,但人体必需的蛋白质、维生素、矿物质包括微量元素必须得到充足的供给。低热能、低碳水化合物、高蛋白质饮食是肥胖症饮食治疗的原则。低热能饮食迫使机体大量地消耗脂肪组织,但同时不可能不完全消耗机体的蛋白质,为了及时补充蛋白质的消耗,饮食中必须提高蛋白质比例。碳水化合物在消化道内被分解为葡萄糖吸收,葡萄糖是刺激胰腺分泌胰岛素的最强刺激物。胰岛素可促进脂肪合成,抑制脂肪分解。另外,碳水化合物摄入过多,剩余部分可转化为脂肪在体内堆积加重肥胖。故减少碳水化合物是促进脂肪分解、抑制脂肪合成的必要措施。不少人错误地认为肥胖既然是由于营养过剩造成的,因此在饮食中限制肉、蛋等高蛋白质食品的摄入,结果反而加重饥饿感,增加了碳水化合物含量高的粮食等食品的摄入量,使体重反而不断增加。

肥胖病人食谱中,鱼、乳、乳制品、蛋、禽、豆制品类食品的比例可适当提高,蔬菜、水果数量要增加。粮食畜肉要减少,少用或不用食糖和糖类制品,如糕点、糖果、果汁等,少用食用油,烹调时少用煎炸法,多用凉拌、炖、煮等方法,主张低盐饮食,适当限制饮酒。

根据肥胖程度、年龄及机体健康状况,选用不同的饮食疗法。

1.持续低热能饮食疗法。低热能饮食的热能摄入量要因人而异。轻度肥胖者仅须限制食物中的脂肪和碳水化合物。少吃花生、瓜子等高脂类零食,使摄入的总热量低于消耗量,使每月体重下降500~1 000g,逐渐达到标准体重。

中度以上肥胖者,要在病人能耐受的范围内逐渐减少热能摄入。没有严重心肺肾合并症者,治疗前每日主食0.5kg的病人,治疗开始时每日热能供给量1 200~1 500千卡,蛋白质每千克体重供给1.0~15g,碳水化合物总量为150~200g,其余总热量的20%~30%由脂肪提供。同时要给予足量的维生素、矿物质与微量元素。治疗数周后体重仍不下降者,可视病人能耐受情况,将热能摄入总量减少至1 000千卡、800千卡、600千卡,一直到200千卡。如每周体重能下降500g,病人感觉轻松有力,愿意活动,治疗结果就算满意。如果体重下降太快,病人感到疲乏无力,精神萎靡,必须严密观察,适当调整饮食。

2.半饥饿——超低热能饮食疗法。每日从饮食中供给总热能200~600千卡称超低热能饮食,适用于极度肥胖或对于既往治疗无效的顽固性肥胖病人,其饮食中含有优质蛋白质、少量碳水化合物和最低限度的必需脂肪酸、维生素、矿物质、微量元素。含蛋白质31~70g,碳水化合物26~45g。应用该疗法需在住院观察条件下进行,为防止酮体升高伤害机体,每天饮水量应保证在1.5~3L。并经常检测酮体水平,对治疗做适当调整。超低热能饮食结束后(一般需3个月)渐渐向低热能饮食过度。

在进行饮食疗法时,除了减少食量、限制热能摄入外,还必须注意:

①进餐要定时定量,不能随意增加或减少进餐次数,食物要三餐平均分配,特别要避免晚餐过饱,并主张晚餐要提前吃。②尽量减少参加各种宴会、以免进食过

·美容美体·

图文珍藏版

量,要改变强迫自己对吃剩下的饭菜认为扔掉可惜的习惯。③进食时可细嚼慢咽,以增加饱腹感。④在开始进行低热能饮食时,因碳水化合物为主的粮食摄入量减少,影响饭后饱腹感,可增加富含膳食纤维的蔬菜的摄入量,以增加饱腹感,胃肠道渐渐适应较少的进食量,饥饿感就会消失。

十九、老来太瘦也折寿

不少老年人认为,人老了还是瘦一点好,这样有利于健康,可以减轻心脏压力,减少各种心血管病的发生,有利于健康。

其实,老年人太胖太瘦都不好,一般超过标准体重 20% 就算肥胖。根据体重标准,男性身高减去 105cm,女性身高减去 100cm,即为标准体重的千克数。脂肪过多,影响心脏活动,使心脏收缩减弱,加重心脏负担。腹腔内大网膜堆积过多脂肪,也会阻碍隔膜的活动,影响呼吸的深度,因此胖人常有心慌、气短症状,且易患高血压、冠心病、胆结石、糖尿病等。

但是,太瘦了对身体也不好,瘦也是有限度的,一般不应低于标准体重的 20%。大多数老年人的消瘦是所谓体质结构性消瘦,是长期饮食不当或缺乏体育锻炼造成的,往往体内的白蛋白、球蛋白、胆固醇含量较低,机体免疫功能及防疫功能差。国外研究发现,死因预测中,低蛋白血症及贫血是很重要的因素。因此,笼统说"千金难买老来瘦"是没有科学依据的,特别是在有规律的工作和生活条件下,半年到一年体重下降超过 5% 以上,往往预示着体内存在某种隐患,应予重视。

二十、减肥食谱参考

1.香菇豆腐。

原料:豆腐 300g、香菇 3 个;榨菜、酱油、糖、香油、淀粉适量。

制作方法:(1)将豆腐切成四方小块,中心挖空;(2)将洗净泡软的香菇剁碎,榨菜剁碎,加入调味料及淀粉拌匀即为馅料;(3)将馅料酿入豆腐中心,摆在碟上蒸熟,淋上香油、酱油即可食用。

功效:香菇可降低胆固醇,豆腐有利减肥。

2.双菇凉瓜丝。

原料:凉瓜(即苦瓜)150g、香菇 100g、金针菇 100g;姜、酱油、糖、香油适量。

制作方法:(1)将凉瓜顺丝切成细丝,姜片切成细丝;(2)香菇浸软切丝,金针菇切去尾端洗净;(3)油爆姜丝后,加入凉瓜丝、冬菇丝及盐,同炒至凉瓜丝变软;(4)将金针菇加入同炒,加入调味料炒匀即可食用。

功效:香菇、金针菇能降低胆固醇;凉瓜富含纤维素,可减少脂肪吸收。

3.木耳豆腐汤。

原料:黑木耳 25g、豆腐 200g;盐少许;鸡汤 1 碗。

制作方法:(1)先将黑木耳泡发后洗净,豆腐切成片;(2)将豆腐与黑木耳加入鸡汤及盐同炖 10 分钟,即可食用。

功效:黑木耳及豆腐均为健康食品,可降低胆固醇。

4.酸菜冻豆腐。

原料:冻豆腐 200g、海米 30g、酸菜 150g、粉丝 50g、香菜 10g,食盐、香油适量。

制作方法:(1)将冻豆腐用温水泡开,洗净,挤净水分,切成块;(2)酸菜洗净切成横丝。香菜洗净切成 1.5cm 的段。海米用温水泡开;(3)将锅中的水烧开,放入粉丝,待粉丝煮到八成熟时,放入冻豆腐块、酸菜丝,待煮熟后,放入香菜段,淋上香油,放进食盐、味精搅匀,盛进汤盆中即可。

5.枸杞烧鲫鱼。

原料:鲫鱼 1 条、枸杞 12g;豆油、葱、姜、胡椒面、盐、味精适量。

制作方法:(1)将鲫鱼去内脏、去鳞,洗净,葱切丝,姜切末;(2)将油锅烧热,鲫鱼下锅炸至微焦黄,加入葱、姜、盐、胡椒面及水,稍焖片刻;(3)投入枸杞子再焖烧 10 分钟,加入味精即可食。

功效:枸杞可防治动脉硬化,鲫鱼含脂肪少,有利减肥。

第二节　日常运动瘦身

一、瘦身的关键——科学合理的运动

女性想要拥有匀称苗条的身材,摆脱一身肥肉的烦恼,最好的办法是通过运动来消耗掉身体中多余的脂肪。当然,在运动瘦身的时候,也一定要采用科学合理的方法,因为只有这样,才能真正达到瘦身的效果。按照以下原则来运动,相信你一定能够达到目标。

1.选择自己喜欢的运动

在运动之前,最好先仔细考虑一下自己的情况:是喜欢和别人一起结伴而行

科学运动

呢,还是喜欢独来独往;是喜欢不花钱的运动,还是注重良好的运动环境;是喜欢游泳,还是喜欢跑步。然后制订一个长期"运动计划"。正所谓"投其所好",只有选择自己喜欢的运动,你才会乐意执行计划,也才有动力,最后才能取得好的瘦身效果。

2.尽量选择全身性的运动

全身性的运动,如快走、慢跑、打网球、游泳、低冲击有氧舞蹈等,都称得上是好

的瘦身运动。强度适中的全身性运动不会因为运动而出现明显的局部疲劳,只有这样运动才可能持续比较长的时间,才能消耗身体较多的热量。

3.自我调整运动强度和持续时间

一般人不可能长时间地进行强度很高的运动。所以,在运动的过程中,要根据自己的情况调节运动的时间长短和强度。帮助自己用最合理的、自我感觉最舒适的强度去运动,千万不可因心急而勉强自己。要知道欲速则不达,瘦身不可能一蹴而就。

4.设定短期和长期目标

为了实现自己所设定的瘦身计划,最好再追加制定多个短期目标和一个长期目标,而且目标一旦达成,不要忘记好好地庆祝和鼓励自己,这样会感觉很有成就,会使自己继续坚持下一阶段的瘦身项目。

热身操

·美容美体·

图文珍藏版

5.时时增加运动量

运动是一种生活习惯,比如步行、游泳、爬楼梯等。在运动的过程中要时时增加自己的运动量。比如今天状态好,按计划完成运动量后还有余力,这时不妨增加一点运动量。但是,要记住一开始不要追求太大的运动量,适应了初步的运动量后,再一点一点地增加,这样才能起到增强体力、消耗热量的作用。

6.准备运动前的小细节

不要小看运动前的准备工作,这可是至关重要的。在运动之前,小细节一定要准备周全,这样才能确保运动的舒适性和安全性。例如跑步前,为自己买一双弹性比较好的跑步鞋;游泳之前,做一些热身操;散步时带上音乐播放器等。准备工作做足,才能全身心投入到瘦身的运动中去。

充足的准备不但确保瘦身运动的安全,还能使你感受到瘦身运动时的快乐,促进下一次瘦身运动的进行。如果准备不充分就会觉得瘦身运动过程是枯燥乏味的,进而造成身心的疲倦懈怠,不利于瘦身计划的执行。

二、运动瘦身原则

制定运动瘦身方案应遵循如下原则。

1.安全性

运动时所采用的运动强度或负荷量应依据肥胖程度、健康状况和心肺功能而定,注意区别对待,尤其对于青少年,要在不损害身体健康或不影响其生长发育的情况下从事运动锻炼,一般以有氧锻炼为主。

2.可接受性

运动方式应使锻炼者感兴趣,能长久地坚持运动。特别是儿童的心理特点是好奇心强、忍耐性差,应不断变换锻炼方法、内容、路线。最好能顺乎自然,自得其

跑步

乐,切忌用成人的标准要求孩子。费用要低廉,一般家庭能承担起。

3.预期效果

运动后应使体重和体脂下降到一定水平,心肺功能和体质健康状况有所提高,停止运动后的3~6个月内肥胖程度不应反跳到原来的水平。

三、运动的基本步骤

做任何一项运动,每次都应该重复如下3个基本步骤。

1.热身运动

在进行体育锻炼前做好充分的准备活动,对于体育锻炼者来说是非常重要的。对体育锻炼前准备活动的重视不足,往往会影响到体育锻炼的效果,甚至引起各种运动损伤的发生。

存开始运动时,先做一些较缓和、运动量较低的热身运动,使身体在进入剧烈运动前有一个准备,可以快走、慢跑、活动关节等。在做有氧器械训练时,开始可以设定低强度、低速度、低心率,待血液循环与能量代谢提高、体温上升时,再逐渐增加强度和速度,这样,有助于肌肉的活动效率,关节也更加润滑。

准备活动的作用主要有以下几点。

①提高肌肉温度,克服肌肉组织的黏滞性,预防运动损伤的发生。体育锻炼前进行一定强度的准备活动,可使肌肉的代谢过程加强,肌肉温度升高,这样既可以使肌肉的黏滞性下降(不发僵),还可以增强肌肉、韧带的伸展性和弹性,减少由于肌肉剧烈收缩造成的运动损伤。

②提高内脏器官的机能水平,以适应身体运动的需要。内脏器官的机能特点是生理惰性较大,适当的准备活动可在一定程度上预先调动内脏器官的机能,使正式锻炼一开始时内脏器官的动能就达到较高水平,这样还可以减轻开始运动时由于内脏器官的不适应所造成的不舒服感觉。

③调节心理状态,提高神经系统兴奋性。体育锻炼前的准备活动可将锻炼者的心理状态调整到体育锻炼的情景中来,同时接通各运动中枢神经联系,使大脑皮

跑步准备动作

层处于最佳兴奋状态,投身于体育锻炼之中,可达到事半功倍的效果。

一般人在体育锻炼时只需进行一般性准备活动,无须进行专门性准备活动。一般性准备活动主要是指全身性热身练习,如跑步、踢腿、弯腰、活动脚踝及手

腕等。

　　准备活动的时间和量主要随体育锻炼的内容而定,半小时的体育锻炼,其准备活动的时间一般为 10 分钟左右。气温较低时,准备活动的时间可适当长一些,量可稍大一些;气温较高时,时间可短一些,量可以小一些。

　　一般人参加体育锻炼,准备活动后接着进行锻炼即可,中间不必休息,否则会降低准备活动的效果。

2.主要运动

　　主要运动是运动过程中的主体,运动量大,时间长。要根据训练的目的安排运动量,有氧运动约 20 分钟或更长,强度在中度或中上程度(心率大约为每分钟 130 ~170),肌肉训练要选择适当的重量。肌肉训练和有氧运动要配合进行。

3.调整运动

　　剧烈运动后应把运动量慢慢降低,使身体慢慢恢复正常状态,做一些伸展,促使肌肉放松的活动,舒缓肌肉在运动后的紧张和僵硬。

四、跑步瘦身法

　　很多爱美的女性都想减掉多余的脂肪,拥有魔鬼般的身材。她们为此进行了各种各样的尝试,其实,运动才是瘦身塑体最健康、最理想的方式。特别是跑步,它没有太多的技巧要求,与其他的运动相比较,强度也不是很高。长时间跑步可以依靠增大运动量来消耗更多的能量,进而消除多余的脂肪来达到瘦身的目的。

　　一般来说,要消耗 1 千克的脂肪,需要跑 1 万米左右的路程。下面具体介绍一下这种简单而又行之有效的瘦身方法:

1.准备活动

　　跑步前一定要做准备活动,适当的准备活动能让身体从相对安静的状态逐步过渡到肌肉适度紧张的状态,并且能够提高中枢神经系统的兴奋度以及各个器官的活动强度,以适应跑步的需要。

跑步瘦身法

跑步者可以先做一些摆臂、摆腿、弯腰、转体、下蹲的动作,要注意对髋、膝、踝等关节的活动,让身体预热,以便能够达到让身体轻快的目的,当心率达到或大于85 次/分钟的时候,就可以开始跑步了。

2.跑步

跑步要有一定的运动量,掌握好运动强,度是跑步瘦身法的关键所在。具体练习的次数、时间及路程如下:

18~35 岁人群,每周4—5 次,每次40~50 分钟,路程6000 米左右;35~50 岁人群,每周3 次,每次30~35 分钟,路程为3500 米左右。每天跑步的运动量不是恒定的,可根据自己身体的情况有所增减。

3.放松、舒展身体

跑步结束后一定要做一些放松并且能够舒展身体的运动,这样可以让身体的各个器官从运动的状态逐步恢复到相对安静的状态。跑步者可以在结束跑步以后,先慢走一会,并且在慢走的过程中做几个深呼吸,持续的时间一般为 3~5 分钟。

跑步是运动瘦身中最简单易行的一种方法,并且它能达到的瘦身效果丝毫不逊色于其他高难度、高强度的运动方式。但女性若想通过跑步达到瘦身目的,一定要持之以恒。这是因为消化系统的变化比运动系统慢,女性如果跑了一段时间后失去兴趣中止运动,自身的能量消耗就会减少,但是肠胃的吸收功能并没有减弱,此消彼长,反而容易导致体重增加。

五、跳绳瘦身,"跳"掉脂肪

"绳子虽小,效果绝好。"和许多运动一样,简简单单的跳绳运动,其健身、减肥

跳绳瘦身法

的效果却颇佳,因为跳绳有助于减少臀部和腿部的多余脂肪,促进全身血液循环,增强机体的抵抗力。而且该项运动对外界条件的要求不多,空地、室内、室外,只要不影响别人,几乎在哪里都能做,动作简单、易学,容易坚持,几乎适合所有的女性。

跳绳的同时,仍可以做各种娱乐活动,如看电视、听音乐、聊天等。有些人喜欢买健身器材,可是却苦于没有地方放置,而且健身器材携带也不方便,旅行或是上

班的时候,运动计划也只能被迫停止。但是,跳绳这种运动方式却没有这种困扰,无论上班还是外出旅行,放入包中的跳绳可以让你随时随地进行瘦身运动。

更加令人兴奋的是,跳绳运动所消耗的热量非常高。以一个体重大约 55 公斤的人来说,跳绳 10 分钟大约可以消耗 90 卡路里热量,这远远高于打篮球的 76 卡路里和跑步的 74 卡路里。此外,跳绳还可以强化心肺功能,增强肩、背部和手脚的肌肉力量,进而达到改善身体曲线的目的。

如果想要充分展现跳绳运动的瘦身效果,就要注意跳绳运动期间的姿势和动作是否准确,因为跳绳姿势的正确与否将直接影响瘦身效果。跳绳时,双脚离地面的高度不要太高,只要让绳子能通过就好。当脚着地时,膝盖必须稍微弯曲,并用鞋底前半部轻轻着地,这样可以避免足踝和小腿受到运动的伤害。

跳绳会使心跳在很短的时间内迅速加快,所以刚开始跳绳的人必须循序渐进,不可操之过急,过程中如有任何不适感,要马上停下来。刚开始跳绳的时候,速度不要太快,约每分钟跳 70 下,先尝试跳 30 秒,然后原地踏步,等到身体适应以后再继续。

最好的跳绳减肥运动是放一段优美的音乐,伴随着音乐的节律做以下几节运动:

第一节,双脚跳绳。即跳绳触地的瞬间,双脚同时跳起。并且按照音乐的节拍跳。

第二节,两脚交替跳绳。即跳绳即将触地时先抬起一只脚从绳子上跨过,另一只脚在绳子离地后抬起。

第三节,单脚跳绳。跳绳时,一只脚始终抬起,当绳子触地时另一只脚跳起,累了后,可换脚继续进行。

第四节,逆方向跳绳。前面所讲的是从后往前舞动跳绳。这一节从前往后舞动跳绳,绳触地即跳。

第五节,一跳双绳。就是双脚离地跳跃一次,手执绳环绕两圈。这要求手运动的速度要快。

第六节,双手交叉跳绳。即双手交叉,舞动跳绳,触地即跳。

以上六节是按照难易程度排列的,初学者最好先练习前三节。开始时要量力而行,体能适应后再逐步增加运动量。比如,开始只能跳10次,那么一周后跳20次,两周后跳30次依次类推,但要注意自己的承受能力。跳绳时的频率开始要慢,可以播放舒缓的乐曲,熟练后可以用快节奏的频率运动,这也要视自己的情况而定。只要能长期坚持,其瘦身效果会非常显著。

六、游泳瘦身,游出曼妙身材

游泳时遇到的阻力远远大于陆地,因此你必须消耗比平常更多的体力才能移动。而且在水中有利于散热和热量消耗,使你在不知不觉中就达到了瘦身塑体的目的。另外,在陆地上进行瘦身运动时,由于重力的原因,容易感到吃力疲劳,因此往往很难坚持下去;而游泳因为受到浮力的支持,可以使女性大大减缓疲劳感,同时,水中嬉戏更能增加运动的乐趣,所以比较容易坚持下去。下面介绍三种最常见的游泳方式:

1.自由泳

身体在水中自然伸展,平俯卧在水中,目视前下方,发际处于水平面。在自由泳的时候,由于划手、打腿和转头、吸气等动作,躯干会围绕纵轴自然有节奏地左右转动,转动幅度不大,一般两肩与水面构成的角度为35度~45度。

腿部动作:两腿上下连续打水,两腿上下交替幅度以两脚尖垂直距离计算为30~40厘米。脚稍向内转(成内八字脚),脚尖自然绷直,踝关节放松,由大腿发力,带动小腿和脚鞭状打水。向上提时直腿,向下时大腿先下打,膝关节随之下打,然后小腿和脚依次下打,整个下打过程犹如甩鞭。

臂部动作:

入水:入水时,手指自然伸直并拢,腕和肘部微屈,肘关节要高出手腕。指尖对着水的前方插入水中。入水时,手臂要自然放松并有所控制。

抱水:入水后,手臂应积极前伸并屈腕抓水(手指下压,好似画个半圆),此时肘关节应保持高肘姿势。整个手臂动作像抱着一个大圆球,肩带肌群充分拉开,为

·美容美体·

图文珍藏版

划水做好准备。

划水：是通过屈臂到伸臂来完成的。整个划水动作，手的运动轨迹是前下、向后、向后上，整个划水路线呈稍弯曲S形。在划水过程中，手掌始终要对准划水方向，有一定倾斜度，以保持最佳划水效果。

出水：出水前，手掌应靠近身体放松。出水的顺序一般先肘关节，随后手臂。手臂出水动作必须迅速而不停顿，同时应自然柔和。

仰泳

2.仰泳

仰泳与自由泳较为相似。它是两臂轮流交替向后划水，两脚上踢下压交替打水。对于初学者来说，在初步掌握了自由泳基础上学习仰泳，那就更容易了。仰泳与自由泳的腿部和臂部姿势相似，只是方向相反。这里不再赘述。

3.蛙泳

由于蛙泳动作省力，且抬头呼吸容易，往往深得初学者青睐。

蛙泳腿部动作是推动身体前进的主要动力，是由开始姿势、收腿、翻腿和蹬水四个部分组成。开始时，身体借助前一个动作的惯性，两臂向前伸直，两腿并拢伸直，腹部微收。平直地向前滑行。身体纵轴与水平面呈5度~10度，脚跟离水面约20厘米。然后将腿收回来，靠近臀部时，两脚掌向外翻，蹬出去。

蛙泳臂部动作由抓水、划水、内划、前伸四个连贯动作组成。

许多女性感觉，即使是最普通的游泳亦有按摩的作用。水的浮力和压力不断对人体形成的冲击实际上是一种极佳的按摩。而且长时间游泳还能利用水的冲击消减身体上多余的赘肉,达到瘦身健体的目的。此外经常泡在水里对皮肤还可以起到养护的作用,但是要注意做好游泳后的皮肤保养工作。

和许多其他瘦身塑体运动一样,游泳也贵在坚持,如果"三天打鱼两天晒网",同样不能达到减肥的效果。

七、骑单车瘦身,"骑"出好身材

科学证明,骑车是一种非常好的有氧代谢运动,对身体健康有很大的帮助,对于瘦身健体、塑造身材的效果非常明显。据统计,体重为 70 千克的人,以每小时 13.7 千米的速度,骑 104.6 千米,可减少 1 千克的体重,因而,单车瘦身法成了一种风靡世界的瘦身运动。

时下比较流行的单车瘦身法是一种被称为"动感单车"的健身方法,是一种模

骑单车瘦身法

拟不同的速度以及阻力的单车练习法。与传统的骑单车不同的是,动感单车是在健身中心的室内进行的,因而不受天气、气候等自然因素的影响。采用动感单车来进行瘦身,就是在一个底盘固定的单车上或以坐姿,或以立姿,或者模拟一些上山和下坡等骑车动作蹬车。这种健身方式可以让瘦身者在运动的同时,燃烧大量的脂肪,并且可以有针对性地对臀部、大腿等大肌群起到健美作用,在增强人体的下肢力量的同时,也能有效地改善心肺功能。

动感单车作为一种有氧运动,一般可以分为力度骑行和强度骑行两种。前者

·美容美体·

图文珍藏版

主要是模拟山路骑车环境,骑车时增加腿部力量,达到锻炼腿部肌肉,提高腿部力量和耐力等效果;而后者是一项剧烈的运动,能达到较好的瘦身效果。但是在进行这项运动时,一定要注意控制呼吸的节奏,以便缓解骑车时所带来的疲劳,同时在每次完成动感单车的训练后,最好进行一些舒展性的运动,如瑜伽、体操等。

动感单车是一种有一定技术难度的瘦身方式,因而必须有专业健身教练的指导。并且动感单车需要去健身中心才能进行,也是一种需要一定经济基础的瘦身方法。所以下面介绍一下另外几种简单易行、消费又低的单车瘦身法:

1.减脂单车法

减脂单车法要以中等速度骑车,并且要连续不间断地坚持骑车 40 分钟以上,同时要保持规律、均匀的呼吸,这种单车法对于减脂瘦身极为有效,对心肺功能的提高也有不错效果。但是需要注意的是,一定要坚持 40 分钟以上,因为人体的代谢方式在运动的前 30 分钟是糖代谢,在 30 分钟后才是脂肪代谢,因而只有在运动30 分钟以后,才会开始消耗脂肪,才可以达到瘦身减脂的目的。

2.强度单车法

强度单车法,先是要求用自己的极限速度,骑行 6~8 分钟,随后用心率表测量一下自己每分钟脉搏的频率,重复这样的运动,持续一段时间以后,就可以通过这种强度骑车的训练方法让脂肪得到燃烧,并且起到增强心肺功能以及锻炼心血管系统的作用。

3.力度单车法

力度单车法,首先要设定不同力度状态,并且根据各种不同力度的条件,用力去骑行,比如上坡的时候,就可以调节齿轮的大小,用限定不同速度的方式来提高双腿的肌肉耐力,以此达到瘦身的目的。

4.间歇单车法

间歇单车法是一种依靠速度的交替来达到瘦身目的的一种训练方式。在骑车过程中,先以中慢速骑2~3分钟,再以之前速度的2~2.5倍,快骑3分钟,然后再回到开始的中慢速骑行,之后再变到快速,就这样反复地进行训练,坚持35分钟以上,就能够在这种交替循环的锻炼中取得瘦身健体的效果,并且可以提高人体对单车瘦身的适应能力。但是需要注意的是,这里所说的2~2.5倍的速度绝不是随心所欲的速度,一定要达到运动心率的强度,才能够让脂肪燃烧。因此对速度的掌控是"间歇单车法"成功的关键。

5.核心肌力单车法

采用"核心肌力单车法"瘦身,要求在骑车的过程中,臀部必须离开车的座位,却又不是直立身体地离开座位。因为"核心肌力单车法"主要是训练身体的核心部位——腰腹部的肌群力量,因而必须在骑行的过程中,通过力量控制身体的平衡性,来让腹部得到一定程度的锻炼。

八、瘦身展操,早一点来运动

女性早晨起床后,有针对性地做一些体操,不仅能够使自己神清气爽,还能够保持匀称健美的体型,有利于消除多余的脂肪。下面就介绍几种躺在床上就能做的小运动:

1.身体仰伸

采取站立的姿势,将双臂上举,就像伸懒腰一样,但是幅度一定要大。如果是躺在床上,可以用双手握住头上方的床沿(或两只手按在身体两侧的床上),单腿依次(或两腿同时)直膝向上举腿。

举腿的时候速度稍快,回落的时候速度要稍慢。这个动作重复20~30次。此动作能够减少腹部多余的脂肪,增加腹部肌肉的弹性。

2.仰卧转腰

仰卧在床上,双手抓住头上方的床沿。腰部、髋部及下肢向左转体成侧卧,稍停一会,还原,然后向右侧转体成侧卧。这项动作左右各练 15~20 次。在转体的时候,要求肩和两臂不能移动,而且呼吸要保持自然。经常做这一动作能够消除赘肉,增强腰部肌肉的弹性。

3.仰卧抱腿

仰卧床上,右腿屈膝上抬,同时吸气,两只手抱住膝部使大腿尽量往胸部靠,上体抬起,眼睛看着右膝。接着呼气,还原,伸直。然后用左腿重复以上的动作。这项动作要重复做 20 次。然后再做双膝屈膝的相同动作,重复练习 10 次左右。经常练习,能起到增强腹部肌力,减少腹部赘肉的作用。

4.仰卧蹬伸

仰卧在床上,用两手抓住头上方的床沿。将两腿向上举,左右腿交替屈伸,就像骑自行车一样。这个动作左右腿要重复做 15~20 次。经常用此动作锻炼能够增强腰腹和腿部的肌力,减少腰腹部的脂肪。

5.仰卧抬臀

仰卧在床上,屈膝,两膝并拢在一起,两腿分开略微比臀宽,两臂伸直(掌心向下)放在体侧。将身体的重心移到肩部,用肩部支撑,吸气抬臀,稍停一会。然后,呼气,慢慢把臀部放下来,还原。这项动作要重复做 20 次以上。经常用此动作锻炼,能增强臀部的肌力,强腰固肾,减少腰部、臀部的赘肉。

6.左右扭腰

采取站立的姿势,双臂弯曲抬起,带动上体向左右扭转,双腿不动;也可以坐在床沿上,双手抱住头部,向左右扭腰。这项动作重复做 50 次。经常以此动作锻炼,能够增强腰腹部的肌力,减少腰腹部的脂肪。

第三节　健身操、舞蹈瘦身

拥有"S"型曲线是每个淑女梦寐以求的身材,但是,对着镜子中不够完美的自己,顿感失落。于是,很多淑女就急于找到一种既简便又有效的修身方法。那么,不如来试试健身操吧！健身操是控制、减轻体重较好的健身项目。它能够根据身体各个部位,进行相应的减肥修身。健身操是融体操、音乐、舞蹈于一体的运动,因此,在训练过程中,既不会觉得枯燥乏味,又能够练出苗条的好身段。

健身操瘦身法

一、减肥操打造精致小脸

想象一下,原本窈窕的身材上配上一张圆圆的脸,确实让人感觉多了一分丰润而少了一分靓丽。因此,瘦脸成为胖脸 MM 所追求的目标。不用怕,瘦脸减肥操可以帮你达到瘦脸目标。

1.面部减肥操

面部减肥操(1)：

早晚洗脸后,双手轻轻拍打或敲击脸部,待脸颊呈微红为止。此方法不但能促进脸部血液循环,使脸色变红润,还能达到收紧面部、突出轮廓的效果。这个方法不用花费金钱,只要持之以恒即可,值得一试。

面部减肥操(2):

步骤一:除了大拇指以外的其余四根手指靠拢,放在脸上大约是上下臼齿的位置,在脸上画圆,从内向外的方式,轻轻地拍打3~5圈,一边做完之后再换另一边进行拍打,重复5次。拍打时,嘴巴肌肉是放松的状态,所以会呈现出微微张开的样子。

步骤二:在两颊的部位,用大拇指同样是由内往外用轻轻压迫的方式,也是画小圆圈,这个动作可以两颊一起做,画大约100~120下即可。

步骤三:最后一个动作是用手掌并拢,一左一右地拍打脸颊肌肤40~50下。

面部减肥操(3):

步骤一:闭嘴,面对镜子微笑,直到两腮的肌肉疲劳为止。这个动作能增强腮部肌肉的弹性,保持脸形。白天也应做几次。

步骤二:眼睛得越大越好,绷紧脸部所有肌肉,然后放松,重复4次。这个动作有利于保持脸部肌肉的弹性。

步骤三:皱起并抽动鼻子,不少于12次,这个动作能使血液畅流鼻部,保持鼻肌的韧性。

步骤四:将注意力集中于腮部,双唇略突,使两腮塌陷,重复几次。这个动作能防止嘴角产生深皱纹。

步骤五:鼓起两腮,默数到6,重复1次。这个动作能保持腮部不变形。

步骤六:张开嘴,双唇微撅,然后慢慢闭上嘴(双唇始终鼓着),重复10次。这个动作可改善鼻尖的血液循环,保持上唇优美。

2.表情肌肉练习操

人类面部肌肉多达19块,只有充分调动这些肌肉,才能达到紧实肌肉,实现瘦脸的效果。锻炼笑肌,让表情丰富起来。增进脸部肌肉的弹力,让面部肌肉更加紧实,预防皱纹出现。

表情肌肉练习操

步骤一:双手掌搓擦,产生热感后,将除拇指外的四指在嘴角旁相向对齐,然后轻柔地沿脸颊由下向上轻轻摩擦,让肌肉向上收紧。

步骤二:双手用食指、中指、无名指按压眼尾部,呼气时强压,放开时吸气,反复6次。

步骤三:嘴唇轻闭,上下唇朝口中卷,先后将嘴角左右斜向,各往上提升5秒钟。

步骤四:嘴唇成 U 字形,嘴角尽量向两边拉开5秒钟。每次做5遍。

步骤五:口纵向微开,嘴角尽量向上提升,直到牙齿和颊部黏膜形成空间,停留5秒钟。每次做3遍。

3.字母练习操

为了反映不同的情绪和对外界的刺激,每个人的脸部都在不断地变化。脸部如此富有表情,得益于复杂的表情肌,当它们收缩时就改变了脸部的外观,形成了喜怒哀乐等不同表情。肌肉连接皮肤非常紧密,肌肉纤维哪怕只有轻微一点点收缩,也能给皮肤带来很大的变化。

若要使自己的面部显得清秀、可人,就必须锻炼自己的面部肌肉。经常做脸部操,不但皮肤会更光洁、滋润,而且肌肉能绷紧你的皮肤,显得面部轮廓分明、充满生气。这样做虽然难,但只要坚持练习,相信一定会取得成功。

字母操(1):锻炼颊骨肌

步骤一:嘴张大(以可容两个手指宽为宜),练习发"a"音。嘴角用力,嘴扁平,发"i"音。然后,嘴迅速嘟起,发"u"音。以此练习口腔肌肉。嘴扁平,轻松地发"e"音。然后练习发"o"音。以上练习早晚各5次。

步骤二:双手按住双颊,反复按摩,可促进血液循环,并使表情肌得到休息。

步骤三:用双手食指按压颧骨的最高点,念字母"o"的音,可以锻炼颊骨肌。

步骤四:中指压在人中部位,食指和无名指压在法令纹上,发出字母"o"的音。

步骤五:还是用相同的动作,换成念"哇"的音,脸就像是大笑时那样展开来,能明显感到脸部的紧实。四五两个步骤各做30次。

步骤六:手保持相同的动作,改发字母"e"的音,嘴巴尽量向两侧打开,但是下巴不要过于用力。四、六两个步骤各做10次。

锻炼上唇拳肌

字母操(2):锻炼上唇拳肌

步骤一:人中向下方用力伸展,两手食指放在鼻翼两侧,嘴巴呈现字母"O"的形状,鼻翼到嘴角的法令纹会有被"上提"的感觉。

步骤二:嘴巴维持"O"字,手按住法令纹最下端,肌肉会有向下延伸的感觉,可以改善嘴角到下巴的法令纹。

字母操(3):锻炼笑肌

步骤一:发出字母"e"的音,嘴角向两侧上提打开。这时上嘴唇要包住上排牙齿,持续做"笑"的表情,嘴角在往两旁伸展的时候,笑肌就能得到锻炼。

步骤二:维持字母"e"的动作,再将下巴往前突出,南下往上微微抬起,这样能改善嘴角到下巴的纹路。

字母操(4):对镜自我练习

当然除了做脸部操,保持心情舒畅、生活规律是使你面部生动和谐的最好方法。通过在保持良好平衡的前提下锻炼脸部肌肉,并借此将每个人本来就拥有的力量激发出来。

4.紧肤操

帮助新陈代谢,促进血液循环,预防面部肌肉松弛下垂。放松身心,发泄情绪,改善睡眠。

步骤一:身体前倾,双膝、双手撑地,小腿抬起,低头含胸,缩腹,拱背。

步骤二:抬头下腰,用力张嘴,将舌头尽量向下方伸出,眼睛看向前方,保持20秒。

步骤三:将嘴角用力向两边拉伸,嘴唇形成一条自然的直线,感觉到嘴角两边肌肉缩紧,保持数秒后,放松。

5.口腔运动操

这种动作不但运动到脸、口、唇、颊,而且同时运动到了胸锁乳突肌而消除双下巴,还清洁了口腔。

步骤一:准备一杯水。

步骤二:喝一口水含在口腔中(平时的分量),通常只要练习两三次后,就能掌握要领抓住要点。

步骤三:使用口腔及两颊的力量,将水分由口腔内壁射出至嘴唇内壁,重点将口腔内的水透过牙齿之间的缝隙穿透出去,此时水分的力量会使脸颊肌肉渐渐紧实,再利用口腔及两颊的力量将水分吸回口腔,时间约半秒。

步骤四:一面用指尖压往下巴,一面舌头尖端用力,尽量地伸出舌头。

步骤五:做完后,如果口中的水是早晚刷牙用的水,请你将口中的水吐掉,如果是可以喝的矿泉水不妨将水喝下去,补充一天中的水分。

步骤六:每天早晚各一组,每组运动次数为年龄乘以 3。坚持三个月或更长时期,效果会更好。

6.紧致消肿操

肌肤的紧致是至关重要的,不管是身上的肌肤还是脸上的肌肤,如果肌肤浮肿

紧致消肿操

没有光泽,都会给人大一圈的感觉。每天坚持做"紧致肌肤瘦脸操",就能拥有像明星一样的娇俏小脸。

步骤一:将两手拇指放在太阳穴上,一边吸气,一边按照内侧一前方一下方的顺序轻轻按压,共 10 次。

步骤二:两手放在额头上,吸气时,用两个拇指按压额角,呼气时放松,共 10 次。

步骤三:用一只手抓住额头,另一只手抓住鼻根,两手交换做同样的动作,各 10 次。

7.塑造脸型操

坐在家里是否无所事事?对着镜子来个简单好玩的魔镜操,不但可以消除疲

劳,也可以让苹果脸向瓜子脸转型。

步骤一:坐在镜子前,看着自己的眼睛。将右上眼皮微抬,高于正常姿势,接着换成左眼。各重复20次。注意不能使额头起皱纹。

步骤二:眼球就像钟表的指针那样向左转,然后向右转。头和眉毛应当保持不动。一次完成4组,每组左右各5次。

步骤三:皱起鼻子上的肌肉,露出上排牙齿,就像一个闻胡萝卜的小兔子那样。完成10次。

步骤四:吸住脸颊,向前努嘴,发"伊久姆"二个音。共10次。

步骤五:吐出舌头,下颌保持不动,坚持几秒钟。共20次。

步骤六:卷舌,舌尖向后收,然后整个舌头向前伸,下颌向下伸。共20次。

步骤七:右上唇向上抬,然后放下;左唇重复同样的动作。下唇保持不动,向上拉整个上唇,露出上排牙齿,共10次。

二、健身操打造纤细臂膀

有些女性也许还不知道,手臂的纤细与否,直接影响到身材的整体感观。也就是说,如果一个体重并不轻的淑女,可手臂却很细,一样会使人产生身材苗条的感

瘦臂健身操

觉;相反,如果手臂比较粗,尽管身材并不臃肿,也会让人觉得不够纤瘦窈窕。这种

错觉会使你的体重比实际体重轻或重 1~1.5 公斤,由此可见,想要自己在最短的时间"瘦"下来,先减手臂确实是一个聪明的做法。瘦臂健身操,就可以帮助你达到这个目的。

1.清晨的觅缝插针纤臂操

经过一夜的睡眠,不仅头昏沉沉的,就连手臂也好像"背叛"了身体,变得松软无力。由于各种原因,很多女性不能经常参加健身活动或者去健身房锻炼,结果变成"肩不能挑、臂不能挎、手无缚鸡之力"的"书生",虽然符合杨柳枝"柔弱无骨",但是却远远达不到其"弹性柔韧"的特性,为了能够改善手臂的这种状况,不妨在晨起之后见缝插针,利用出门前的一点时间做做纤臂操,不仅能让手臂变得健美苗条,还会使身体得到充分的舒展,让你一整天都能神清气爽。

清晨纤臂操(1):靠墙侧举

步骤一:背站在墙壁前,后背紧紧贴在墙面上,然后慢慢向下滑落,直到双腿呈垂直角度,膝盖在脚踝上方。双手各持一个哑铃,手臂弯曲 90°,哑铃与腰部齐平。慢慢将哑铃沿着身体两侧向上举起,直到与肩膀平行。停留 1 秒钟,再慢慢地放回原位。重复相同动作 10~15 次。

靠墙侧举

步骤二:保持步骤一的姿势,手持哑铃慢慢向上举起,掌心朝前;双臂应紧贴着身体向上抬举,同时用力挤压肩膀;待手臂几乎伸直之时,保持这个姿势2秒钟,然后再将手臂慢慢放低。重复相同动作10~15次。

清晨纤臂操(2):握手伸展

步骤一:身体站直,两脚分立,双臂慢慢向前抬起伸直,与身体呈垂直角度。将十指交叉紧握,深吸一口气,将双臂尽量向上伸展,手臂内侧紧贴双耳,手掌朝天。保持这个姿势10~15秒,然后放下手臂,同时呼气。

步骤二:双手用力攥成拳头,使手臂肌肉绷紧,并将力量集中在上臂。保持这个姿势,肩膀向后伸展,使肩胛骨尽量收拢。保持3秒钟后,肩膀与双手同时放松,并在半分钟之内重复相同动作13次。

步骤三:盘坐在地上,深吸一口气,将十指交叉置于脑后。手肘尽量向后扩展,同时呼气。再次深吸一口气,将右手尽量从右肩伸向背部左下方,左手从背部下方向右上方伸。两只手互相用力拉扯,同时慢慢呼气。保持10秒钟后,双手换位重复相同动作。

步骤四:双手交叉相握置于腹前,两臂向上举同时翻掌。抬头挺胸,手臂尽量伸直,眼睛一直注视双手。保持这个姿势3秒钟。重复相同动作5次。

步骤五:将双臂尽量向身前伸展,并将双手握紧。深吸一口气,呼气的同时上身向前屈,使下颌尽量靠近胸口,同时双臂慢慢上抬至最高点。保持这个姿势3秒钟,回到起始体位。重复10次。

清晨纤臂操(3):扭转与翻落

步骤一:身体放松站直,双臂平举并在两侧伸展,与肩膀呈水平线,手指并拢、绷直。左手手掌朝上,右手手掌朝下,双臂同时向上或向下翻转,翻转幅度以上臂及肩胛骨能被最大带动为限。练习1分钟。

步骤二:左手平放在腹前,掌心朝上,左手向上平举。待左臂伸直举过头顶之后,左手向外翻掌,手臂向左侧转动并缓缓下落,在下落的过程中掌心朝下。换另一侧重复相同动作。两侧各进行3次。

步骤三:双腿分开直立,双臂自然下垂。将左手置于臀部,同时右臂向上抬举,头颈向左转看右脚跟,保持这个姿势3秒钟。回到原来姿势,换另一侧重复相同动作。两侧各进行 5 次。

清晨纤臂操（4）：反撑地起身

步骤一：身体挺直坐在垫子上，双腿屈膝，双手自然垂于身体两侧，深呼吸数次。

步骤二：身体慢慢向后仰，以双肘和前臂支撑上半身，指尖朝前，臀部稍稍离开地面。保持这个姿势 3 秒钟，然后将身体放下。重复步骤二的动作 4~5 次。

2.舒筋活血的毛巾纤臂操

通过各种拉扯、拉伸的动作，使手臂、肩膀的肌肉以及韧带得到有效运动，塑造成美好的香肩美臂。此外，这套毛巾操还能够缓解肩膀、颈椎等的压力与酸痛感，对于整日伏案工作的 OL 来说是再好不过的舒筋活血运动了。

毛巾纤臂操（1）：下拉发力

双脚自然分立与肩膀同宽，然后将膝盖微微向前弯曲，两脚尖稍冲外站好。双

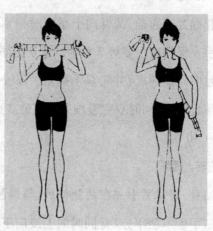

毛巾纤臂操

手持毛巾的两端，手臂同时向前伸直并高举至头顶。将毛巾紧贴于头部后方，双手抓住毛巾向肩部下拉。

毛巾纤臂操（2）：逆向发力

双脚自然分立与肩膀同宽，然后将膝盖微微向前弯曲，两脚尖稍冲外站好。双手持毛巾两端，并将毛巾紧贴背部。双臂同时逆向发力，即左手向上拉伸，右手向

下拉扯,使毛巾呈一条拉紧的斜线,手臂也会随之绷紧。放松手臂,回到起始位置,重复相同动作。两侧各进行 10~20 次。

毛巾纤臂操(3):斜拉毛巾

采用站立姿势,双手自然下垂,双脚分开与肩膀同宽。手持毛巾两端,然后双手同时向上伸展,然后向右移动。此时双手臂肘弯曲,右手用力,将左手向右下方拉扯,此时左臂内侧的肌肉会有拉紧的感觉。将手臂回到向上伸直的状态,再将双手向左移动,动作同步骤二。两侧各进行 4~8 次。

3.瘦臂美人的传球操

锻炼手臂肌肉的同时,使手臂韧带更有弹性。此外,经常练习还能帮助肩背部放松,避免因长期不运动而造成身体僵化、肩周炎等问题。

传球操

步骤一:双脚分开站好,两脚间的距离与肩膀同宽,后背挺直的同时将膝盖微微向前弯曲。

步骤二:双手握球置于臀部,双眼向前直视。先右手持球,双臂同时向上抬举伸直,举至头顶后将右手的球传至左手。

步骤三:将双臂慢慢放下,回到原来的位置,换左手持球,然后重复"举臂—传球—放下"的动作。两臂重复相同动作各 20 次。

4.在健身球上的哑铃纤臂操

与普通的哑铃操不同,借助健身球的力量能够同时锻炼手臂三头肌,使手臂线条更加富有立体感,对臀部肌肉也有较好的锻炼。

哑铃纤臂操(1):仰卧上举

步骤一:坐在健身球上,左手持哑铃,手臂垂直向地面伸展,然后将身体缓缓向下滑动。当身体滑至图中所示的姿势时,将左臂略微弯曲并向上抬举,直到左臂完全伸直。

哑铃纤臂操

步骤二:将右手放在左臂的二头肌处,保持这个姿势不变,然后将左臂慢慢向右侧落下,至哑铃能触到右侧肩膀后,再将左臂缓缓向上抬起伸直,高举至与身体呈垂直角度。重复相同动作12次,然后换右臂进行。

功能:使手臂肌肉与肘部关节得到充分的舒展,并锻炼了臂膀肌肉的耐受力,减少手臂多余脂肪,使身体曲线更加优美。

哑铃纤臂操(2):俯身臂屈伸

步骤一:双手各持一个哑铃站在健身球前,双腿向前屈膝的同时,双臂保持伸展向下的姿势。然后将身体的重心慢慢转移到健身球上,在身体达到平衡之后,再将健身球缓缓滑到胃部的位置,此时的姿势应当是趴在健身球上,且脚尖踮起,并绷直身体,使之从头到脚成为一条直线,如图示。

步骤二:此时可以感到臀部、大腿、背部的肌肉有明显的收紧。保持身体重心不变,将双臂同时向上弯曲,使手掌与哑铃能够达到肩膀的位置,然后再将手臂向地板方向伸展。两个连续动作为一组,共练习15次。

哑铃纤臂操(3):举臂抬腿

能够增加手臂肌肉的耐受力,同时修正从肩膀到上臂的线条,令臂膀得到充分的锻炼。除了锻炼手臂外,举臂抬腿还能同时锻炼臀部以及腰腹部的肌肉,使身体各部位的协调能力得到加强。

步骤一:坐在健身球上保持静止的姿势,挺胸抬头,收紧腰腹部肌肉,双腿分开并且膝关节呈垂直角度。

步骤二:双手分别持一个哑铃,掌心框对,然后将前臂向上弯曲,把哑铃举至肩膀的高度。

步骤三:将右手慢慢举过头顶,与此同时将左腿向前抬起伸直,使腿部与地面保持平行状态,尽量将手臂与大腿肌肉绷紧,使之得到充分的锻炼。保持这个姿势5秒钟,然后将右手与左腿慢慢放下,回到最初的起始位置。换另一侧重复相同的动作,两侧各练习15次。

哑铃纤臂操(4):高举哑铃

步骤一:身体直立坐在健身球上,收紧腹部,双腿合拢,双手分别持哑铃的两端。

步骤二:将哑铃高举过头顶,然后慢慢向后弯曲臂肘,将哑铃置于脑后部位,此时上臂内侧有向上抻拉之感。

步骤三:继续弯曲臂肘,尽量使哑铃触到背部。保持这个姿势2秒钟,然后慢慢将手臂向上抬起、落下即可。重复相同动作15~20次。

5.轻松瘦臂的三步水瓶操

上臂外侧是最容易堆积脂肪的部位,过粗的手臂会使人产生胖了2公斤的错觉,不过有了经典的水瓶操就不必再担心,只要做一点小小的努力,集中对手臂最易发胖的部位进行运动,就可以让手臂变得紧实、健美,与整体形象更加和谐!

步骤一:腰部、头颈部保持静止不动的状态,将右手臂慢慢抬起伸直,利用手臂

水瓶操

的力量向身体左侧弯曲。保持这个姿势 2 秒钟,右臂回到起始位置,然后换左臂重复相同的动作。每组练习 15~25 次。

步骤二:双手持水瓶垂于身体两侧,掌心向前,身体其他部位保持静止不动的状态,利用肩关节的力量将两臂同时向后进行 360°旋转,旋转的同时手臂尽量伸直不弯曲。最后将双臂回到起始的位置,此时掌心朝后、手背朝前。每组练习 15~25 次。

步骤三:左脚踏在椅子上,大腿与小腿之间呈 90°。左手握住水瓶,并将瓶盖部分抵至腰间,使上臂与前臂之间同样呈垂直的角度。保持手臂、腿部垂直的姿势,将上臂向上抬高,使肩膀到上臂之间的肌肉有明显的拉扯绷紧感。保持这个姿势 2 秒钟,换右臂重复相同的动作。每组练习 15—25 次。

6.塑造美臂的懒人操

谁说只有高强度的运动才能够让手臂瘦下来? 只要用对方法再加上坚持不懈的努力,即使是"懒美人"也能拥有一双动人的臂膀。

懒人操(1):

步骤一:首先将手臂做一下热身运动,时间不用太长,1 分钟刚刚好。

步骤二:双手持两支 750 毫升容器的瓶颈(葡萄酒瓶、啤酒瓶皆可),伸直后平举停留 30 秒钟;然后将双臂分别向两侧伸展,与肩膀呈一条水平线,坚持 30 秒;将双手举过头顶,坚持 30 秒后放下;最后将上臂紧贴身体两侧,掌心向上,将前臂抬起,与上臂呈垂直角度,坚持 30 秒钟。

步骤三:双臂回到最初体位,左臂紧贴大腿外侧,右手臂高举过头顶,向身体左侧弯至最大极限。保持这个姿势 1 分钟,将右臂重新放回身体右侧,换左臂重复相同动作。两臂各进行 2~5 次。

步骤四:双手自然垂在身体两侧,将头部向后仰至最大极限,同时胸部尽量向前挺直。保持这个姿势 30 秒钟,然后重复相同动作 3 次。

懒人操(2):

步骤一:上身自然挺直,左腿向斜后方迈一小步,脚尖点地,左腿绷紧蹬直。

步骤二:双手握住瓶子,两臂屈肘成垂直角度,拳心冲前。

步骤三:保持身体重心,挺胸收腹,然后抬起左腿。手臂发力,使上身和左膝同时向彼此靠拢,左臂肘部触到左膝。

步骤四:保持这个姿势 2 秒钟,回到起始体位,换另一侧重复相同动作。10~15 次为一组,两侧各交替进行 2~3 组。

7.专减赘肉的椅上纤臂操

俗话说:"站着不如坐着。"可是一整天都坐着的滋味并不好受:尤其是整日伏案工作的 OL,虽然需要经常操作电脑,但是活动的只有手腕,手臂却"纹丝不动"。这样造成的后果有两种:手腕由于过度疲劳而患上腕管综合征;手臂却由于缺少运动而日渐"发胖",变得酸软无力。因此,经常练习这一套椅上运动纤臂操不仅能减少手臂多余的脂肪,保持手臂的优美线条,还可以缓解手腕的疲劳,对于消除疲劳、提高工作效率也非常有帮助。

椅上纤臂操(1):左右转体

坐于椅子上,脚尖点地,挺胸抬头,目视前方,将双臂自然垂放于身体两侧。将双臂向上高举至头顶,眼睛随着指尖移动。下半身保持不动状态,上身向左转。高

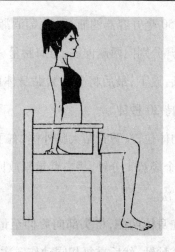

椅上纤臂操

举左臂的同时,将右臂向左侧弯曲,越过肩膀,尽量触摸到椅背。停留5秒钟,换另一侧重复相同动作。

椅上纤臂操(2):屈肘拉腹伸展

背对着椅子坐在地上,双腿略微屈膝,双手向后反抓住椅子边沿。手臂用力使臀部离地,前臂与上臂呈垂直角度,上身与上臂呈垂直角度。双臂用力向上撑起,同时蹬直双腿,使身体成为一条斜线。保持这个姿势2秒钟,回到起始体位,重新撑起身体。重复相同动作15次。

椅上纤臂操(3):提臀前移

坐在椅子边沿,大腿与小腿呈自然的垂直状态。将双手分别放在臀部下面,支撑身体。收缩臀部肌肉的同时,手臂用力使臀部慢慢抬起,同时注意保持背部挺直。保持这个姿势4—6秒钟,然后弯曲肘部,将臀部向前移至座位之外。身体慢慢下沉,直至前臂与上臂形成垂直。保持这个姿势4~6秒钟,然后双臂用力撑起身体,回到最初的体位。

椅上纤臂操(4):活动手腕

双脚开立,与肩同宽,将上臂紧贴上身两侧,小臂抬起并向前伸直,与地面保持平行。四指并拢,大拇指轻轻扣在上面;以腕关节为轴,用力做绕环运动。左右各绕3圈,持续练习30秒钟。练习完毕后,应放松双手,向下甩动双手,使肌肉得到放松。

8.客厅里的速效纤臂操

工作、学习累了一整天,吃完晚餐后连刷碗的力气也没有,只想窝在沙发上看看电视、听听音乐。殊不知,这么做的结果会使身体更加劳累,而且还会影响身体的循环代谢。当体内堆积了过多的垃圾与废物之后,就会自动将这些"毒素"分配到身体各部位,最难减掉的手臂就是第一个"受害者"。

有什么健身运动不需要大汗淋淋,就可以"赶走"手臂上难看的赘肉呢?下面这套手臂操就是专门为不喜欢运动的你设计的,每天10分钟,天天坚持做,就可以让粗壮的手臂奇迹般的瘦下来!

速效纤臂操(1):提拉

步骤一:坐在地毯上,手臂各持一个哑铃(装满水的瓶子),自然垂直于身体两侧。

步骤二:双臂肘部分别向外侧弯曲,然后将前臂提拉至胸前;两拳相对,呈一条直线,拳心向下。

提拉运动

步骤三:保持这个姿势3秒钟,然后将手臂慢慢平落,前臂仍然保持步骤二时的姿势。然后继续重复"抬起—落下"的步骤,共20次。

速效纤臂操(2):推举

步骤一:双腿站直,两脚微微张开,双臂自然垂于身体两侧,同时挺胸抬头。双臂同时向两侧抬高伸展,与肩膀保持平行;肘部弯曲,使前臂垂直于地面,并与上臂呈90°。

步骤二:将垂直的前臂慢慢向上推举,举至耳朵两侧后,手臂伸直。保持这个姿势5秒钟,再将手臂慢慢下放。重复相同动作20~25次。

速效纤臂操(3):弯举

步骤一:双臂垂直于身体两侧,深呼一口气,将左臂高举于头顶,停留10秒钟。上臂不动,将前臂慢慢向脑后弯曲至最低点,停留10秒钟。

步骤二:深吸一口气,将前臂慢慢向上伸直,然后将左臂放低,回到最初体位。换右臂重复相同动作。两臂各进行10~15次。

速效纤臂操(4):划船

膝盖微屈,上身前俯,下背部挺直。右手向前支撑在床沿上,左手持一个哑铃,自然垂于身体一侧。收缩背部肌肉,使左侧肩胛骨向脊背收拢,同时带动左臂向后摆,然后向上、向前伸展,最后回到起始体位。换右臂重复相同动作,两侧各交替进行15次为一组,休息后再重复3组。

三、健身操打造平坦小腹

"前突后翘"是每个时尚淑女梦寐以求的愿望,可是如果凸出的是小腹,那就让人欲哭无泪了。腰腹部是身体最容易聚集脂肪的地方,尤其对于身材矮小的女性来说,腰腹部的赘肉不仅十分凸显,还会使身材显得更加臃肿、矮小。那么,想要拥有迷人的平坦小腹,一定要坚持做小腹健身操,不仅能使小腹紧致、平坦,还能够促进肠胃畅通。

下面,就为淑女们介绍几款平坦小腹的健身操:

1.清晨的小腹舒展操

经过一夜的睡眠,身体因缺水而变得皱巴巴的。一日之计在于晨,如果在刚起床的时候做一下舒展操,能够使血液循环更加流畅,使小腹变得更加有弹性。

步骤一:站直,双手放置于腰部,臀部保持不动,尽量将上身向后仰,深呼吸后呼气,然后再将上身挺直。

小腹舒展操

步骤二:将双手高举过头顶,然后互相握住。先将身体向右侧弯,手臂也随之向右侧延伸,此时身体腰腹部应有被拉扯感觉,深呼吸后呼气。同到起始体位,再将身体向左侧弯,深呼吸后呼气,再挺直。

步骤三:坐在椅子上,双手环抱胸前,保持这个姿势,将上身先向右侧转,深呼吸数次后,重新坐正,再将身体向左侧转。两侧各交替重复12次。

步骤四:双腿分立站好,将两腿的膝盖向外弯曲,双手分别扶住两个膝盖,上身向下压。收紧腹部肌肉,将左肩膀尽量向左上方伸展,保持这个姿势5秒钟,然后换右肩膀向右上方伸展。

2.座椅腹部练习

刺激消化系统,避免因胃下垂导致的小腹凸出等问题,还能让身体更加放松。

步骤一:坐在靠背椅的边缘处,双手反抱住椅背,尽量放松身体,腰部尽量贴在椅背上,感觉自己好像要从椅子上滑落下来。

步骤二:双脚做蹬踩自行车的动作。一只脚向下蹬,越低越好,但是不要碰到地面;另一只脚向上踩,越高越好。重复蹬踩20次。

步骤三:将双腿放回地面,腹部用力,双腿同时向上伸,保持5秒钟,然后同时向下伸。腹部用力的时候,应当尽量让腹部与胃部收缩,然后互相接近。重复20次。

步骤四:起身,面向左坐在椅子左侧,椅子背在人体的右边。双腿平放在地面,双手各抓住椅子背的一边,然后轻柔地向椅背处转动上身,颈部也应随着身体而转动。当眼睛能看到右肩膀时,保持这个姿势 30~40 秒,注意调整呼吸。然后再坐到椅子的右侧,重复相同的动作。

3.懒人沙发瘦腹操

吃完了饭,总喜欢蜷在沙发上看电视、吃零食。时间一久,小肚肚上就像套了好几个游泳圈,小美女也变成了"小腹婆"。有什么方法既能舒舒服服地赖在沙发上,又可以减掉难看的小肚腩呢? 下面这套省时又省力的沙发瘦腹操,就是沙发一族的最爱啦。只要每天坚持做 10 分钟的时间,就能与小肚腩彻底说"拜拜"。

沙发瘦身操

沙发瘦腹操(1):

步骤一:坐在靠近沙发的边缘处,头部、肩背部、上臂紧靠在沙发的背上,小臂和手平放在身体两侧的沙发上。左腿保持伸直姿势,右腿屈膝后向胸部靠近,两只脚的脚尖应当绷紧。

步骤二:保持这个姿势 5 秒钟,然后交换双腿,右腿伸直、左腿屈膝,停留 5 秒钟。重复做 5 次,然后双腿交换动作逐渐连贯起来,就像是在蹬自行车,按顺时针和逆时针的方向各蹬 20~30 圈。

沙发瘦腹操(2):

步骤一:趴在沙发上,双臂屈肘呈 90。上臂和手掌紧贴沙发;双腿伸直,脚趾抓住沙发,此时身体是由臂肘和脚趾支撑身体。

步骤二:身体保持水平状态,收紧小腹,臀部微微向上翘,保持这个姿势 15~20

秒,然后放松身体,休息片刻。如此重复数次。

沙发瘦腹操(3):

步骤一:坐在沙发上,双腿伸直平放,双手在胸前抱一个枕头。身体向后仰至与沙发呈45°角,将双腿上抬后微屈,尽量靠近胸前。此时身体的重心应当集中在腹部。

步骤二:保持这个姿势,做腹式呼吸(吸气时腹部鼓起,呼气时腹部收紧),10~15秒后慢慢放下双腿,回到起始体位。如此重复6~8次。

4.上班族的两招坐车瘦腹法

出了家门就是公车站、地铁站,出了车门就是公司、办公室,一天到晚忙忙碌碌的上班族,除了坐着还是坐着,根本没有时间正经锻炼,结果有一天,洗澡的时候站在镜子前却发现不知从何时起,肚子上竟然冒出了一圈小肚腩。发生了这样的"惨剧",急也没有办法,没有时间不是理由,只要有决心,即使是在公共汽车、地铁上也可以将"瘦腹运动"进行到底!

坐车瘦腹操(1):坐着也能悄悄地锻炼

坐车瘦腹操

坐在椅子上,背部完全贴在椅背上,将皮包放在腿上。收紧小腹的同时,用双

·美容美体·

图文珍藏版

手紧压住皮包。保持这个姿势6秒钟,然后放开皮包同时放松小腹。这样算一组动作,反复3~5组。如果坐车的时间超过半个小时,可以增加动作的组数。

坐车瘦腹操(2):站着也能悄悄地锻炼

在车厢内站着一只手扶着栏杆或者吊环,另一只手臂将皮包紧贴在腹前,一边用手将皮包向腹部挤压。一边向内收缩小腹,使小腹好像贴在后背上一样,然后保持这个紧绷的状态。每段持续的时间以腹部稍发酸、发麻为宜,间歇时间可由路长的远近决定。

5.拯救下腹肥胖的大腰筋锻炼法

随着年纪的增大,腰部好像装了一个吸铁石一样,将全身各部位的脂肪都吸了过来,原本纤细的小蛮腰变得水桶一般毫无曲线美感,更不用提一天天凸起的小腹了。其实,这一切都是大腰筋松弛在作祟。大腰筋就好像身体的紧身衣,能够使内脏、骨盆都固定在正确的位置,特别是能保证脂肪在体内的均衡分布,但是当大腰筋变得松弛后,身体就开始变形,最严重的莫过于腹部松弛、肥胖。经常锻炼锻炼大腰筋,可以保持下腹部的优美线条,让年龄不再成为身材变形的借口!

大腰筋锻炼法(1):抬腿收紧大腰筋

步骤一:平躺在地板上,双腿微微屈膝,此时背部应挺直,大腰筋处于松弛状态。

步骤二:双腿并拢,大腿和膝盖用力,一边慢慢吐气,一边使膝盖靠近胸部。

步骤三:保持这个姿势,将双腿分开,然后向上举起双脚,使小腿与地面垂直。双脚与腿部也成垂直角度,脚趾向腹部、臀部、大腿和膝盖内侧用力,保持这个姿势5秒钟。

步骤四:双手分别握住两只脚的外缘,使膝盖尽量靠近腋窝,尾椎骨紧贴地面。保持这个姿势,然后松手,将双腿慢慢恢复到并拢屈膝姿势,最后回到起始体位。

大腰筋锻炼法(2):活动骨盆收紧大腰筋

步骤一:双腿伸直坐在地上,双脚绷直,背部自然挺直。两只手各握紧毛巾的一端,以腰部为中心,将上身向左、下身向右方向扭动(即交错扭动),然后再将上身向右、下身向左的方向扭动。扭动的时候应当有意识地活动骨盆,想象自己正在大步向前快走。

大腰筋锻炼法

步骤二:站起身,双手叉腰,双腿微向前屈,保持胸部和背部放松,前后摆动骨盆。摆动要以骨盆为中心,向前摆动时吸气,向后摆动时呼气。重复此动作 3~5 分钟。

步骤三:下蹲运动为大腰筋加重。双手交叉于脑后,上身挺直,双腿并拢。将重心放在前脚掌,慢慢下蹲,下蹲的过程中身体应当放松,头颈与上身始终保持端正。下蹲至让臀部和膝盖处于同一位置时停止,然后再慢慢拉伸双腿,回到起始体位。下蹲和起身为一次,重复 30 次。

6.平腹瘦腰操

步骤一:平躺在地面,将双手放在后颈两侧。双腿屈膝抬起,直到大腿与腹部之间呈 60°角,然后腹部用力,将肩胛骨以上的部位抬起,然后慢慢落下。速度要缓慢,反复 15~20 次。

步骤二:回至起始体位,将双手平放在两侧,双腿屈膝抬起,两脚并拢。腰部用力带动骨盆向左侧转,保持 5 秒钟,然后回复原位;腰部再用力,带动骨盆向右侧转,保持 5 秒钟。

步骤三：身体回到起始体位后，双腿屈膝，脚掌着地。臀部用力，将背部、腰部、臀部向上抬起，速度要慢。抬到臀部的高度至脊椎拉成一条直线时再落下。如此反复 20 次以上，直到臀部感到微酸即可。

步骤四：手脚支撑地面，臀部用力，将左腿保持伸直状态向上抬，一直抬到支撑地面，与身体呈一直线，然后稍稍收敛小腹。放下左腿，然后再上抬，反复约 20 次。换右腿重复相同动作。

7.变形的仰卧起坐

变形的仰卧起坐与正规的仰卧起坐不同，主要是针对下腹部脂肪肥厚的问题进行的腹部锻炼。在做的时候，应当尽量放松背部、肩膀和手臂，主要依靠腹部用力。

步骤一：躺在床的尾端，臀部以下的身体留在床外，双臂伸直放在身体两侧，手掌向下放在臀部下方。

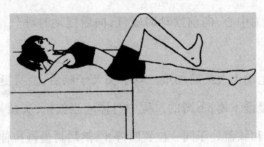

变形的仰卧起坐

步骤二：双腿屈膝，使大腿悬空在腹部上方，腹部用力，心里默数 10 个数，同时双腿慢慢向前伸直。脚趾向上绷紧，使身体成一条直线。

步骤三：保持这个姿势，将双手相握放在脑后，尽量抬起肩膀，使腹部肌肉再次收紧，保持这个姿势 5 秒钟。

步骤四：心里默数 5 个数，同时将双腿膝盖弯曲，大腿收回到腹部上方，双手重新放在身体两侧。休息片刻后，重复相同动作 5~10 次。

8.大腿运动的瘦腹法

两点一线的生活让很多人都无法锻炼身体,尤其女性一过 30 岁,凸出的小腹更随着年纪的增大而变得触目惊心。进行大腿瘦腹运动在活动大腿的同时,还能带动腹部肌肉的运动,使小腹在双腿的运动中受益匪浅,这是我们在这里向您推荐这套瘦腹法的重要原因。

大腿运动法(1):足尖沾地

步骤一:平躺在地板上,双手自然平放在身体两侧,掌心向下,上身绷紧,后背紧贴地面。

步骤二:双腿同时抬起,然后屈膝,上身、大腿与小腿各呈垂直角度,小腿与地面平行。

步骤三:深吸一口气,将左腿分两步放低,脚趾冲地,但是脚尖不能碰到地面。

步骤四:呼气,然后将左腿再分两步还原到起始体位。换右脚做相同的动作。两条腿交替做 12 次。

大腿运动法(2):大腿环绕

步骤一:平躺在地上,双腿伸直,双手自然平放于身体两侧,掌心向下。

步骤二:将左腿向上抬举,与地面呈垂直角度,脚尖绷紧。保持这个姿势 10 ~ 60 秒,然后将右腿屈膝,脚掌平放于地面,深呼吸 5 ~ 10 次。

步骤三:保持这个姿势,深吸一口气,左脚在空中画圈的同时,左腿从大腿根处开始转动,转完一圈后慢慢呼气。如此转动 6 圈后,反方向再转动 6 圈。换另一条腿重复相同动作。

大腿运动法(3):十字交叉

步骤一:平躺在地板上,双手交叉放在脑后,肘部向外舒展。

步骤二:双腿同时抬起,然后屈膝,上身、大腿与小腿各呈垂直角度,小腿与地面平行。

步骤三:深吸一口气,左腿向上伸,与地面呈 45°角。

家庭生活百科

·美容美体·

图文珍藏版

大腿运动法

步骤四:腹部用力,右侧肩膀保持不动,左侧肩膀向右转,与右膝盖靠拢。

步骤五:缓缓地呼气,左侧肩膀放回地面。将左腿收回的同时右腿向斜上伸,右侧肩膀向左转,与左膝盖靠拢。左右两侧各交替进行 10~15 次。

大腿运动法(4):滑脚跟

步骤一:平躺在床上,双腿略微分开,双手放在腹部,掌根贴在骨盆上缘。

步骤二:收紧腹部,此时手指可以感觉到腹肌是紧张的,然后将双腿轮流伸直、屈膝,屈膝的时候大腿和小腿应当保持垂直角度。

步骤三:在双腿活动的同时,脚跟应始终擦着床面滑动,一旦感觉到骨盆晃动,就停止屈腿,将腿伸直。将腿返回到伸直状态。等动作熟练,找到感觉后,可以将两臂高举至头后方。

四、健身操打造美丽翘臀

"翘臀"是完美身材不可缺少的重要部分,臀部垮塌不仅不能为身材起到"锦上添花"的作用,反而会严重破坏整体的形态美。所以,翘臀练习是爱美的淑女们不能回避的话题。也许美女们没有足够的时间单独进行翘臀训练,这没关系,在日常的生活细节中,只要能够多伸伸腿,有意识地向后抬高、转动,常绷紧臀部,就可以达到很好的减肥提臀的效果。而且这些动作非常方便易行,只要抓住零碎的时间做做小运动,日积月累,同样能够修炼出美妙的身材。在路上、车上、家里、办公室都可以做,比如边看电视,边练习,可以锻炼、娱乐两不误。

1.瘦臀操

对于现代女性来说,一坐进办公室就几个小时不起身,活动量低,如果饮食又不均衡,很容易下半身肥胖。多余的脂肪通常堆积在臀部和大腿,加上血液、水分循环不良,不但有碍外观,也影响姿势和健康。以下美臀运动可以去除臀部的肥肉,让松垮肥臀变紧实翘臀。

瘦臀操(1):仰卧举臀

步骤一:仰卧,双腿弯曲,双手放于身体两侧,两脚平放。

步骤二:脚跟用力,慢慢抬起臀部,再缓慢降低至起始状态。

瘦臀操(2):俯卧抬肩

步骤一:俯卧,双臂向前伸直。

步骤二:慢慢抬起上身到最高点,微微抬头,再缓慢降低至起始姿态。

俯卧抬肩

瘦臀操(3):臂、腿高抬

步骤一:俯卧在垫子上,双腿伸直,双臂伸直。

步骤二:慢慢抬起右臂和左腿到最高点,微微抬头,再缓慢降低至起始姿势。

步骤三:交换到左臂和右腿做一次。

瘦臀操(4):屈膝抬腿

步骤一:跪在垫子上,双手撑地。

步骤二:慢慢抬起和伸直右臂和左腿到最高点,再缓慢降低至起始姿态。

步骤三:然后交换到左臂和右腿。

2.办公室美臀操

一种站立就可进行,非常适合办公室女性们在工作间隙练习的美臀操,通过不同角度的变化,使你的臀部得到较全面的锻炼。

美臀操(1):扶椅双腿屈膝下蹲

步骤一:站在椅子左侧,左手叉腰,右手扶椅背。

步骤二:两脚前后分开,后脚跟抬起,上身保持正直。

步骤三:双腿屈膝缓慢下蹲,弯曲至大、小腿与地面呈90°。

步骤四:稍停,再缓慢伸直。

步骤五:可重复做10~20次。

美臀操(2):扶椅单腿屈膝下蹲

步骤一:右手叉腰,左手扶椅背。

步骤二:右脚站直,左脚自然抬起。

步骤三:左脚保持前伸,右腿屈膝下蹲。

步骤四:保持10秒钟,然后缓慢站起。

步骤五:换一个方向,左脚屈膝下蹲做10次。

美臀操(3):无扶手单腿下蹲

步骤一:双腿分立,与肩同宽,重心落在右腿上,左腿慢慢抬起,将腿盘在右腿的膝盖外侧,身体略微下蹲。

步骤二:右手向上拉伸,左手带动身体向右转,并置于胸前。

步骤三:保持30秒,然后换腿重做一次。

步骤四:此动作5次为一组,完成2~3组即可。

美臀操(4):扶栏踢腿

步骤一:左侧靠近栏杆站立,左手抓住栏杆。

步骤二:右腿用力向前、向后、向右各踢10次。

步骤三:换一个方向,挥动左腿踢10次。

美臀操(5):提臀开胯

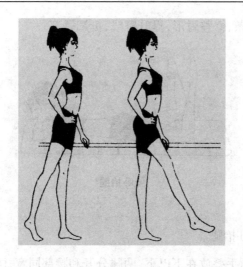

扶栏踢腿

步骤一：双腿分立与肩同宽，重心落在右腿上，左腿自然弯曲，脚尖轻轻踮起，胯骨送到右腿边上提。

步骤二：双手手掌合十，手掌靠近身体右侧，坚持10秒。

步骤三：再将重心移至左腿上，手掌移至左侧，坚持10秒。左右各10次为一组，完成2~3组。

美臀操(6)：单腿屈伸

步骤一：背对凳子，右脚直立，左脚后屈，放在凳子上。

步骤二：双手放于腰际，在上身挺直的情况下，进行腿部的屈伸运动。

步骤三：此动作可重复做10~20次，然后换另一只脚，重做10~20次。

美臀操(7)：后抬腿

步骤一：将腰骨贴伏在椅子背上，形成伏卧状，上半身可以放松点。如果感到不舒服，可以改坐在下方放入垫子的方法。

步骤二：一脚在伸直的情况下，慢慢向上抬举10次。

步骤三：换另一只脚同样向上抬举10次。

3.性感翘臀操

以下这些动作，能够锻炼臀肌，增强身体柔韧性，收紧臀部两侧的肌肉，消除侧臀脂肪,勾勒臀部线条,修整臀形,提升臀线,挺翘臀部。

俯卧抬腿

翘臀操(1):俯卧抬腿

步骤一:俯卧,两手叠放在下巴下,两腿分开和腰部同宽,两膝弯曲呈90°角。

步骤二:一条腿以弯曲呈90°角的姿势向上抬高,然后再换另一条腿。

步骤三:左右交换慢慢做30次。

翘臀操(2):俯卧提脚

步骤一:俯卧,右脚伸直,左脚弯曲呈90°角。

步骤二:拉紧臀部,将弯曲的左脚提升至膝盖,离地约6寸。

步骤三:维持5秒后放松,让左脚回到原来位置。

步骤四:重复以上动作约10次,然后到右脚,同样重复以上动作约10次。

翘臀操(3):跪地摆腿

步骤一:屈膝跪下,两手按地,将右腿抬至臀部高度。

步骤二:然后先向左边摆动,再向右边摆动,左右摆动各为1次,共做10次。

步骤三:换左腿时,先向右摆动,再向左摆动,其余动作相同。

翘臀操(4):跪地抬腿

步骤一:屈膝跪下,两手按地,眼向前看。

步骤二:将右腿提高,右脚上抬至臀部,脚尖向后。

步骤三:停留片刻,再放下,共进行10次。

步骤四:换左腿重复做10次。

翘臀操(5):跪地伸腿

步骤一:单膝跪地,一条腿伸开。

步骤二:脚离开地面的时候尽可能让臀部用力,使腿和地面平行,坚持 1 秒。

步骤三:两条腿交换做 20 次。

翘臀操(6):俯卧收腹提臀

步骤一:俯卧,脚尖着地,先将两腿分开,并抬高骨盆。

步骤二:再慢慢将两腿合拢,同时收紧臀部及腹部的肌肉,继而放松。

步骤三:如此反复做 10 次。

翘臀操(7):仰卧抬腰

仰卧抬腰

步骤一:仰卧,两腿分开与腰部同宽,两手放在头下,吸气、吐气的同时臀部用力,尽可能抬高腰部。

步骤二:同时收下巴,能看到腹部最好,慢慢做 30 次。

翘臀操(8):仰卧伸腿

步骤一:仰卧,屈膝,脚尖着地,两臂贴近身体平放地上。

步骤二:先将右侧小腿抬高向前平伸,脚尖向前,然后向上尽量伸直右腿。

步骤三:稍停片刻,再返回小腿平伸状态,最后还原,如此反复 10 次。

步骤四:右腿做完后换左腿,按同样方法也做 lO 次。

翘臀操(9):仰卧抬双腿

步骤一:仰卧,手脚伸直。

步骤二:两脚并拢慢慢抬起,抬至与地面呈直角时慢慢放下。

步骤三:在离地面 30 厘米处停下来,保持 1 分钟。

翘臀操(10):仰卧提臀

步骤一:仰躺着,双脚呈"大"字形张开。双脚尽量张开。

步骤二:向上屈膝,脚踝尽量向臀部靠近。

步骤三:臀部尽量往上抬高,加上双手的支撑力,使劲向上托,保持10秒再恢复至"大"字形姿势,但臀部不可以先着地。

步骤四:此动作重复做10次。

翘臀操(11):屈膝后撑

步骤一:坐下,双脚张开为腰的两倍宽,膝盖屈起。

双脚交叉

步骤二:两手与肩同宽打开,撑在地板上,保持10秒钟再坐下。

步骤三:动作重复做10次。

翘臀操(12):双脚交叉

步骤一:两脚交叉站立,用力紧绷臀部肌肉。

步骤二:将臀部向前推,可双手帮忙推。

步骤三:两脚交叉互换,同样的步骤各做10次。

翘臀操(13):俯卧挺身

步骤一:身体俯卧,两手臂顺着身体伸直。

步骤二:双手手指张开像枫叶一样,上半身撑起,肩膀到指尖尽量伸直。

步骤三:阿基里腱伸展,臀部紧绷,大腿、膝盖、小腿同时用力撑起。

翘臀操(14):双腿后踢

步骤一：手扶栏杆(窗台、椅背也可)站立。

步骤二：将右腿最大限度后踢。

步骤三：换左腿，同样，以最大限度后踢。

步骤四：重复10次。

翘臀操(15)：原地下蹲

步骤一：双脚并拢，原地站立。

步骤二：膝盖弯曲，下蹲，同时抬起双臂以保持身体平衡。

步骤三：保持姿势10秒钟后还原。

步骤四：重复动作10次。

翘臀操(16)：侧踢训练

步骤一：双脚并拢，原地站立。

步骤二：抬起左腿，向左侧踢。上身保持不动。

步骤三：换腿，右腿向右侧踢。

步骤四：重复10次。

翘臀操(17)：单腿搭桥

步骤一：仰面躺下，双臂放松置于身体两侧。

步骤二：屈膝，双脚平放于地面。

步骤三：把右侧脚踝放在左侧大腿上。

步骤四：向外抻拉右膝，使两侧大腿尽量平行。这时，臀部仍平放在地面上。

步骤五：抬起臀部，同时把右腿伸直并尽力向前伸。

单腿搭桥

步骤六:停顿一会,再把右侧脚踝放在左侧大腿上,同时臀部放在地面上。

步骤七:如此重复 10 次,换另一侧动作再做 10 次。

翘臀操(18):金鸡独立

步骤一:站立钩脚,挺胸收腹,一腿支撑,一腿后伸,脚尖点地。

步骤二:通过收紧臀部肌肉,牵引腿部上抬,到最高处静止 5 秒。

步骤三:重复 10 次,换腿做 10~20 次。

翘臀操(19):豹步向前

步骤一:弓步收臀,两腿平行站立与髋同宽。

步骤二:任意一条腿向前迈一大步,身体慢慢向下坐,后腿尽力向最远处伸展。

豹步向前

步骤三:腰挺直,收腹。

步骤四:换腿重复动作。

步骤五:以上动作重复做 10~20 次。

翘臀操(20):懒猫伸展

步骤一:跪撑钩脚,目视前方。

步骤二:以双手和膝盖支撑身体,提起一边的膝盖,直膝钩脚,尽力向上抬腿。

步骤三:上下交替做 10 次,然后换腿。

翘臀操(21):鲤鱼打挺

步骤一:仰面躺下,双臂平放在身体两侧,一腿屈膝支撑,一腿直膝,带动骨盆慢慢上抬。

步骤二:保持臀部与大腿的紧绷状态,放低,再做一遍,然后换腿。

翘臀操(22)：小燕展翅

步骤一：收紧背部、腰部、臀部和大腿肌肉。

步骤二：腹部贴地，最大幅度抬头起身，同时抬双脚向上。

翘臀操(23)：美女蛇出动

步骤一：俯卧，双臂交叠前伸，将尾椎骨尽力向上顶。

步骤二：小腿向上弯举，钩脚、脚踝交叉，两脚跟同对向臀部靠近，同时保持双肩、胸部和膝盖贴于地面。

4.臀部健美操

这些动作可以锻炼臀部肌肉，将赘肉收紧，并且上提，及时挽救有下垂趋势的臀部。

臀部健美操(1)：俯卧向后举腿

步骤一：俯卧，双手平放身旁，手掌向下。

步骤二：吸气，收缩臀部肌肉，足趾前伸，抬起右腿至离地约 15 厘米。

步骤三：保持姿势不变 5 秒，然后放下右腿。

步骤四：换左腿抬起再做一次。

臀部健美操(2)：滚动臀部

步骤一：平身仰卧，屈双膝至胸前。

步骤二：两手平伸与肩紧贴地面，臀部慢慢翻向右边，尽量使双膝接近地面。

步骤三：呼气，回到原来的姿势。

步骤四：再吸气后向相反的方向重复上述动作。

步骤五：全部动作各做 10~20 次。

臀部健美操(3)：踢动小腿

步骤一：俯卧，弯曲手臂，手掌放到与肩相齐。

步骤二：手掌及臀部同时向垫子下压，使双腿同时离地 15 厘米。

步骤三：持续呼吸，收缩臀部肌肉，双腿像游泳一样踢动。

步骤四：左右腿各 50 次，逐渐增加至 100 次。

臀部健美操(4):跪下踢腿

步骤一:跪下,两手距离与肩部相等,双膝相距 20~30 厘米。

步骤二:右脚伸直,抬起至离地 30 厘米。

步骤三:持续呼吸,将右脚抬起 25 次。

步骤四:左脚重复同一动作 25 次。

臀部健美操(5):弯腰跪腿

弯腰跪腿

步骤一:跪下、吸气、弯腰,使前额朝向膝盖,将右膝移近前额。

步骤二:呼气,收缩臀部肌肉,拱起身体,尽量抬起头来,右腿伸直朝向天花板(膝微屈,以避免肌肉紧张)。

步骤三:吸气,将右膝和前额缩回原来的位置。

步骤四:重复同一动作 10 次。

步骤五:换左腿重复做 10 次。

臀部健美操(6):压缩臀部

步骤一:跪下,两手下垂,手掌轻抚大腿。

步骤二:吸气,保持身躯和大腿成直线,用力用手掌压缩臀部肌肉,身体向后弯,保持姿势 5 秒。

步骤三:呼气,恢复原来姿势。

步骤四:重复做 10 次,逐渐增加至 25 次。

臀部健美操(7):单腿平衡

步骤一：重心落在右腿上，左腿夹紧从身体后方向上抬起，左手伸直抓住左腿脚踝，向上拉。

步骤二：身体保持前后平衡，而右手前伸，保持与肩膀、左手同一水平，坚持1分钟。

步骤三：放下归位，换腿换方向，5次为一组，完成2~3组。

臀部健美操(8)：面壁抬腿

步骤一：手扶墙壁、身体离墙30厘米站立做准备。手肘约在腰的位置，背部伸直。

步骤二：脸朝向左边，双脚正面向着墙壁站立。上半身不要往前倾，臀部肌肉紧绷。

步骤三：右脚先向右斜前方踏出，再尽力向左后方抬。

面壁抬腿

步骤四：左右各10次。

臀部健美操(9)：模仿滑水练习

步骤一：采取伏爬的姿势，然后在腹部放入一个垫子，双脚交叉互扣。

步骤二：臀部用力，让双腿上下交互往返。

步骤三：重复动作10~20次。

步骤四：交替双脚重做10~20次。

臀部健美操(10)下蹲跳起

步骤一:双脚站距同肩宽,两臂抱于胸前。

步骤二:下蹲至膝关节呈 90°,垂直向上蹬起。

芭蕾舞步

步骤三:每组 10 次左右,做 3 组。

臀部健美操(11):芭蕾舞步

步骤一:两脚分开站立,比肩稍宽,脚尖朝外,尾骨处下沉,臀部收紧。

步骤二:双臂抬起,向前伸展开。

步骤三:往下蹲,成马步,并保持双臂与肩同高。在保持身体舒适的情况下,尽量放低身体,但不要使膝盖弯曲超过脚尖。

步骤四:保持这个姿势 5 秒钟,然后恢复到预备动作。

步骤五:重复这个动作 10 次。

步骤六:第 11 次蹲下时,坚持 20 秒。

臀部健美操(12):向侧滑步

步骤一:两脚并拢站立,双臂置于身体两侧,将身体重心移至右腿。

步骤二:稍稍弯曲膝盖,将左脚置于一块毛巾上,脚尖朝下。

步骤三:双臂抬起向前伸直,用毛巾帮助左腿慢慢向外侧滑动,心里默数 5 秒。

步骤四:将腿滑动至不会感觉不适的最远距离,再将腿抽回,移至初始位置,默数 5 秒。

步骤五:重复这个动作10次,换右腿再做l0次。

臀部健美操(13):伸腿提臀

步骤一:两脚分开站立,与肩同宽,脚尖向前。

步骤二:将左脚置于右膝内侧,双臂于身前自然下垂。

步骤三:左腿向后伸展,双臂分别向两侧伸开,脚离地不应超过10英寸高度,以保持身体平衡。

步骤四:恢复预备动作,并如此重复做10次。

步骤五:换腿再做10次。

剪刀跳

臀部健美操(14):剪刀跳

步骤一:右腿屈膝向前迈出,使膝盖与脚踝成直角。

步骤二:左膝向下,至膝盖轻轻着地。

步骤三:两脚蹬地,向上跳起。

步骤四:在空中换腿,落地时呈左腿向前迈出姿势。

步骤五:此动作重复10次。

臀部健美操(15):螺旋蹬腿

步骤一:面向左侧躺倒,将头部靠在伸直的左臂上。

步骤二:右掌于胸前着地,作为支撑。

步骤三:右膝盖向胸部移动,臀部轻轻转动,使膝盖朝向地板。

步骤四:调整足部动作,使脚后跟指向天花板。

步骤五:用大幅度动作抬起和放下左腿。

步骤六:坚持做20次,再换另一侧同样做20次。

臀部健美操(16):旋转胯部

步骤一:两腿分开站立,比肩稍宽。

步骤二:将双手置于臀部,向前、向后、向左、向右,大幅度旋转胯部。

步骤三:再上下摆动,直至感觉肌肉全部放松。

臀部健美操(17):侧跨腿

步骤一:右侧卧,右臂屈肘呈直角,手心向下。

步骤二:左手掌在齐腰处扶地,支撑大腿用力使身体离开地,上体和腿在一条直线上。

步骤三:放下大腿,并右侧躺下。

步骤四:重复10次。

步骤五:左侧卧,在另一侧做同样动作10次。

臀部健美操(18):用臀部"行走"

步骤一:坐在地毯上,膝盖伸直,手向前伸展。

步骤二:抬头,伸右手,并以臀部移动带动右腿,向前移动。

步骤三:用左手和左腿做同样的动作,这样向前移动两三次逐渐加大距离。

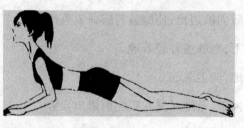

俯卧侧转身

臀部健美操(19):俯卧侧转身

步骤一:趴在地上,双腿靠拢。

步骤二:抬头,挺背,稍屈双肘,撑地,快速向左转不能再转为止。

步骤三:同时使腿做"立剪刀"动作。

步骤四:用手掌撑地恢复原位,并使双腿靠拢。

步骤五:向左做同样动作。

步骤六:在每边重复10~20次。

臀部健美操(20):徒手挺髋蹲

步骤一:一只手抓立柱或固定物,另一手叉腰。

步骤二:两脚平行站立与髋同宽,缓慢屈膝挺髋下蹲,踮起脚跟。

步骤三:伸腿起立,还原到直立姿势。

臀部健美操(21):斜蹲器挺髋蹲

步骤一:两脚站立与肩同宽,肩顶肩托,手握把端。

步骤二:缓慢屈膝挺髋下蹲,跃起脚跟,髋和膝前呈身体倾斜状。

步骤三:上体尽量下降至臀部触及脚后跟,大腿肌肉充分伸展,然后伸腿起立还原。

臀部健美操(22):提臀抱踝

步骤一:仰卧,双臂置于体侧,调整呼吸。

步骤二:吸气,屈双膝,脚跟尽量接近臀部。

步骤三:呼气,双手抱脚踝,缓缓地把身体抬离地面,收紧臀部肌肉,保持30秒,自然地呼吸。

步骤四:慢慢呼气,身体落下还原到仰卧姿势,再重复做一遍。

臀部健美操(23):侧卧拉伸

步骤一:侧卧、右侧大臂着地,右手托脸侧面,调整呼吸。

步骤二:吸气,屈起左腿,左手抓住左脚。

步骤三:呼气,左手向上拉起左腿,左膝绷直,保持数秒,自然地呼吸。

步骤四:还原落下,重复3次后,换另一侧再做。

臀部健美操(24):俯卧后抬腿

步骤一:俯卧,下巴着地,双手握拳置于体侧。

步骤二:将掌心朝上,放于大腿根处。

步骤三:吸气,收紧臀肌,用力向上抬高双腿,脑门贴地,双臂用力压地。保持10~20秒,自然地呼吸。

俯卧后抬腿

步骤四：呼气，腿落下还原，下巴着地，深呼吸一次。

步骤五：反复做以上动作10~20次。

臀部健美操（25）：站立高抬腿

步骤一：站正，调整呼吸。

步骤二：吸气，屈左腿向后抬，左手抓住左脚，右臂向上伸直。

步骤三：呼气，左手拉起左腿向上伸展，右臂前伸维持平衡。保持20秒钟，自然地呼吸。

步骤四：呼气，还原到站姿，换腿再做。

步骤五：左，右各做10~20次。

五、健身操打造纤纤细腿

如果没有一双纤细、修长的美腿，尽管其他身体部位比较匀称，也不会拥有理想的完美曲线。瘦腿健身操适用于大多数腿部肥胖、曲线不美的淑女。这些动作简单易行，容易操作。能够让你在健康运动中拥有修长、笔直的双腿，让你的身材更加匀称窈窕。

1.双脚垫脚操

具有紧缩小腿肚的效果。重点在于手臂不可弯曲，利用饮水瓶的重量保持平衡,一边抬起双脚的脚后跟。

步骤一:双手各拿一个饮水瓶,两手臂自然下垂于身体两侧。双脚稍微张开,伸直背脊站立。

步骤二:一面吐气,一面慢慢抬起双脚脚后跟;当脚跟抬高后,再一面吸气,慢慢放下脚跟。重复 10 次。

2.单脚垫脚操

这种体操比双脚垫脚操稍困难些,不过对紧缩小腿肚有非常好的效果。

步骤一:将椅子摆放在身体前面,左手自然下垂,伸直背脊站立着。右手抓住椅背,作为支撑,将右脚抬起,只用左脚单脚站立。

步骤二:一面吐气,一面慢慢抬起右脚脚跟,等抬高脚跟后,再一面吸气、一面慢慢放下脚跟。边换气边做相同动作。重复 10 次。

3.空中蹬自行车

让腿部在活动的同时,使肌肉更加紧实,腿部的线条也更加优美。

步骤一:每天睡前蹬 100 下,有固定的节奏,不要一下快一下慢,速度适中就可以了,专心蹬,不想别的就不会觉得累了。

步骤二:蹬完后不要马上放下,保持预备姿势,把两腿并拢,向上直直地伸向空中,膝盖不要弯曲,脚尖绷直。坚持 3 分钟,然后慢慢放下。

步骤三:做完以上动作,整条腿都会有些酸麻,这时记得一定要好好按摩一下腿部!

这个动作可能会比较辛苦,若不适应,可以每次先做 50 下。

4.弯背摆臂

步骤一:站立,两脚大约与肩同宽,腿稍微弯曲。吸气,两臂向前伸。

步骤二:两臂伸到高点后,自然向后甩,两手轻握拳头。注意不要弯双臂。

步骤三:呼气,以髋部做支点,背部弯下,两臂摆在头的两侧,脸朝下,注意背部

·美容美体·

图文珍藏版

弯背摆臂

和颈部应该保持平直。做腹部呼吸,就是在吸气时腹部用力鼓胀,在呼气时腹部用力内缩。整个骨盆应该积极地向后伸展,以延长腰背。

步骤四:维持这个动作半分钟,保持均匀缓和的呼吸。最后彻底地呼气,然后吸气,慢慢地起来,呼气,两臂放回体侧,闭眼休息。放松髋关节和大腿,同时放松背部和肩膀。

完成这个动作后就应该觉得大腿有伸拉和酸痛的感觉,腹部感觉微热,这说明双腿得到了良好的锻炼,正在发生神奇的改变。

5.瘦掉大象腿操

通过正确的坐姿,改变大象腿。

步骤一:坐在椅子上,双腿伸直,和地面保持平行。

步骤二:将脚掌下压,不要贴到地面,保持10秒钟左右。

步骤三:勾脚尖,向内、外侧绕环,做10次。

步骤四:双腿上下交叉10下。

6.四个瘦腿操

此项运动的训练目标是腿窝、大腿外侧和小腿。

瘦腿操(1):门把手蹲坐练习

站立面对敞开门的狭窄边缘,两腿分开同肩宽,背后放一凳。伸直双手,每只手抓紧一个把手。当你慢慢数到10的过程中,降低你的身体直至碰到凳子,但不要坐下,停顿一下,起身站立再数到 10。定时 100 秒。重复以上动作直到时间达到。

此项运动的训练目标是腿窝。

瘦腿操(2):侧躺提腿

侧躺提腿

侧躺在地上,右手前伸撑地起支持作用。慢慢数到 10 的过程中,向上举起左手并提起左腿和地面呈 80°角,再恢复。做另一组前先按摩臀部和大腿肌肉。定时 10 秒。重复做,直到时间结束。

此项运动的训练目标是大腿外侧。

瘦腿操(3):单腿弯曲

在你脚踝上固定一个约 1 斤的重物,双脚并拢站起身。双手伸直向前倾斜,把两手放在身前一臂距离的凳子靠背上。慢慢数到 10 的过程中,弯曲绑上重物的腿,抬高脚踝至腿与身体垂直,暂停,按摩腿窝并放下腿。定时 10 秒。换一个脚继续,重复直至时间到为止。

此项运动的训练目标是腿窝和小腿。

瘦腿操(4):提脚后跟

定时 100 秒。面对墙站立,双脚平行同肩宽。脚下放一块毛巾,然后固定你的手臂双掌靠在墙上以获支撑。慢慢数到 10 的过程中,抬起脚后跟离地,即踩在毛巾上踮起脚尖。站立 10 秒并按摩小腿肌肉,放下脚跟再做一组 10 秒。重复直至时间到。

此项运动的训练目标是小腿。

7.矫正 O 形腿、X 形腿操

通过简单的运动,让你的双腿变得修长、笔直,彻底远离 O 形腿、X 形腿的困扰!

矫正腿形操(1):紧实大腿运动

步骤一:坐在椅子 1/3 处,腰杆挺直身体向上伸展。

步骤二:双手置于座椅两旁,左脚抬起向前,脚尖朝上。

步骤三:还原换边重复 8~12 下,共 3 次。

矫正腿形操(2):腿内侧运动

步骤一:坐在椅子 1/3 处,双手手肘置于大腿内侧。

步骤二:双手手肘用力往外撑,大腿用力向内收。

步骤三:形成抗力停留 5~10 秒。

步骤四:重复 2~8 下,共 3 次。

扭脊梁功

8.扭脊梁功

这套动作对于瘦大腿有很好的效果,同时也能瘦手臂。

步骤一:选择一块宽敞坚实的场地坐下,两腿伸直并拢,呼吸均匀,腰部保持平直。

步骤二:左脚跨右腿,脚底贴地,紧贴右小腿外侧。

步骤三:右肘或者右上臂的外侧抵住左膝的外侧,前臂往下伸直,拿住右膝。吸气,左臂伸直往身后转动,这时手臂应该尽量往后延伸,手掌放在臀后,手指朝后。

步骤四:慢慢地呼气,同时向左侧扭躯干。扭动到极点后,保持姿势,轻柔地呼吸,在每次呼气的时候,可以稍增加扭转的幅度。注意扭转的动作是由腹、腰和髋部带领的。脖子和躯干的其他部分仅仅随着同一方向扭转,不应过度用力。左臂用力地压撑膝盖会有助于进一步地扭转。

步骤五:躯干慢慢地回正中,然后交换左右边的体位,同样按照上面的方法做。这样的动作每边尽量坚持1分钟左右,如果觉得勉强,可以按照自己的极限来坚持。

步骤六:躯干慢慢回正中,松开腿和臂,闭眼休息。依次放松大腿和髋关节,放松背部,放松腹肌和肋间肌,调整一下呼吸就可以了。

9.日常美腿操

如果你无法抵抗美食的诱惑,又想保持身材的匀称,就得勤奋锻炼。利用看电视的广告时间、上班午休,乘车等琐碎时间做瘦腿运动吧。

美腿操(1):消除膝关节脂肪,重塑纤小膝盖

临睡前或晨起3分钟,平躺在地面上,双手置于身侧,上半身尽量放松。双腿弯曲抬起,做蹬自行车的动作前进式45次,再做后退式45次。

美腿操(2):紧实大腿内侧及小腿外侧肌肉

在家看电视时5分钟,双手交叉自然放于身前,注意在动作的过程中保持双臂双手不用力。双腿分开稍比肩宽,深吸气,踮起脚尖;然后呼气,同时尽量下蹲,两腿向外分开。伴随深呼吸重复动作20次。

美腿操(3):雕塑精巧的脚踝

任何站立条件下2分钟,双手叉腰,双腿分开与肩同宽。吸气同时踮起脚尖,保持姿势约15秒钟,伴以轻柔匀速的呼吸;然后放下脚后跟。重复5次。

美腿操(4):细脚踝踮脚尖

等车的时候(踮起脚尖做翘首状),工作的时候(站起来,手扶办公桌,收腹,尽力提高脚跟再放低,但不要着地。做3分钟),上楼梯的时候(以前脚掌踩楼梯,后

脚跟悬空)。

美腿操(5):拉长腿部肌肉

午休时间 5 分钟,双手叉腰,右腿向前跨一大步,左腿伸直,脚跟尽量着地,保持 15 秒钟。然后回复站立姿势,换腿做。重复 10 次。

美腿操(6):让腿部肌肉线条更优美

在清晨的阳光下自然站立 5 分钟,右脚顶住左腿的大腿内侧,站稳后,双手合十,向上伸直,身体尽可能地向上延伸。

10.消脂操

该操可消除腹部、大腿多余的赘肉,调整自律神经,增强腿部力量。

消脂操

步骤一:准备动作,仰卧,手肘把身体撑起来。

步骤二:左手攀着右脚尖(膝盖要伸直),身体抬起,右手放在地下。

步骤三:左腿慢慢抬起来,慢慢还原之后再做相反动作。

11.美腿功

通过伸展,使腿部得到充分锻炼,变得纤细。

步骤一:双脚一前一后站立,后脚跟抬起。然后在上身和脚后跟保持垂直的状态下弯曲双腿。

步骤二:双脚分开站立,背部必须一直保持挺直,然后弯曲膝盖,臀部翘起。

步骤三：双掌贴墙，站立，双脚并拢。其中一腿往后抬高，设法让脚后跟触碰到臀部。

步骤四：两臂下垂，一腿屈膝下蹲，背部保持挺直；另一腿向后伸，直至与地面平行。

步骤五："跨步走"。向前大跨一步，直至后膝离地面 15 厘米左右，然后再向前迈另一腿。

六、街舞瘦身

街舞是风靡一时的健身项目，比其他运动项目更酷，深得青少年的喜爱。街舞（英文名字 Hip-Hop）最早起源于美国纽约，是爵士舞发展到 20 世纪 90 年代的产物。它的动作是由各种走、跑、跳及其变化，以及头、颈、肩、上肢、躯干等关节的屈伸、转动、绕环、摆振、波浪形扭动等连贯组合而成的。各个动作都有其特定的健身效果，既注意了上肢与下肢、腹部与背部、头部与躯干动作的协调，又注意了组成各个环节的各部分独立运动（比如：一个上臂动作的完成是从手指、手掌、前臂，直到上臂与肩部的各种活动的有机结合）。

因此，街舞不仅具有一般有氧运动改善心肺功能、减少脂肪、增强肌肉弹性、增强韧带柔韧性的功效，还具有协调人体各部位肌肉群，塑造优美体态，提高人体协调能力，陶冶美感的功能。

街舞在两个相邻的强拍动作之间的弱拍上，也增加了动作（有时甚至增加两个动作），这就使街舞的节奏比健身操快了许多，并有极强的节奏感。

不少朋友都觉得街舞是年轻人的运动，担心自己学不了。其实，街舞对年龄的要求并不严格，在健身房里，既有 8 岁的小娃娃，也有快要退休的老大姐，谁都没有在动作上落后。街舞明显的瘦身效果对年龄较大、身体"发福"者吸引力更大，往往一堂课下来，大家一面抹着汗，一面说舒服。

街舞属于有氧运动，根据美国运动医学会建议，每周应运动 3~5 次，每次运动 30~60 分钟，减肥的效果才比较明显。有资料显示，在街舞锻炼过程中，随着时间的延长,脂肪的供能比例也在增大。如:在 40 分钟、90 分钟、180 分钟连续运动时,脂肪的供能分别占总耗能的 27%、37% 和 50%,想达到更好的减肥效果,就应适当延长锻炼时间,并且持之以恒。

初学习街舞时,切不可一下子就加大运动量,要循序渐进。通常是先做热身活动,将身体的各个关节、韧带,尤其是膝、踝关节要充分活动开,以免跳动时损伤;以后进入一定强度和时间的练习,最好不要少于 30 分钟;最后采用各种伸拉练习使身体放松。这样三个步骤才能取得较好的瘦身效果。

七、跳舞机

跳舞机最早起源于日本,是曾经推出枪战游戏"魂斗罗"的 KONAMI 公司的最新产品。

跳舞机是一种大型的电子游戏机,内存数套游戏模式和另类音乐的程序,根据高、中、低三个难度不断涌现的指示箭头在屏幕上指导舞者的步法。舞者只要站在屏幕前的台子上紧盯着指示箭头做到"眼明脚快"即可,脚下亮灯区域同屏幕上的指示箭头是相吻合的,只有踏对区域时才能"熄灯"得分,连续踏错舞曲就会中途"死掉",一支曲子大约是 3 分钟时间,需投币 3 枚才能启动,难度选择分为 1 脚、2 脚至 8 脚不等。

1.常见舞步

(1)自由式。舞步没有规律,自由想象,自由发挥,重心脚也可随意更换,但对于不熟练跳舞机者,脚步命中率可能不会太高。

(2)关东式。因步法起源于日本的关东而得名,方法是将自己的一只脚作为中心脚停留在某个箭头上,使用另一只脚击打周围箭头。关东式的命中率较高,体力消耗少,但舞姿略显呆板。

(3)关西式。因步法起源于日本的关西而得名,在单向输出时总有一只脚停留在中心位置,得用小幅度的跳跃来增强跳舞时的节奏感。优点是在音乐节拍较为缓慢时能保持较高的命中率,舞姿也显得生气十足,但一旦箭头连续出现时则容易出现失误。

(4)十字游走式。把踩完箭头的脚停留在刚踩过的箭头上,用另外一只脚跳下一个箭头。舞步潇洒,命中率高,体力消耗也不大。但是换脚要选好落脚的位置。

(5)人机合一式。这是玩跳舞机的最高境界,必须将跳舞机里面的箭头符号顺序都背下来,再熟练掌握前面介绍的几种步法,表演时可背对屏幕,面对观众,尽情展示。

2.跳舞毯

跳舞毯是跳舞机的一个变种,其实就是一块充气的塑料布,毯上有四个方向的指示箭头和四个禁区箭头,把它的电子感应接口与家用电脑或游戏卡终端接口连接起来,再装上一张配套的光盘,舞者就可一边看着画面指示,一边听着音乐跳舞了。

跳舞毯与计算机连接时,计算机的内存须 64MB 以上,硬盘运行空间须 100MB以上。市面上也有可与电视连接的跳舞毯。

第四节　饮食瘦身

一、饮食瘦身常识

有规律的生活方式,合理的饮食习惯,可以使女性保持身心健康和良好的工作精神状态,更好地迎接激烈的竞争,承担起家庭的责任。

(一)饮食瘦身原理

1.脂肪的分类

脂肪分为中性脂肪和类脂。中性脂肪即甘油三酯,是猪油、花生油、豆油、菜油、芝麻油的主要成分。类脂指磷脂、胆固醇和脂蛋白等。脂肪细胞的组成是:脂肪80%,水18%,蛋白质2%。

2.脂肪的来源

脂肪主要来源于糖类、动物脂肪、植物油和体内摄入的多余热量。

糖类分为单糖类、双糖类和多糖类。单糖类存在于水果、蜂蜜中。双糖类,存在于蔗糖、麦芽糖、牛奶、糖果和甜食中。多糖类存在于谷类、米、面和土豆中。单糖类和双糖类食物极易被人体吸收,大量摄入会引起血糖升高,也容易转化为脂肪而引起脂肪升高。相反,多糖类食物,须经过消化缓慢吸收有利于转化为能量供人体使用。

糖类被人体利用有以下四种细胞组织的重要物质:作为糖元储藏于肌肉中,成为肌肉活动的能量来源;分解为氨基酸;剩余的糖转化为中性脂肪储藏于脂肪细胞中。

动物脂肪中含较多的饱和脂肪酸。植物油中含较多的不饱和脂肪酸。体内摄入的热量过多,长期超过人体活动所消耗的热能时,多余的热能将转换为体内脂肪,储存于脂肪细胞内。

3.脂肪的用途

食物中含有过多不饱和脂肪酸时,人体便不能自行合成,但对人体的生长和健康有重要的作用。磷脂和胆固醇等是人体细胞的重要组成部分。脂肪的代谢产生热能,有助于维生素A、维生素D、维生素E、维生素K等的吸收,供生命活动,因为它们都溶解于脂肪。胆固醇是细胞膜的重要成分,是合成维生素D的原料,维生素D和人体骨骼发育有关,是合成胆汁酸的原料,而胆汁用于消化吸收脂肪,是体内合成激素的原料。

4.人体脂肪含量

女子脂肪含量为:正常情况下是15%~25%;超重情况下是25%~30%;肥胖情况下是30%以上。

5.脂肪的堆积

在新陈代谢过程中,多余的脂肪会在体内堆积起来,身体的脂肪就会由薄变厚。女性的激素将使脂肪堆积于臀部、髋部和大腿处,使身体成梨形。腹部的脂肪可以由于短期节食、疾病、运动等因素分解进入血液循环,容易减掉。

但血液长期脂肪含量过高,会随血液循环在心脏和血管壁堆积,对健康不利。而在髋部、臀部、大腿处的脂肪会被脂肪细胞牢牢抓住,不易分解进入血液,不容易被减掉。当然这些地方的脂肪对心脏、血管健康的危险就小了。

二、瘦身食物选择

1.人体正常生活必需的营养素

这些营养素包括蛋白质、维生素、无机盐、食物纤维、脂肪以及水分。蛋白质(动物蛋白和植物蛋白)用于人体的生长发育;维生素维持生理功能和人体的免疫力;无机盐是细胞的基本成分,调节生理功能;食物纤维利于肠道消化;脂肪提供热量和脂肪酸。

2.可用食物类

谷类、面类、土豆、白薯每日约200~300克,粗粮和细粮混合食用;蔬菜类每日400~500克,烧的时间不要过长;水果类限量食用;瘦肉类、鱼、虾、鸡肉类150~200克;蛋类限量食用;乳品类限量食用,脱脂乳品可用。

3.忌用和少用食物类

包括煎制品、肥肉、油煎蛋类、奶油、黄油及制品;种子类,如瓜子、花生、榛子等;糖果和饮料,如甜食、咖啡、酒等:

4.公认的瘦身食品

(1)牛奶。牛奶含有丰富的乳清酸和钙质,它既能抑制胆固醇在动脉血管壁沉积,又能抑制人体内胆固醇合成酶的活性,减少胆固醇产生。

葡萄、葡萄汁与葡萄酒一样含有一种白黎芦醇,是能降低胆固醇的天然物质。动物实验也证明,自黎芦醇能使胆固醇降低,还能抑制血小板聚集,所以葡萄是高脂血症美容者最好的食品之一。

·美容美体·

图文珍藏版

（2）苹果。苹果因富含果胶、纤维素和维生素 C,有非常好的降脂作用。如果每天吃两个苹果,坚持一个月,大多数人血液中的低密度脂蛋白胆固醇(对心血管有害)会降低,而对心血管有益的高密度脂蛋白胆固醇水平会升高。实验证明,大约80%的高脂血症美容者的胆固醇水平会降低。但苹果不宜长期多吃,否则会引起大便秘结。

（3）大蒜、洋葱。大蒜是含硫化合物的混合物,可以减少血中胆固醇和阻止血栓形成,有助于增加高密度脂蛋白;洋葱含前列腺素 A,这种成分有舒张血管、降低血压的功能。它还含有稀丙基三硫化合物及少量硫氨基酸,除了降血脂外,还可预防动脉硬化。40 岁的人要多吃点。

（4）韭菜。韭菜除了含钙、磷、铁、糖和蛋白、维生素 A、维生素 C 外,还含有胡萝卜素和大量的纤维素等,能增强胃肠蠕动,有很好的通便作用,能排除肠道中过多的营养,其中包括多余的脂肪。

（5）冬瓜。经常食用冬瓜,能去除身体多余的脂肪和水分,起到瘦身作用。

（6）胡萝卜。富含果胶酸钙,它与胆汁酸磨合后从大便中排出。身体要产生胆汁酸势必会动用血液中的胆固醇,从而促使血液中胆固醇的水平降低。

（7）海产品。海带富含牛黄酸、食物纤维藻酸,可降低血脂及胆汁中的胆固醇;牡蛎富含微量元素锌及牛黄酸等,尤其是牛黄酸可以促进胆固醇分解,有助于降低血脂水平。

（8）燕麦。燕麦含有丰富的亚油酸和皂苷素等,可防治动脉粥样硬化。

（9）玉米。玉米含有丰富的钙、磷、硒和卵磷脂、维生素 E 等均具有降低血清胆固醇的作用。印第安人几乎没有高血压、冠心病,这主要是得益于他们以玉米为主食。

另外,其他富含纤维素、果胶及维生素 C 的新鲜绿色蔬菜、水果和海藻,诸如芹菜、甘蓝、青椒、山楂、鲜枣、柑橘以及紫菜、螺旋藻等,均具有良好的降脂作用。

5.必须控制的食物

主食类,包括米、面粉、糕点等;糖分,包括砂糖、蜂蜜、糖果、甜味饮料(可乐,汽水饮料)、口香糖等;酒类,包括啤酒、黄酒、葡萄酒、白酒等;水果,包括含有高果糖的水果,如西瓜、香蕉、梨、葡萄、枇杷、桃等。

(三)饮食瘦身误区

1.营养太多导致肥胖

瘦身就要和鱼肉蛋奶说再见,这真是误区。有些人之所以肥胖,并不是单一的营养聚集,而是因为饮食中缺乏能使脂肪转化为能量的营养素。而含有这些营养物质的东西往往是一些想瘦身者不愿问津的奶类、花生、蛋及动物肝脏和肉类。

2.饮水会使人发胖

瘦身期间水要少喝,这个观念真是大错特错。饮水不足会引起机体不断积储水分作为补偿,并使体内更容易积聚脂肪,饮水不足还可能引起人体代谢功能的紊乱,导致人体能量吸收多、释放少。瘦身的女性千万别忘了,水是生命之源,人体的70%都是水。

3.吃辛辣食物可以瘦身

有人觉得吃辣可以瘦身,于是顿顿不离辣酱红油。究其思想深处,原来是泰国、印度等国家很少出胖人,于是便推断出这与他们平日嗜辣有关。

确实,吃辣后容易流汗,而且吃一点点辣就会使人有饱的感觉,这就加深了人们对吃辣瘦身的相信度。但是,女士们有没有考虑过,长期吃辣会影响胃部机能,有胃痛甚至胃出血的危险。还有,吃太多刺激性食品会使皮肤变粗糙,有人因此而冒出满脸暗疮,美好的嗓音也变得哑起来,有点得不偿失。

4.饮食越清淡越好

这是一个很流行的说法,总觉得人应该整日"粗茶淡饭",饮食愈清淡愈好,以为这样做可以减少胃肠负担,容易消化,还可以防止心脏病的发生。但是最新观点认为,过分清淡会降低体质,疾病反而容易侵袭人体。即使是患有心脏病的老人,也不必强求饮食清淡。

那么,真正符合人的饮食应是什么呢? 综合国外多方资料表明:这类食物中的维生素、蛋白质、糖、微量元素等成分必须互补存在,有复合营养的特征。

荤素相间的饮食可增进人的新陈代谢,延缓衰老,促使组织细胞的结构完全,以提高抗病能力。可以以大米、面粉或杂粮为主食,菜肴以瘦肉以及各种蔬菜为主。每日喝豆浆或牛奶,鲜鱼、虾、海带等可根据自己的口味特点,选择食物做成可口的各式菜肴下饭。

5.食物中含纤维素越多越好

有些医生建议人们应多进食纤维素多的食物,认为食物中纤维素越多越好。其实,这是错误的。

因为纤维素在大肠中不但吸收有害物质,而且还会大量吸收钙、铁、镁、锌等对身体有益的元素。要知道这些元素参与人体多种生理活动,是十分重要的矿物质,缺少了会造成对骨骼、心脏、肌肉正常的收缩,以及降低身体抵抗力等严重后果。所以,过量进食纤维素对健康也是不利的。营养学家建议,健康的成年人每天摄入的纤维素以25～35克为宜。

6.吃泡饭有助于食物的消化

南方有些地方的人都喜欢吃泡饭,尤其是早餐,以为吃泡饭有助于食物的消化。从外观上看,确实泡饭要比焖熟的饭柔软一些,殊不知,吃泡饭会影响正常的消化程度和规律,有碍于食物的消化。因为泡饭进人口腔后,往往未来得及咀嚼,形成食糜团,就滑到胃里去了。这些未经充分咀嚼和初步消化的食物进入胃后,会加重胃的负担。

同时,泡饭中的汤和水要冲淡胃液,影响胃的正常功能。所以说,吃泡饭不仅无助于食物的消化,反而对胃肠道的消化功能有害。

7.饭后一杯茶有助于消化

有的人喜欢饭后一支烟,这当然不好,可是以为饭后一杯茶,既洁口又助消化,岂不知也是无稽之谈。

科学研究表明:茶叶中含有大量单宁酸,饭后马上饮茶,使单宁酸这种物质进入肠胃,这样,刚吃下的食物中的蛋白质就会变成不易消化的凝固物质。再有,茶叶能抑制人对铁的吸收,如饭后饮用15克干茶叶冲泡的茶水,食物中铁的吸收最少会降低50%。所以饭后不宜马上饮茶,最好是饭后半小时之后再饮茶。

8.奶油蛋糕是用奶油做的,吃了会发胖

顾名思义，很多人都觉得奶油蛋糕一定都是奶油做的，其实不然。我们平常见到的蛋糕中，除了有一种用奶油挤铺奶油花制成的名副其实的奶油蛋糕（这种纯奶油蛋糕会使人发胖）外，还有另外两种"准"奶油蛋糕，则不易使人发胖。

一种是用人造奶油（一般由植物油脂制成）或奶油与人造奶油混合，在蛋糕上挤铺奶花而成，这种蛋糕奶味略差。还有一种确切地讲应该称作奶白蛋糕，它所谓的"奶油"是把蛋白打搅发泡，加入白糖制成的。这种蛋糕缺少奶味，吃起来不易产生腻感，是一种大众化的西式糕点。

9.吃水果越多越好

水果中含丰富的维生素、各种无机盐如钙、磷、铁、碘以及多种氨基酸，因此，是人们日常生活中不可缺少的营养品。但是水果也并非像我们认为的那样吃得越多越好。例如，李子、杏、梅子、草莓中含有金鸡纳酸、安息香酸和草酸，这些"酸"在人体内不易被空气氧化分解掉，结果经代谢作用后所形成的产物仍然是酸性物质，会使人体内的酸碱失去平稳，多食了还会中毒。因此，凡是没有成熟的水果和味道太酸的梅、杏、李等，都不宜多吃。

有一种称为"水果尿"的病就是因为过量吃水果后，水果中大量的糖不能全为人体所吸收、利用，而从肾脏排出，使得尿液发生变化所致。这种情况长期下去，可能引起肾脏的病理变化。

此外，从一些水果自身的性质来看，也是不宜多吃的。如多吃荔枝会导致"荔枝病"，使四肢冰凉、无力、腹痛等；梨性寒凉，多食会伤脾胃。

10.食肥肉会导致高血压

不少人担心食用肥肉导致体内血液胆固醇过高，引起动脉硬化，发生血压高、冠心病、肥胖症等，为此禁食肥肉，甚至达到"谈脂色变"的程度。其实，大可不必如此，有关专家通过实验研究证明：肥肉对人体有不少益处呢。

肥肉中含动物脂肪，其产生的热量比蛋白质和糖类都要高。我国的膳食结构是以谷类食物为主，以动物性食物为辅。由于这种膳食结构提供的热量不高，因此，摄取一些肥肉，可满足人体活动对热量的需要。

国外一些研究表明，人体必须摄入一定量的胆固醇，以提高血液中"噬异变细胞白细胞"的抗癌和杀死癌细胞的功能。肥肉中则能提供人体细胞必需的成分——磷脂与胆固醇。动物脂肪中的"脂肪蛋白"具有抗血管硬化功能。

为了防止血管疾病,对肥肉的摄取不宜过高。一般成人每日摄入 50 克左右比较安全。有关专家建议,10 份植物油加 7 份动物油,这样食用可保健康,达到延年益寿的目的。

11. 瘦猪肉是低脂肪动物

现在,人们喜欢吃瘦猪肉而不喜欢吃肥猪肉,理由是肥猪肉所含的动物脂肪太多了,其中胆固醇含量也高。冠心病、高血压、动脉硬化等心血管病人,更是忌吃肥猪肉。其实,将瘦猪肉视为低脂肪的食物,是人们的一种误解。

猪的瘦肉并不是低脂肪食物。尽管瘦猪肉的脂肪的确比肥猪肉少,但每 100 克瘦猪肉所含的脂肪高达 28.8 克,同样是瘦肉,其他动物的瘦肉中脂肪含量就少得多了。同样以 100 克重量计算,所含脂肪量是:瘦羊肉 13.6 克,瘦牛肉 6.2 克,而兔肉仅含 0.4 克。所以,要吃高蛋白低脂肪的食物,应选择鱼、牛、兔、鸡、鸭及豆类等食物,瘦猪肉只宜少量搭配。

二、养成良好的饮食习惯

知己知彼,百战百胜。瘦身第一步就是了解自己的现况,订立现实的目标,循序渐进地实行瘦身大计。节食和抑制食欲是很辛苦的事,但只要按原则实行,便不必过多地改变饮食过程,即可度过一段平稳减肥的时光。

(一)防止过食是减肥的基础

肥胖的根本原因,是错误的饮食方式,所以为了要减肥,必须要改善饮食生活。很多专家认为,肥胖者若是不能改善饮食生活,而采取其他疗法,是不可能根治肥胖的。

事实上,要改善饮食生活并没有那么困难,只要遵守一些基本原则就可以了。最重要的是,要了解肥胖的害处,认真考虑是否真的要努力脱离肥胖状态,而且这一点也不痛苦,人类本来必须摄取的食物还是保留,只是要杜绝异常的食欲,以自然的方法抑制肥胖者的心理,不为空腹感而烦恼就可以了。

胖子都是吃出来的,饮食习惯不好,也是造就胖子的原因。什么是不良的饮食习惯呢? 其实就是在饮食上太放任。

比如爱吃快餐。西式快餐是能吃进大量脂肪的最可能的方式,仅以炸薯条为例,每100克土豆在未炸制之前的脂肪含量只有0.1克,但土豆有极好的吸附油脂的能力,每100克炸好的薯条的脂肪含量高达6~7克,更不用说同时进食的肉类、高糖饮料及奶昔、冰淇淋等。一份典型快餐的热量是3000~5000千焦,而5000千焦是一个体重48千克的人一天所需要的热量。对比一算,仅依自己的口味爱好常吃快餐是不是容易发胖呢?

再如爱吃油炸食品或者含糖量、含油量极高的食品,如炸鸡类,各种蛋糕、点心等。这类食物一般都是香气四溢,质地口感俱佳,容易刺激人的食欲,这些都是高质食品,即份额不大而质量较高,同样数量的食物吃进去,100克白米粥和100克蛋糕所含的脂肪量差是2.6∶9.4。这样进食后的热量利用不完,储存起来势必使人发胖。

还有就是零食失控。人们一般对于冰淇淋、甜奶油食品有所警惕,但容易忽视的是膨化食品、甜饮料(果汁)、瓜子、饼干以及干果类食物,如100克栗子的热量是684焦,而核桃仁却是2800焦,倘若这核桃仁外面又有一层糖或者面粉包裹油炸了,热量会成倍地增长。

一般轻体力劳动者的糖类摄取量每天应在20克左右,但一罐可乐或果汁的含糖量已经超过了20克。日久天长,能不发胖吗? 尤其是有些人习惯在吃饭后坐在沙发上边看电视边吃零食,那么吃进的热量是绝对超过所需的热量。

防止肥胖最根本的是防止过食,防止过食也要从一点一滴做起。当人们看到香甜可口的美食,食欲油然而生,不自主地去进食,为了解决这个心理问题,应该将食品保存在看不见的地方,否则通过视觉虽然不饿也会被美食所诱惑征服,如果看不到就减少了想吃的机会。

此外,当用餐完毕应立即离开餐桌,否则会因为美食的诱惑而不能控制自己。

采购食品也是如此,当饱食以后去购买食品就会非常客观地根据需要加以选择;倘在饥饿的时候去购买食品,往往会购买过量。

要时刻注意不使自己进食过量,食不过量就可以避免营养过剩,这是减肥的基础。至于正确的进食数量的确定要根据每个人的体重、工作劳动强度所消耗的热能不同来具体地确定,饮食的种类不同热量亦异,可以通过千焦去加以计算,控制总热量的摄入,这是减肥的基础。

(二)吃荤与吃素并重

究竟吃素好呢,还是吃荤好? 有些人认为吃素食可以祛病延年,使人长寿;而另有些人则认为吃荤食可以使人体格健壮,精力充沛。其实是各有千秋,不可偏食。

素食多是粮谷蔬菜类,多为碱性食物,所以吃素食者人体血液也呈弱碱性;吃荤食者的血液往往呈现酸性,这是因为长期吃荤食,血液就容易因积累酸性物质而被"酸化"。血液呈现酸性会影响人体的新陈代谢。

另外,素食的脂肪多为植物性不饱和脂肪酸,不易因胆固醇造成血管壁增厚变脆,而罹患心脏病、高血压等病。此外,素食可以得到更多的粗纤维,有助于清除血管壁上胆固醇的沉积和促进肠蠕动,以便及时排除废物。这是主张吃素食者的观点。

而主张吃荤食的人们则认为素食所提供的营养素,特别是蛋白质、磷脂和某些无机盐的质量不足以满足人体生长发育和维护健康的需要,因此认为荤食比素食好。那么,究竟怎样对待荤素之争呢? 还是让我们从素食和荤食在所含营养素的区别上来分析吧。

首先,素食与荤食的最大不同,主要是蛋白质质量上的差别。肉类、蛋类、奶类的蛋白质都是完全蛋白质,含有人体所必需氨基酸,是优质蛋白质。而素食中的植物性蛋白质除大豆外,其他所含必需氨基酸都不完全,质量较差。所以素食蛋白质不如荤食蛋白质质量好。

其次,动物性食物所含的钙比植物性食物要好。例如,奶类含钙量不仅丰富,而且容易被人体吸收利用,是一切钙类最好的来源。

素食中的植物多含维生素 C 和胡萝卜素,而荤食中往往缺乏;而荤食中的鱼类、肝类、蛋类则含有素食中所缺少的维生素 A 和维生素 D。另外,荤食含粗纤维很少,而素食却很丰富。

从以上比较可以看出,荤食中蛋白质、钙、磷、脂溶性维生素优于素食;而素食中不饱和脂肪酸、维生素和粗纤维又优于荤食,两者各有所长,又各有所短。所以,荤食、素食应当搭配,取长补短,才有利于健康。

(三)一天两餐制

每天前两餐合计吃 3750 千焦的热量,早餐和午餐各吃多少焦的热量,可自行决定;要吃什么食物,也自由选择,但要吃齐四大类食物,还要热量、油量、蛋白质(肉类)等三项不超标,每餐有颇大的选择食物的空间;晚餐亦然。

每餐热量定好后,食谱可自行斟酌,而且富于变化,这样的节食法,较能长期维持,故成功的机会最大。

肥胖的人虽未必一定有肠胃问题,但毫无例外,其功能都不够健全。因为肥胖会造成体内积滞大量老旧废物,对解毒器官造成重大的负担。

要使胃肠功能健全化,最重要的便是休息,而最能使胃肠休息的方式,就是减少食量,所以要改成一天两餐——早餐和晚餐或午餐和晚餐。

不吃午餐的两餐制重点在于早餐要吃好吃饱,白天活动较频繁,能量和营养需求大,早餐应尽可能地提供全面、足量、优质的食物营养。

不吃早餐的一天两餐比较适合现代生活。现代生活中人们习惯于晚上熬夜,所以早上的消化力较差,至于一天活动的能量,在前一夜的睡眠中已有所储存,因此,如果不吃早餐,身心还是能够维持快节奏的活动。但如果上午的体力或脑力活动过于频繁,如对于学生、教师一类群体,这种就餐的方法就不适宜了。

现代生活中,夜生活的内容逐渐丰富,晚上的能量和营养消耗也逐渐增多,因此,如果不吃晚餐,午餐很难满足人体从正午到午夜的能量和营养需求,所以不吃晚餐的两餐制不可取。

（四）充分咀嚼食物

实验证明，充分咀嚼食物对减肥很有效果。咀嚼之所以有效，最重要是因为充分咀嚼过的食物，在胃中呈容易接受胃液作用的状态。食物充分接受胃液的作用后送到肠内，再加上肠液、胰液与胆汁的作用，就成为有用因子被吸收。彻底咀嚼不仅可治疗肥胖，也可使胃肠机能健全化。

充分咀嚼会很快产生满腹感，食量自然减少。没有空腹感，可轻易达成节食的目的。例如充分咀嚼可体会到糙米饭真正的原味，渐渐就不再喜欢动物性蛋白食品、白砂糖、加入食品添加剂的加工食品等有碍健康的食物了。

不只糙米，充分咀嚼荞麦、蔬菜、鱼贝类等其他食品，也可体会独特的味道，更提高营养效果。

（五）不要贪食甜食

饮食是需要加以选择的，所谓"食不厌精，脍不厌细"并非仅仅是对食物色、香、味的需要，其中也包括对食品营养成分的肯定。假如我们不注意这个问题，认为吃什么都有营养而无害处，那就大错特错了。俗话说"糖甜不如蜜"，在生活贫苦时期，吃块糖就是一种享受，甜的食品似乎是最好的。但是现在我们知道，在糖的甜蜜之中隐藏着对人体健康的威胁，在日常饮食中，偏爱甜食有种种弊病。

1.甜食易导致高血压

摄入过多的糖，会刺激人体内血中胰岛素水平升高，刺激茶酚胺分泌，使交感神经活性增高，直接引起血管紧张度增高，形成高血压。

2.甜食易导致肥胖

食糖过多，剩余部分会转化为脂肪储藏起来。尽管胖一点儿也没有什么事儿，但肥胖是众多疾病之源。

3.甜食易导致骨质疏松症

进食大量的糖类，在人体内会产生大量中间产物如丙酮酸、乳酸等，使机体呈酸中毒状态。为维持人体酸碱平衡，体内的碱性物质钙、镁、钠就要参加中和作用，大量钙被中和,会使骨骼脱钙而出现骨质疏松症。

鉴于以上甜食的种种弊病,人体就会出现一系列症状。轻者为心理上的异常,如无由的烦恼、心绪烦乱、脾气暴躁、易于冲动、身体上出现头发变黄变白、全身骨骼酸痛;重者可导致高血压与肥胖症,而肥胖者又很容易患动脉粥样硬化、高血压、冠心病、糖尿病、乳房肿瘤等,一旦发病,又会有这些相关疾病的临床表现。

为了预防糖尿病、肥胖症、动脉粥样硬化、高血压和冠心病,应控制糖和含糖食物摄入量,"限糖节食"是应该记住的预防原则。

(六) 多饮水利减肥

水是人体维持正常生理功能必需的物质,一个健康的人每日除饮食中吸收一部分水外,还必须另外补充饮水 1000 毫升以上,保持水及电解质的平衡。天气炎热或劳动,运动出汗较多时,还要补充损失的水分。绝不能感觉到渴时再喝水,这说明身体中已缺乏水了。

水还有一个作用是促进脂肪氧化使之消耗,同时身体中代谢所产生的废物也必须由水将其排出体外,因此,水有利于健康并可加速减肥作用。

在减肥中要保证营养的平衡,可以节食但不能节水,怕饮水太多而引起肥胖是没有道理的,科学研究证明,多饮水就会使多余的脂肪氧化燃烧,只能消耗脂肪,而不会形成脂肪。如果饮水不足,不仅不利于减肥,同时可使血液黏稠,容易诱发心脏及脑血管疾病。为了身体健康,应保证人体有充分的水。

有研究表明,减肥节食同时减少饮水,体重下降了,其中减掉的脂肪占 13%,水分占 87%,当减肥节食时多量饮水,则减少脂肪 26%,水分占 74%,说明节食不节水对减除多余的脂肪有利。应养成饮水这一好习惯。

(七) 吃西餐时要慎重

在吃西点面包的时候,最好选择金枪鱼生菜三明治、酸奶或水果。吃三明治要多夹些蔬菜,面包要选择富含纤维素和矿物质的全麦面包。热狗、白面包、香肠、干酪等因为含有太多的糖分或油脂,热量高,又缺少微量元素和维生素,应该少吃或

·美容美体·

图文珍藏版

不吃。

玉米棒、蔬菜沙拉、土豆泥是适宜的食品。用蔬菜沙拉来代替炸薯条有很大好处。玉米棒中所含脂肪50%以上是亚油酸。还含有谷固醇、卵磷脂及丰富的维生素,纤维素比大米、面粉要高68倍。土豆中也含有丰富的蛋白质及糖类。少吃鸡腿汉堡、炸薯条,这些东西油腻且热量非常高。可乐富含糖分,是减肥者的大敌,喜欢喝也要少喝。

蔬菜比萨中的面饼含有足够的糖类,蔬菜中含有纤维素和维生素,而奶酪可以提供蛋白质和钙质。对比之下,奶酪比萨则过于油腻,是比萨饼里热量最高的一类。水果沙拉可以提供大量的维生素C,但不要多放沙拉酱。饭后甜点、咖啡或可可饼干虽然香醇可口,但含油含糖量太高,对健康十分不利,不宜选用。

(八)能清除体内污染的食物

1.鲜果、鲜暴汁

不经炒煮的鲜果、鲜菜汁是一种人体"清洁剂",它们能消除体内堆积的毒素和废物,因为当多量的鲜果汁或鲜菜汁进入人体消化系统后,会使血液呈碱性,把积存在细胞中的毒素溶解,由排泄系统排出体外。

2.海带

海带对放射性物质有特别的亲和力,海带中的胶质能促使体内的放射物质随同大便排出人体。从而冲洗放射性物质在人体内的积存。

3.绿豆汤

绿豆汤能帮助排泄体内的毒物,促进机体的正常代谢。

4.黑木耳和菌类植物

据研究,木耳和菌类植物可清洁血液和解毒,经常食用能有效地清除体内污染。

5.牛蒡

牛蒡能抑制真菌和葡萄球菌,有抗菌、消炎、降压、降脂等作用。能清除五脏恶气,抑制癌细胞生长。

三、调节饮食巧减肥

(一)从容减肥食谱

试试这一套食谱,是否可让你来一个从容减肥的体验!

早餐

(1)一个煮老的鸡蛋。

(2)300毫升葡萄汁(不加糖),也可食用新鲜葡萄。

(3)咖啡(不加牛奶和糖)或份量任意的柠檬茶(不加糖)。

午餐

(1)一个煮老的鸡蛋。

(2)牛肉、旗鱼、虾、不带皮的鸡肉中任选一种。

(3)半小碗生菜沙拉,可在胡萝卜、花菜、洋菇、小黄瓜、番茄、芦笋、菠菜中任选数种。如果你的沙拉都用绿叶菜,那就可以吃上一碗。

(4)300毫升脱脂或全脂奶,咖啡与茶(不加糖)份量不限。牛奶可在任何时间饮用。

晚餐

第一天:一个煮老的鸡蛋、水煮鱼、蒸芦笋、蔬菜沙拉、西瓜、咖啡或茶。

第二天:一个煮老的鸡蛋、煮羊肉、炒番茄、蒸青豆、一片苹果、咖啡或茶。

第三天:一个鸡蛋、烤牛肉、洋菇炖青豆、蒸萝卜、橘子或葡萄、咖啡或茶。

第四天:鸡蛋、煮牛排、炒番茄、梨、咖啡或茶。

第五天:鸡蛋、煮去皮的鸡胸肉、蒸花菜、沙拉、咖啡或茶。

第六天:鸡蛋、煮猪肉(肥肉尽量少)、蒸甘蓝菜、沙拉、橘子、咖啡或茶。

第七天:鸡蛋、虾仁拌洋葱、番茄、青椒稍煮、橘子一个、咖啡或茶。

第八天:鸡蛋、翘鱼、蒸胡萝卜、半杯葡萄、咖啡或茶。

第九天:鸡蛋、煮肉片、蒸青豆、蒸茶菜、四分之一个香瓜、咖啡或茶。

第十天:鸡蛋、煮旗鱼、生洋葱和小黄瓜切片,拌一茶匙油和醋、煮菠菜、半杯罐装苹果(不加糖)、咖啡或茶。

这份食谱能使你健康、苗条。由于各人的身高、体重、新陈代谢功能、肥胖程度有所不同,可根据自己的实际情况酌情增减一些。

(二)匀称苗条食谱

早晨起床之后吃如下食物。

(1)一杯白开水或新鲜柑橘汁。

(2)莱姆、柠檬加上葡萄糖柚或者一个橘子、一杯开水。

(3)一大杯加了蜂蜜的草药汤。

草药为玫瑰茨、胡椒薄荷、春黄菊中之一,也可以是你喜欢的草药,在人参、枸杞、甘草、透纳树叶、洋菝葜中选一种也行。

(4)一杯新鲜果汁,如苹果、凤梨、橘子、樱桃、梨子等,不要使用罐头或冷冻水果(果汁要用等量水稀释)。

任选一种喝完之后,在清晨新鲜空气中走 1 小时左右,一路上多做深呼吸,柔软体操。

早餐

(1)新鲜水果,最好是天然栽育成的,苹果、橘子、香蕉、葡萄、葡萄柚或任何一种时新水果。

一杯酵乳或乳酸,也可是自己制作的酸奶(以羊奶为佳)。

一把天然果核,如杏仁或芝麻压成粉末,撒在酵乳上。

(2)一碗燕麦粥,配上 4~6 颗浆梅干,或者以 2~3 个无花果和一把未经硫化处理过的葡萄干为佐料(午餐不吃粥可采用)。

一杯没有经过高温消毒处理的天然奶水,最好是羊奶,酵乳也可以。

10 点多钟的点心:苹果、香蕉或其他水果。

午餐

（1）一碗没有去麸谷物煮成的粥，如小米粥、荞麦粥、糙米粥或燕麦粥。粥中可拌些自制的苹果酱。

一大杯天然奶水，最好是羊奶。

（2）一碗用高鲜度蔬菜煮成的汤，或任何一种蔬菜制的菜肴，如马铃薯、甘薯、南瓜、蚕豆和玉米饼。

1~2片全麦面包，1~2片天然乳酪，不要吃加工过的。

下午4点钟左右：

（1）一杯新鲜的果汁或蔬菜汁。

（2）一小杯你喜欢的草药汤，可加点蜂蜜。

（3）一个苹果、香蕉、梨子或其他水果。

晚餐

（1）一大碗新鲜的绿色蔬菜沙拉。最好用时令蔬菜，不管沙拉如何，主菜一定是胡萝卜、甜菜丝和洋葱，天然的大蒜也是上品，沙拉的颜色一定要赏心悦目，自制的柠檬汁（或苹果酸）拌酱可浇在上面，草药、大蒜粉、辣椒粉、盐少许可作为佐料。

煮或者烤2~3个中等大小的马铃薯，用海草粉或盐巴当调味品。

自制的新鲜酸奶酪，或是1~2片天然奶酪。

一小块新鲜奶油或一匙冷压制植物油，一杯酸奶。

（2）若中午已吃过沙拉，那就在午餐的菜中任选一种当晚餐用。

宵夜

如果你晚上工作到很晚，需要用餐的话，可在下列任选一种。

（1）一杯新鲜的牛奶或豆奶，加一汤匙蜂蜜（由你自己决定加还是不加）。

（2）一杯含酵母的发酵奶。

（3）一小杯适合你口味的草药汤，一片全麦面包和一片天然乳酪。

（4）一个苹果。

（三）"羊吃草"减肥

"羊吃草"进食法是目前一些西方国家流行的饮食方法。医学家们认为，这种少食多餐不仅省时间,而且由于空腹时间缩短,可防止脂肪积聚,有利于防病保健,增进人体健康。

捷克医学家对餐饮次数与健康关系做过调查,发现就餐次数越少,越容易患某些疾病。在以布拉格市内 60~64 岁的老年人为对象,进行调查的结果表明,每天就餐次数在 3~4 次者,胖肥病患者占 57.2%,胆固醇偏高者占 51.2%,贫血性心脏病患者占 30.4%;而每天就餐次数在 5 次或 5 次以上者,肥胖病患者仅占 28.8%,胆固醇偏高者占 17.9%,贫血性心脏病患者占 19.9%。医学博士又对布拉格聋哑学校原来每天摄取大致相同热量的学生,按宿舍改变就餐次数,一年后测量他们的肥胖程度。结果证明,每天 3 餐的学生与每天 5~6 餐的学生相比,前者皮下脂肪要厚得多,特别是腹部皮下脂肪的沉积较多,女性间的差别更明显。这一切都表明空腹的时间越长,造成脂肪积聚的可能性就越大,人就更容易发胖。

(四)分时用水减肥法

大清早:喝杯温水清肠胃。

一早起床,什么都别干,先喝一大杯温开水,这有助于加快肠道蠕动,令你产生便意,帮大肠来一次大扫除,让肚子少鼓些。

午饭时段:餐前饮水减食量。

每餐前饮一杯清水,一来可填底、减少饮食分量,二来能补充身体所需水分,加速新陈代谢。

下午时段:闻花香水戒零食。

将 10 毫升无水酒精,1 滴玫瑰花油倒入喷雾式瓶内,然后加入 90 毫升矿泉水摇匀,在你的办公室周围喷洒,闻后可抑制食欲。

晚饭时段:大量喝水助瘦身。

在摄取蛋白质和蔬菜的同时,大量饮水,借此产生饱腹感,以降低对碳水化合物和糖分的摄取量。

睡前:水疗沐浴排废物。

舒服的热水浸浴,一边泡澡一边出汗,既可冲走肌肤表面的污垢,又能排走积聚体内的多余水分和废物,消除浮肿。

(五)蔬菜、水果减肥法

1.西红柿减肥法

西红柿是人们经常吃的茄果类蔬菜。西红柿的热量不高,但富含水分,也有少量糖类、蛋白质和脂肪,且维生素和矿物质丰富,还有食物纤维素。

西红柿不仅是较好的蔬菜,也是较好的减肥食品,食用后有一定的饱腹感。多食也不会肥胖,一年四季可得,且比较经济,不用加工即可食用,还便于携带,在工作、乘车、散步、郊游等时候均可作为佳果食用。

100 克西红柿中含有食物纤维 1 克,这种食物纤维易溶于水且不被吸收消化,有饱腹感,可使肠中保持水分,食物纤维易将脂肪吸收,因而可以防止人体肥胖,防止人体吸收脂肪。

西红柿可使肠内乳酸菌增殖,使肠内容物增量,产生大量维生素 B_2、维生素 B_6 及维生素 K 而被人体吸收并利用,大便固形物量增多(乳酸菌约占大便量的 1/2),不便秘。乳酸菌增多可使肠内腐败菌及其他毒素减少,肠内呈酸性,可减少致癌物质的产生,这就是西红柿可以预防癌症的道理。

西红柿本身是超低热量食物,这些特点均有利于减肥,防止肥胖。西红柿的营养平衡,利用西红柿作为减肥的方法确有其道理。具体方法如下:

以减肥 3 千克为 H 标,3 日为一个过程,第四日恢复普通饮食,一个月实行一次。

每天早餐只食西红柿 200 克可以蘸盐食用。中午及晚间可进普通食物;或每餐吃一个西红柿,别的食物减量,保持每天摄入热量为 5100 千焦(低热量膳食)以内。以上两种方法根据自己的情况选用,都可以收到减肥效果。

2.辣椒局部减肥法

辣椒素有减肥作用。一个新鲜辣椒所含有的维生素 C,远远超过一个柑橘或柠檬,还含有维生素 A 等。营养学家认为,一个人每天吃两个辣椒就可以满足人体对维生素 A、维生素 C 的正常需要。

此种方法存意大利比较盛行，它是利用辣椒配合蜂胶、柏树芽等各种植物提炼而成的减肥系列用品，刺激皮肤，使皮肤充血，通过扩大毛细血管，使药液由表及里渗透，并应用局部按摩的原理使用电脑仪治疗，促使多余脂肪细胞稀释、软化，使局部堆积的脂肪溶解并排出而取得减肥效果。此法无创伤，无须节食，一般在专门的美容医院由美容医师进行按摩操作。此种方法和美容相结合，使人更加健美。

3.醋泡黄豆减肥法

这种减肥法起源于我国，后传至日本，成为人们喜爱的减肥方法。简单易行且原料易得，堪称"天然减肥药丸法"。

用一广口瓶，将洗干净的大豆放入瓶中，然后倒入食醋，以没过黄豆为度，经3~4日的浸泡，黄豆胀大即可食用。用生豆制作，不需煮熟。每日食10~20粒即可。

大豆中含有皂角苷，此种物质具有抑制血糖转变为脂肪的功能，大豆的蛋白质在肠内作为营养被吸收。此外，皂角苷还可使肠绒毛收缩，增加空腹感，并对引起食欲的神经中枢有轻微的抑制作用，因此，有一定的抑制食欲的作用。

皂角苷可减少胆固醇的不饱和脂肪酸，加热后则氧化失去作用，所以必须吃生豆，大豆因使用醋渍而容易消化。醋含有枸橼酸，浸入大豆后，使糖类代谢顺畅，而大豆含有大量纤维素，利于消化，吸收水分手膨胀，可增加大便量，防止便秘。大豆中还含有卵磷脂，也有降低胆固醇作用，可减肥，预防动脉硬化。

利用食醋泡制醋豆、醋蛋、醋花生、醋枣等，既可更换口味，软化血管，增加营养，又可利用食醋中富含的氨基酸消耗脂肪，促使蛋白质和糖顺利代谢而达到减肥目的。

4.枸杞减肥法

每日取枸杞子30克泡茶冲服，早晚各服1次。连服数日，可有明显效果。枸杞子虽是一种药性平和的良药，但脾虚有湿、消化不良及泄泻患者应慎用。

5.番石榴减肥法

番石榴是热带、亚热带水果，除生食外，可当蔬菜吃，还可制成果酱。其味甘香隽永，是最好的减肥水果之一，其富有丰富的维生素C，尤其是果皮。但果皮表面高低不平,容易黏附农药,应清洗干净再食,其籽硬而难嚼难消化,食时应弃去。

6.连皮柠檬能减肥

柠檬可以促进皮下脂肪代谢,有减肥作用,但是必须连皮一起利用才有效。体瘦者及产后一个月的女性不宜吃柠檬或汁,也不宜在柠檬中加蜂蜜。

(六)改变进食习惯减肥法

1.孤独进食减肥法

科学研究表明,人们在"独自进餐"时的食欲比"团体聚餐"时要差许多,而且团体的人数越多,规模越大,气氛越热烈,越能刺激人体的食欲。为此,对于难于自控饭量的减肥者,若能在家中开辟一个窄小区域,孤独进食,而且不看书、不看电视,不听广播和音乐,在一种安宁的气氛中进食,那么,人的大脑中枢神经便不至于过度兴奋,食欲也能得到良好的正常控制。

2.改变食谱减肥法

若想科学减肥,宜把注意力从限制进食量逐渐转移到改变饮食结构上来。比如平日爱吃零食,则应逐渐过渡到按时吃饭,哪怕按时间少吃多餐,也比无时间限制地乱吃零食强得多。如果爱吃甜食,可将口味慢慢调成爱吃酸的、辣的等各种风味的食品。

通过改变食谱,将一些低脂肪、高能量、维生素含量高的食品如精瘦肉、青菜等摆上餐桌,除去一些增加脂肪的食品,对减肥成功可起到积极作用。

3.吃费时间的食物减肥法

熘鱼片与清蒸鱼同属清淡吃法,但后者比前者吃起来所花费的时间要长,所以在一定的时间内,吃进身体中的食物就少,因而减少了热量的摄入;又如,吃带壳的坚果比吃剥了壳的果仁对热量的摄入少。

所以,在进食时选择一些吃起来比较费时间的食物,对控制进食有好处。

4.提前进餐减肥法

人体内的新陈代谢活动在一天的各个时间内是不相同的。一般来说,从早晨6时起人体新陈代谢开始旺盛,8~12时达到最高峰。减肥者只要把吃饭时间提前,比如说早饭5时吃,中饭安排在9~10时吃,就可达到减肥目的。

专家们对要求减肥的人做过试验,发现只要把吃饭时间提前,就可以在不减少和降低食物量和质的情况下减肥,最明显时一星期可减少0.5千克体重。

(七)节食心理减肥

所谓节食心理减肥,是根据条件反射原理,纠正肥胖者由异常饮食习惯所造成的过食行为,有助于培养减肥的饮食习惯。

1.厌恶法

运用外界的因素使肥胖者产生厌恶心理,以抵制强烈的食欲诱惑。比如在进食的场合,写上一些预防肥胖的某些警句。当肥胖者面对美味佳肴正欲饱餐一顿时,这些警句能起到告诫的作用,使人不至于暴饮暴食。

2.想象法

有人体验肥胖者在食欲强烈的时候,只要想一想自己如果因为过食而使体形臃肿,易患心脏病、高血压、糖尿病等疾病,就会使得体内消化液分泌减少,大倒胃口,从而不思饮食或不敢过量饮食,达到节制饮食、减轻肥胖的目的。

3.转移法

当肥胖者无法摆脱强烈的食欲诱惑时,运用心理转移法,即把注意力转移到另一个具有吸引力的东西或某一项活动上去,这往往有可能使人拒食。比如,在产生食欲之际外出游玩、看电影、上网或咀嚼一些低热量的食物如橄榄、胡萝卜、口香糖之类。

显然,转移法的效果取决于转移对象本身的吸引力大小。因此,要根据自己的爱好适当加以选择,吸引力越大,兴趣转移越快,节制饮食的效果也就会越好。

4.自控法

自我监督、观察、认识自己的饮食行动,以便自我控制。根据肥胖者的饮食特点,可依据下列三条原则来改变饮食方式:一是只在一定的地点、时间就餐;二是不边看电视边吃食物;三是进餐时慢慢品尝味道。

5.颜色法

美学生理学是国外最新兴起的交叉学科,主要研究色调、线条等"美学元素"对人体生理的影响。其中有一个观点是柔和低调的深色,如墨绿、深蓝、灰色、咖啡色、土红等可抑制人体食欲。若使用上述颜色做成的餐桌台布、食品包装袋、餐具,可使人因食欲下降而自我控制摄入量,以达到减肥目的。

四、有效的减肥食品

(一)食醋减肥

近年来,美国时兴食醋减肥新方法。研究者认为,食醋中所含的氨基酸,不仅可消减人体内的脂肪,而且能使糖、蛋白质等新陈代谢顺利进行。食醋中含有的挥发性物质及有机酸,可以刺激人的大脑中枢,使消化器官分泌大量利于食物消化吸收的消化液,从而改善人体的消化功能。据报道,肥胖者每日饮用15~20毫升食醋,在1个月内可以减轻体重1千克左右。

目前,在欧美一些国家,醋被当作一种健康减肥食品而畅销。为了适应这股食醋减肥热,日本抓住商机,生产出一种"糙米醋精",这种固体颗粒,携带、服用均方便,每日服用20粒,坚持一个月就有明显效果。在我国,食醋减肥法亦很成功,主要的减肥醋方有:

(1)用米醋800~1000毫升,鲜猪骨500克,红白糖各200克,不加水,放入锅内混合共煮。成人每次服30~40毫升,每日3次,饭后服用。

(2)醋60毫升,加入花椒少许,煮开后去花椒,一次服下。

(3)取已凝固的羊血200~300克,切成小块,放米醋100~200克,煮熟,加少量盐,食羊血。

(4)用鲜海带120克,或干海带50克,加米醋50~100克,煮熟服用。

(5)将生姜刮去皮洗净,猪脚切成小块,5个鸡蛋(带壳),置于甜醋中同煮,这是广州产妇常食之品——生姜猪脚煲甜醋,具有减肥功效。

(6)木瓜生姜煲米醋,用未熟木瓜500克,生姜20~30克,米醋500毫升,煮好服用,每日3~4次。

（二）水果减肥

（1）葡萄、葡萄汁与葡萄酒都含有白黎芦醇,是降低胆固醇的天然物质。动物实验证明,它能使胆固醇降低,抑制血小板聚集,所以葡萄是高血脂症者最好的食品之一。

（2）苹果

苹果因富含果胶、纤维素和维生素C,有非常好的降脂作用。苹果还可以降低人体血液中的低密度胆固醇,从而使对心血管有益的高密度胆固醇水平升高。

（3）番茄（西红柿、洋柿子）

同时拥有蔬菜和水果两种身份的番茄,含有丰富的纤维、维生素A与C、有机酸、番茄红素。番茄独特的胡萝卜素成分——番茄红素,不仅使番茄拥有鲜红艳丽的颜色,也是极佳的抗氧化剂,对前列腺癌、肺癌、胃癌等各种癌症的预防功能不可忽视。番茄含有的有机酸成分,可加强分解脂肪,促进胃液消化,还含丰富的钙、铁、纤维质营养素,帮助胃肠蠕动,有清肠、通便、去脂、降胆固醇的作用,对瘦身族来讲是最佳的减肥食品。

（4）山楂

山楂裹上煎熬过的冰糖制成的糖葫芦,是深受孩子们欢迎的小零嘴,味道酸甜可口,十分开胃。山楂原来是用来医病的药物。山楂可刮油脂、消食、帮助肠胃快速代谢,使胃里的油脂性食物不会积存太久,而被消化吸收,适合饭后食用,长期服用还有消化脂肪、降低血脂、强化心肌的作用。

（5）柠檬

柠檬有"维生素之王"的称号,因为一颗柠檬含有的维生素C有90毫克之多,而它翠绿的果皮亦含有大量维生素C,有帮助消除疲劳、改善肝功能的效果。此外,柠檬有治轻度感冒、强化血管、防止动脉硬化、增加身体抵抗力的作用;烤鱼或煎鱼时,滴几滴柠檬汁,不仅可促进脂肪分解,还有防止胃胀的功效。

柠檬的特殊气味也是无可非议的,柠檬茶有振奋精神、缓解压力之功能;洗澡水中放入柠檬皮也能达到缓解压力,提振精神的作用,由于维生素 C 的作用,沐浴之后,会发现肌肤变得更加光滑细致!

（6）橘子

橘子的名称特别多,柑橘、柑仔、蜜柑、草山橘、凸柚等都是橘子的别称。

橘子含有特别的柠檬酸、膳食纤维成分,可以增加胃液的分泌,促进消化,缩短体内废物堆积的时间,使废物顺利排出体外。橘子所含的多种矿物质营养成分,对心脏、骨骼、肌肉的机能、新陈代谢等都有维护作用。

（三）蔬菜减肥

（1）大蒜和辣椒

大蒜除了食用效果外,以气味闻名的防虫、抗菌、消炎等药理作用也不少,大蒜中独特的蒜素,能促进人体增加肾上腺素的分泌,从而达到降脂的效果。

可直接入菜或做佐料使用的辣椒,也是一种不错的降脂食品,尤其是在冬天食用,暖身祛寒、温中健胃,特别令人喜爱。辣椒中的辣椒红素会使胃液和唾液分泌增加,进而活络肠胃,促进肾上腺素分泌,同时带动脂肪新陈代谢,防止脂肪堆积。由于刺激性较强,宜酌量使用。在你能承受的情况下,越辣的辣椒,减肥效果越好。

（2）萝卜

萝卜有白萝卜、红萝卜之分,一般俗称的萝卜都以白萝卜为主。萝卜中所含的各种营养相当优良,加上性质平和,适合各种体质的人食用。萝卜具有促进脂肪代谢、净化肌肤、消磨食积避免脂肪堆积等多种功效,对于消化不良及肥胖者来说,可多食用萝卜菜肴。

（3）竹笋

竹笋含有丰富的纤维质与水分,脂肪含量低,是中医眼中天然的通便剂,可唤醒肠胃的蠕动能力,帮助肠胃消化,清除体内废物,从而达到消脂减肥的效果。

（4）黄瓜

黄瓜中含有丙醇二酸,这种物质进入人体内可抑制糖类转化为脂肪,从而减少人体脂肪堆积。

·美容美体·

图文珍藏版

（5）韭菜

韭菜含纤维素很多，有通便作用，能排出肠道中过多的营养。

（6）大葱

大葱中的有机硫除了发生辛辣的刺激昧外，还能刺激人体某些激素的分泌，从而又能促进脂肪的分解。

（7）洋葱

洋葱含前列腺素 A，此成分有扩血管、降血压作用，所含的有机硫化物及少量含硫氨基酸，可降血脂，预防动脉硬化。

（8）菜花

菜花营养丰富，含有胡萝卜素、核黄素、维生素 C、蛋白质、脂肪、钙、磷、铁等，肥胖者每天吃一定量的菜花，在不长时间内即可减肥。菜花还能给人以自然免疫力，预防各种感冒。

（9）魔芋

魔芋是一种近年才被发现的减肥食品。它能瘦身的原理很简单，因为魔芋中含有97%的水分，剩下的部分是叫作葡萄糖甘露聚糖食物纤维的矿物质。葡萄糖甘露聚糖不能被消化酶分解，不能作为热量被利用。也就是说，魔芋是一种完全不含热量的食品。

最大限度发挥魔芋的这一特性，是非常明智的减肥方法。而且，因为魔芋体积较大，所以食后会有很强的饱腹感，自然就会抑制对其他食品的摄取。

（四）谷类减肥

（1）燕麦

加工后的燕麦，仍含有麦麸与胚芽米等营养精华。燕麦丰富的蛋白质成分与水溶性纤维，有调整血脂的功效；所含复合性糖类可使血糖稳定，并减少低血糖情况发生。

（2）糙米

所有淀粉类食品中，糙米的减肥效果最佳，虽然热量不低，但大量的纤维增加了肠胃的饱足感，且有利于消化；糙米中所含的维生素 B_1、B_2、B_6 等多种维生素 B

群,可促进糖类代谢,使糖类转变为热能,增加身体动能。

（五）其他减肥食品

（1）牡蛎

牡蛎富有微量元素锌及牛磺酸,牛磺酸可以促进胆醇的分解,有助于降低血脂水平。

（2）海带

海带富含牛磺酸、食物纤维藻酸,可降低血脂及胆汁中的胆固醇。紫菜、海藻、螺旋藻均有良好的降脂作用。

（3）木耳

木耳属于高蛋白、低脂肪、多纤维、多种矿物质的健康食物,内含人体所必须的多种营养元素:胡萝卜素、硫胺素、磷脂、多糖体等。因其营养元素多元化,故提供的效果也相当多元,尤其是胶质与磷脂营养,可清洁肠胃预防病变,并加强消耗体内脂肪,脂肪均匀分布之后,身材自然变得匀称。

（4）香菇

香菇能明显降低胆固醇、甘油三酯水平,且可使体内高密度胆固醇增加,利于抑制脂肪形成。

（5）酸奶

酸奶既含有牛奶中的营养成分,又含有助于消化作用的乳酸菌,降脂减肥作用更胜一筹。

第五节　医学瘦身

一、中医瘦身

（一）传统针灸瘦身塑体法

爱美之心人皆有之,很多肥胖的女性都想拥有苗条的身材。现在瘦身塑体的方法很多,其中针灸是比较传统但效果很好的一种方法。针灸瘦身塑体是通过针刺人体的某些穴位,以抑制胃酸分泌,使胃蠕动减弱,延长胃的排空时间,促进机体脂肪代谢,消耗积存的脂肪,进而达到瘦身塑体的目的。

针灸之所以有瘦身塑体的功效,就在于它的原理的科学性:首先,它能够有效调节脂质的代谢过程。针灸打通人体减肥要穴后,能够使人体中过氧化脂质含量下降,脂肪的新陈代谢也会加速,因此起到瘦身的功效。其次,针灸能够降低人的食欲。通过针刺人体的某些穴位,可以抑制胃酸分泌过多,使人没有饥饿感。最后,针灸能够有效调节内分泌紊乱。对于一些女性来说,引起她们肥胖的原因并不是营养过剩,而是由于内分泌紊乱。针灸通过调节人体"交感肾上腺皮质"和"下丘脑垂体肾上腺皮质"两个系统使内分泌紊乱得以纠正,并加速脂肪的新陈代谢,因此能够达到瘦身的目的。

在针灸的期间,调节自身的饮食配合会收到更好的效果。在针灸期间要做到不饿不吃,吃青菜及蛋类、瘦肉,吃饱即可、不可多吃,不吃肥肉及甜食、藕、土豆、粉条等。

针灸瘦身塑体具有安全、简便、可靠、痛苦小等优点。然而,有一些女性尽管去了正规门诊,但仍没有达到瘦身塑体的目的,这是因为她们没有了解针灸瘦身的要领。

第一,一般来说,采用针灸塑身的女性应该是成年后的女性,成年后的女性比较容易调整机体的各种代谢功能,能够顺利促进脂肪分解,达到瘦身塑体的功效。

第二,有的女性在针灸瘦身塑体期间,不注意饮食的配合,过多地摄入热量及脂肪,使针灸的效果大打折扣。因此,女性在针灸期间应少摄入高热量、高脂肪的食物,多吃一些蔬菜类的食物,每顿饭不要吃得过饱。

第三,针灸瘦身是一个渐进过程,不可能在短时间内就起到非常好的效果。因为针灸瘦身是通过经络系统的调整作用,调动人体内在的调节功能,促进新陈代谢达到平衡的过程,这不是几针扎下去就能够做到的。

第四,虽然针灸瘦身期间女性不宜多吃,但中医针灸瘦身并不提倡"饥饿疗法"。这是因为过分控制食欲,重则导致厌食症,引起消化器官功能障碍,对人的身体产生很大的伤害;轻则造成女性代谢功能降低,而代谢功能降低是进一步致胖的潜在因素,一旦恢复正常饮食,女性的体重就会反弹。

中医针灸是一门高深的科学,只有到正规的医院或门诊接受无副作用的、整体的调节与治疗方案,才能够达到瘦身的目的。

二、美容瘦身的香熏脐疗法

用香熏通过肚脐进行减肥瘦身的方法越来越受到爱美女性的喜爱,香熏也成了当今美容的新宠。

肚脐是人体中唯一能够看得到的穴位,学名为神阙。它内连五脏六腑、十二经脉、五官、四肢百骸、皮肉筋,因而中医将它看作治病健身的要穴。

通过神阙穴治疗疾病是中医外疗法的一种,熏神阙、蒸神阙法有美容瘦身、防病、益寿延年的神奇功效。

现代中医专家认为:穴位及经络都和神经节、神经末梢、神经束有着非常密切的关系。科学研究表明,经常刺激神阙穴能够使脐部皮肤上的各种神经末梢进入活跃状态,能起到调节体液、神经的作用,还能够提高人体免疫功能,激发抗病能力,从而有效改善各组织器官的功能活动,特别是能够调整植物神经系统功能失调,加速血液循环,改善局部组织营养,从而起到防病治病、美容瘦身的作用。

现在的香熏脐疗法,采用的是中医脉络学文化,通过用药物熏蒸人体的"黄金点"——神阙穴(肚脐),从而起到调理脏腑、扶正祛邪,调节身体内分泌,提高人体免疫力,美容瘦身的作用。

香熏法的具体操作程序为:

(1)将肚脐周围的皮肤清洁干净。

(2)然后用精油对神阙穴及其周围进行按摩。

(3)把艾条切一半备用。

(4)用滴管把含有纯中药成分的精油滴于肚脐中(用量要按照说明决定)。

(5)将艾条点燃,然后把点燃那头往下,塞入艾筒中。当草本中的有效成分同精油渗透进肌肤的时候,采用灸治的方式将其转化为元气,接着通过经络把元气舒散至全身,从而有效地促进人体的新陈代谢,起到排毒瘦身的作用。

(6)放上垫子,然后放上艾筒,卷一条毛巾垫在艾筒把手的下方。接着开始熏脐,时间大约为1小时。

(7)熏完之后,将肚脐周围的精油擦拭掉。

香熏法不仅有瘦身减肥、美容养颜的神奇功效,还能够强身健体、防病治病。它能补气行脉、调节荷尔蒙激素水平、舒经活络、调整脾肾,可改善女性痛经、闭经、手脚冰冷、气喘、子宫下垂、过敏性鼻炎等症状。

过度疲劳、睡眠不好、手脚冰凉、肥胖、胀气、内分泌失调、便秘的人群都可采用香熏法来治疗。

(三)巧服中药,瘦身美体

采用中医的方法瘦身美体,主要是通过服用中药的方法,达到消脂瘦身的目的。中药瘦身美体的原理是:通过去湿制水、健脾、活血行气等方法,帮助调理脏腑和内分泌,使身体的气血运行更好,加速新陈代谢,将体内多余的水分以及积聚于体内的代谢废物和毒素排出体外,进而起到瘦身美体的作用。

俗话说"是药三分毒",中药也是药,也有药性和禁忌。因此女性在选择中药瘦身美体的时候,要首先分清它们的药效,看其是否适合自己服用。

用作瘦身美体的中药材,按其药效大致可分成四类:

(1)消导药。例如谷芽、山楂、麦芽等,作用是消积滞(中医术语称为消食导滞)。尤其是山楂,它含有多种酸类,如柠檬酸、苹果酸、琥珀酸等,能够促进胃液和胆汁分泌,帮助分解油脂,去除动物性脂肪的效果非常好。

(2)利水渗湿药。例如云苓、泽泻、车前子等,这些药具有利湿的作用,能够帮助排出体内多余水分。服用这类药后,能增加排尿量,消水肿,解湿热。

(3)泻药。例如大黄、首乌等,能起到加强肠道蠕动,速通大便的作用。其中大黄含大黄素等成分,性质苦寒,能够攻下干燥的宿便,药性猛烈。首乌则性质腻滞,润肠轻泻,能使人产生饱腹的感觉。

（4）降脂药。例如丹参、桑寄生、草决明、鸡血藤等。丹参属于理血药，能够扩张毛细血管，降压消脂，与鸡血藤同属补益药。

上面四类的瘦身中药都有减肥瘦身的功效，都有各自的优点，也都有各自的缺点：

消导药相对其他三种减肥瘦身中药来说最安全，但是吃这种中药会愈吃愈开胃，因为堆积在肠胃之中的废物清除了以后，人的肚子里空空如也，这个时候会让人产生强烈的饥饿感，会让人想大吃一顿。利水渗湿药在刚开始服用的时候很有效，特别是对于水肿型肥胖人士来说，减掉的体重更多。但是如果经常服用这类中药会伤脾、伤肾阴，得不偿失。泻药更加危险，短时间服用或许能够通便减去肚腩，但是服用此类中药时间一长，肠道会失去弹性，严重妨碍日后对食物的分解、营养吸收和排泄。降脂药比较安全，一般来说体内储存过量脂肪和胆固醇的女性均可服用，常服此类药能够确保血管畅通，避免脂肪球堵塞冠状动脉。

服用中药减肥瘦身，能够起到不错的效果，与此同时，女性多参加一些运动和适当节制饮食，效果会更好。

（四）点穴减肥——懒女人最佳瘦身法

很多爱美的女性为了减掉身上的赘肉，经常采用节食的方法，但是单纯的节食减肥需要很大的毅力和恒心，而一旦节食过度还会引起营养失衡，对身体有害处。而对穴位经常进行按摩，不但能够帮你抵御美食的诱惑，还能够起到很好的减肥瘦身效果。

1.点穴减肥

点穴减肥是根据中国传统的自然疗法摸索出来的，它完全摒弃了化学合成药物，充分利用自然环境的各种因素、物质与信息防病治病，如阳光、森林、空气、熏浴、药敷和磁热能都是利用自然环境与资源为主的疗法。它能够激发人体抵御疾病的能力，恢复人的自然性，进而达到健康减肥瘦身的目的。

点穴减肥的原理是，通过按摩某些特定的穴位，调整与穴位对应的特定区域的经络，对内分泌系统及五脏功能等起到调节作用，进而达到减肥的目的。通过点穴能够缓解饥饿感,帮助人们控制饮食。这个减肥方法对局部肥胖,如大腿、腹部、背部等都有很好的疗效,而且能够起到治疗便秘,调节月经,降低血脂等作用。

点穴与按摩主要集中在腹部。肚脐区域的穴位很多,如大巨、关元、气海、天枢等,对每个穴位按压 10~20 次,能够调节内分泌,促进新陈代谢,降低食欲,对水肿、腹胀有改善作用,还能预防小腹凸出等。此外,通过按压足部及腿部的足三里、三阴交等穴位,能够起到加快胃肠蠕动、加速腿部血液循环、消除腿部赘肉的神奇功效;通过按摩头部的颊车、下关等穴位,不仅能够舒筋活络,促进血液循环,而且能紧致脸部肌肤。

2.四大点穴减肥法

针灸点穴法:此法适用于脂肪型肥胖。原理主要是通过调整机体的各种代谢功能,抑制胃酸分泌,并抑制胃肠的蠕动,从而减轻饥饿感,起到减肥瘦身的功效。

耳穴埋压法:此法适合各种类型的肥胖。能有效调整脾胃功能,减少能量摄入,促进能量代谢,清泄消脂。

反射疗法:此法多用于肌肉型肥胖。这个方法通过对足底穴位施加压力,影响人体循环系统和内部器官,从而起到减肥瘦身的作用。

香穴疗法:此法主要针对由于缺乏运动,造成身体脂肪囤积产生的水分型肥胖。这个方法的原理是,通过运用大拇指对身体穴位的按压,将能量管道打通,起到纤体瘦身的作用。

3.三种点穴手法让你在家 DIY

(1)告别大饼脸

指法:用两手的食指或拇指同时指压位于脸颊两侧的颊车穴位和下关穴位。颊车位于面颊部下颌角前上方约一横指处。指压颊车穴位时,朝斜上方进行指压,下齿一定要有压痛感才会有效果。下关位于面部耳前,颧骨与下颌切迹所形成的凹陷的位置。指压下关穴位的时候,由下往上推,压时上齿要产生疼痛才会有效果。两个穴道要各指压 5 次。

(2)告别水桶腰

指法:用两只手的中指或食指的指尖,左右均等地缓缓指压天枢、关元和中脘三个穴位,持续 2~3 秒,将这些穴位压进肚子 2~3 厘米。天枢位于脐左右两侧约 3 个指头宽的地方,关元位于脐下 3 寸处,中脘位于腹正中线脐上 4 寸的地方,指压各 10 次左右。

(3)告别大象腿

指法:用食指或拇指压穴位委中处,在压的时候一定要有麻的感觉才证明压对了穴位,左右两腿各做 10 次,每次压 2~3 秒再松开。

(五)中医减肥的 7 种方法

在中医里,肥胖病多被认为是本虚标实之症。本虚以气虚为主,如果兼有阴阳失调,可有阳虚或者阴虚,病在肾、脾、肝、胆及心、肺,在临床上以脾肾气虚为主,肝胆疏泄失调也可能出现虚胖。标实以痰浊、膏脂为主,常兼有水湿,亦兼气滞、血淤。标本虚实之间,可有错杂、侧重。临床时应该抓住重点,审证求因,精心遣药,才能够取得满意的疗效。

中医减肥瘦身有很好的疗效,下面介绍 7 种中医减肥的方法:

(1)祛痰法:痰浊肥胖患者应该采用这种方法。痰浊肥胖症常见嗜睡懒动、气虚胸闷、舌胖、苔白腻、脉滑。重者用控涎丹、导痰汤;轻者用二陈汤、平陈汤、三子养亲汤等。

(2)化湿法:这个方法用于脾运不健,聚湿而致的肥胖,症状多见胀满。治疗此类的代表方有二术茯苓汤、泽泻汤、防己黄芪汤等。

(3)健脾法:肥胖以健脾补胃为正治法。症状多见胃纳减少、脾虚气弱、苔白质淡、体倦无力、脉细弱无力。常用方如异功散、枳木丸、参苓白术散、五苓散等。

(4)利水法:有推逐与微逐的分别。症状多见腹胀、水尿、肥胖浮肿、脉细沉。推逐用舟车丸、十枣汤之类;微逐用五皮饮、小分清饮治疗。

(5)通腑法:以轻泄为主。这个方法多用于嗜食肥甘厚味导致的肥胖。症状多见大腹便便、苔黄厚、动则喘息、脉实。选用小承气汤、大承气汤、调胃承气汤或者单味大黄片。

（6）疏肝利胆法：这个方法用于肥胖兼肝郁气滞或血瘀者。症状多见肥胖兼有急躁、肋痛、倦怠、眩晕、舌苔黄、腹胀、脉弦。常选疏肝饮、消胀散、温胆汤、逍遥散等。

（7）消导法：这个疗法用于食欲无进型肥胖。症状多见腹满积食、肥胖懒动、苔白。一般消面积用神曲，消肉积用山楂，消食积用麦芽。

二、药物瘦身

（一）常用的现代瘦身药物

1.芬氟拉明

芬氟拉明片是一种食欲抑制剂，可以使肥胖者耐受少食而不致贪馋。其化学结构虽与苯丙胺相似，但作用不相似。

它能增加下丘脑饱食中枢的兴奋，使食欲中枢（摄食中枢）的兴奋降低，使食欲下降。同时，它还可以通过减少人体对脂肪的合成和吸收，来加速组织对葡萄糖的利用，促进皮下脂肪的分解，从而达到瘦身的效果。

由于芬氟拉明还有降压和降血糖的功效，因此也适用于伴有冠心病、高血压病和糖尿病的肥胖患者瘦身。

服用芬氟拉明片须注意以下几点。

第一，服药前，必须经过医生明确诊断，并在医生指导下服药。严格按规定在餐前 20~30 分钟服用。服药期间不可中途停药，或服服停停，不然会使治疗效果受到影响，甚至导致服药无效。每次疗程 2~4 个月，一般不超过 6 个月。间断停药时间为 3~6 个月。

第二，服药后，无苯丙胺类抗肥胖药引起的不安、失眠等副作用，仅有非腹泻大便增多，轻度腹痛、头晕、口干、乏力、嗜睡、恶心、夜尿增多等症状，但多数人继续服药后会逐步自行消失。尚未发现损害肝肾功能的情况。

第三，抑郁症、癫痫患者及妊娠妇女不可服用，高空作业者、驾驶员慎用。

2.西布曲明

西布曲明是目前瘦身药物市场上应用最广泛的原料药之一,是一种中枢神经抑制剂,能同时在控制多余热量摄入和促进脂肪分解、强化能量消耗两方面发挥作用,通过抑制食欲,增加饱胀感,减少进食,从而达到减轻体重的效果。

必须指出的是,该类药有兴奋作用,且呈剂量依赖性。对一些病人,西布曲明可引起不同程度的口干、失眠、乏力、便秘、月经紊乱、心率增快和血压升高。高血压病、冠心病、充血性心力衰竭、心律不齐或中风患者,不能使用含有西布曲明的瘦身药。

3.奥利司他

奥利司他是一种特异性胃肠道脂肪酶抑制剂,目前在国际上较为流行,其主要作用是对胃肠道胰脂肪酶的活性进行选择性抑制。

在其药理作用下,胃肠脂肪酶会失去活性,不能将食物中的脂肪(主要是甘油三酯)水解为可吸收的游离脂肪酸和单酰基甘油,而未消化的甘油三酯不能被身体吸收,从而减少热量摄入,控制体重。

与其他瘦身药特别是盐酸西布曲明相比,它最大的优点是不抑制中枢神经,几乎不进入血液,不产生抑制食欲的作用,副作用相对也较小。

但它只阻断食物中30%脂肪的摄取,对部分人效果缓慢。有时会因肛门排气带出脂便而污染内裤,或导致排便较急的尴尬情况。

此药长期服用可能会造成脂溶性维生素吸收减少,所以,服药期间可以适当补充脂溶性维生素 A、维生素 E、维生素 K 和维生素 D 等,或补充复合型维生素。

4.左旋肉碱

左旋肉碱是广泛存在于人体内的一种氨基酸,能把长链脂肪运入线粒体内进行氧化分解,体内若缺乏左旋肉碱,会使脂肪代谢受到影响而导致肥胖,所以,可以通过补充左旋肉碱对脂肪进行消耗、分解,使其转化为能量消耗掉,以达到瘦身的效果。

5.安非拉酮

安非拉酮又名乙胺苯丙酮、二乙胺苯丙酮等,本药作用于下丘脑,对食欲可发挥抑制作用,应用3~4周后体重开始下降。配合饮食疗法,能够治疗单纯性肥胖症,或伴有轻度心血管疾病的肥胖症。

对于孕妇和癫痫、甲状腺功能亢进患者应禁用或慎用,久服后突然停药会产生疲劳和抑郁感。其他不良反应有口干、便秘、头晕、嗜睡,偶见多汗、心悸、兴奋、失眠、腹部不适、恶心、腹泻等。

6.吗吲哚

吗吲哚又名氯苯咪吲哚,是一种新型食欲抑制剂,在欧美国家较常用。其作用机理与芬氟拉明颇有相似之处,可以直接减少机体能量贮存。单纯性肥胖和继发性肥胖,均可配合饮食疗法选用,继发性肥胖症应先治疗原发疾病,短期疗效不明显者,可连续长期治疗。

吗吲哚在长期应用时,会引起口干、便秘、无力,有的出现失眠、寒战、头痛、恶心等症状。

7.邻氯苯丁胺

本品由美国食品和药物管理局批准在美国使用。是一种长效食欲抑制药。主要对下丘脑饱觉中枢发挥作用,消除饥饿感,从而抑制食欲,减轻体重,特别对外源性肥胖症有可靠的疗效,副作用较轻。

邻氯苯丁胺的副作用主要有兴奋、血压升高、失眠、口干、心悸、心动过速、高血压心血管系统疾病患者、心律失常者慎用。甲状腺功能亢进、青光眼患者禁用。

8.阿米雷斯

阿米雷斯是一种有效的食欲抑制药,作用机理与邻氯苯丁胺相似,作用强度与安非拉酮相同,能使肥胖病人明显降低体重。食欲抑制作用可持续10~12小时。长期应用,很少产生耐受性。

常见的不良反应有恶心、呕吐、头痛、口干、失眠、肺循环减慢等。

9.曲美

该品作为美国FDA30年来批准的第一个减肥药,具有独一无二的双重瘦身机理。主要作用有:

第一,能够抑制去甲肾上腺素的摄取,使脂肪分解成甘油、脂肪酸以及热量。

第二，能够抑制 5-羟色胺重摄取，在不影响人体吸取正常必需的营养物质下可减少人的饥饿感。对单纯性肥胖者特别适用。不良反应轻，主要为口干，并在服药 1~2 星期后自动消失，是比较安全的瘦身药。

（二）现代用于瘦身的新药

随着医药科技的发展，市面上的瘦身新药层出不穷，以下列举几种稍加说明。

1.瘦身含片

瘦身专家经过 10 年的研究，根据古方记载的荷叶瘦身理论，将高科技提取浓缩了的活性减肥物质——荷叶生物碱予以巧妙运用，制成了瘦身含片。此药的出现，是对传统减肥理论进行的一大突破，真正实现了"减脂肪而不减营养、不减水分"的机理突破。

瘦身含片的主要成分——荷叶生物碱，其活性分子极细小，能从口腔的血管黏膜面直接进入血管下的静脉，而不从消化道通过，因而能被人体快速吸收，避免了厌食、腹泻等现象的出现。

它一方面通过破坏脂肪基因合成，阻止了新脂肪的产生，另一方面可以有效激活脂肪分解酶的活性，将原有脂肪分解为能量，通过双向作用，产生强力瘦身而不失水分的效果。

经卫生部为期 35 天的人体试验，此药一星期可减轻脂肪 3.9 千克，而体重的变化是 2 千克。此药疗效高而副作用又极小，是一种理想的瘦身效果。

2.瘦身果冻

墨西哥国立理工学院科研人员采用西方传统顺势疗法类药物，制成食用瘦身果冻，可以产生快速减轻体重的良好效果。

该学院所属的顺势疗法医学院研究人员采用石灰钙、石墨以及墨角藻。配制成顺势疗法药剂，并加入普通果冻粉制作成瘦身果冻，给肥胖症患者服用。

根据顺势疗法药理，石灰钙能使脂肪组织的运动加快，石墨有助于消耗体内过多的糖分，而墨角藻则可协助消除多余的脂肪。

据介绍，这种瘦身果冻的制作方法非常简单：将一小袋果冻粉浸入一升水中，在水温达到 35℃~40℃时,加入顺势疗法药剂就可以了。但必须严格控制水温,因为水温关系到药物的分解溶化效果,并直接影响瘦身功效。

一项针对 70 名肥胖者的实验表明,接受实验者食用瘦身果冻后,大多数体重得到减轻。最成功的例子,是仅在半年之内就有人减轻了 12 千克的体重。

(三)泻药瘦身百害而无一利

有些肥胖者在瘦身时,不肯舍弃美食。于是他们找到了平衡点,那就是美食照吃,吃完了用泻药将其拉出肚外。认为这样既饱了口福,又达到了瘦身的目的。

其实服用具有致泻作用的药物,不是真正意义上的瘦身。用泻药瘦身是极不科学,同时对自己极不负责任的做法。它不但达不到瘦身的目的,而且对身体的健康损害很大,有百害而无一利。

泻药一般来说有两种,一种是容积性的泻药,主要是富有植物性纤维的梧桐胶、洋车前子合成的甲基纤维素。这类泻药可以吸收水分,增加大便的体积,使大便比较容易顺爽地排出。

另外一种是具有渗透性的泻药,会使人的肠壁兴奋而导致腹泻。

泻药的作用是增加排泄量,强行泻去人体正常体液,而非减去多余脂肪,长此以往,极易导致脱水。而且泻药中,有的副作用明显,有的效果又不佳,并且伴随着出现皮肤松弛等反应,减去的脂肪会很快反弹。

泻药一旦停用,体内代谢产生的水分,会很快重新在细胞和组织间隙中占据位置,体重可迅速恢复。

此外,频繁的腹泻能使人大量脱水,从而造成水和电解质紊乱,出现酸中毒及营养不良,甚至使肝脏受损。

所以,泻药瘦身仅限于体质良好且有习惯性便秘的肥胖者偶尔为之,但仍不宜天天使用,须隔上 3~5 天,否则会对身体产生不良影响。

(四)利尿剂没有任何瘦身效果

现在有许多瘦身产品利用肥胖者急于瘦身的心理,在瘦身产品中掺加了利尿剂,结果人体内的部分水分很快就被排出了体外,人真的一下子瘦下去好多。可是一旦停用含利尿剂的瘦身药,人的体重又会重新升高,甚至超过原来的水平。

这是因为,当初体重之所以降下来,主要是减去了水分;现在体重又反弹上去,主要是水分又被重新吸收进了体内。

其实,吃利尿剂瘦身是没有任何一点点瘦身效果的,而且对人的健康十分有害。因为人体每日的水分摄入和排泄保持着一定的平衡,而利尿剂则加大了水分的排泄,使人体内的水分失去平衡,是相当危险的做法。

随着水分的大量排出,许多矿物质也会随之流失,特别是钠、钾、镁的流失,对人的健康十分不利。如镁的含量太低时,人的器官就会失调,会出现心脏病猝死症、动脉硬化、血栓、甲状腺激素新陈代谢异常、充血、亢奋、忧虑等严重症状。而钾的缺少,则会产生便秘、心律不齐、肌肉无力、低血压及皮肤粗糙等问题。如果钠流失,则会造成意识障碍。

其实,人的肥胖是脂肪太多造成的,利尿剂减去的仅仅是水分,对瘦身没有任何益处。

(五)勿使用抗生素瘦身

在一些肥胖者之间,传递着使用抗生素可以达到瘦身的效果的秘方。

有人曾经发现,在服用了抗生素之后,竟然引起了腹泻。不经意的发现,使他们突发奇想,何不用抗生素瘦身呢?这样既能治病,又能瘦身,真是一举两得。

由于抗生素种类繁多,价格便宜,购买使用均十分方便。于是用抗生素瘦身几乎到了滥用的程度。

抗生素确实会引起人的腹泻,而这种腹泻是人为用药物造成的。因为有些广谱抗生素会将生长在肠道中的帮助消化的微生物也杀光,使大肠内的消化功能失去平衡,因而引起了腹泻,经常腹泻必然会减轻人的体重,因此被有些瘦身者视为最佳的瘦身方法。

可是,长期人为地用抗生素瘦身,将会产生抗药性,当人真的患上了细菌感染性疾病后,抗生素就失去了效用,这样的后果是十分可怕的。

此外,人如果长期腹泻,虽然能减少脂肪的吸收,但是其他营养成分也随之丢失了,从而会导致营养不良、体力衰退、贫血、休克等疾病的发生。

因此,奉劝各位瘦身者,切勿使用抗生素来瘦身。

三、手术瘦身

(一)吸脂瘦身手术法

吸脂瘦身手术有 30 年的历史,多应用于局部脂肪堆积,或以局部脂肪堆积为主的轻、中度肥胖及皮肤弹性良好的年轻人。而全身普遍发胖者,应先以饮食等方法瘦身,再针对局部脂肪堆积处进行吸脂手术。

吸脂瘦身术对腹部、髂腰部、臀部、大腿内外侧等部位适用,而膝关节、上肢、下巴、小腿及臀沟处的脂肪堆积,也可借吸脂来改善。手术切口多选在治疗区附近的隐蔽部位,如腹股沟、脐沟、腋下等部位。吸出多少则可根据肥胖情况由医生考虑。

常见的吸脂瘦身手术有以下几种形式。

1.注射器抽脂术

这种手术方法非常简便,它根据人体组织生长规律和细胞学机理,利用注射器内腔的负压,将肥胖部位的脂肪组织从体内吸出。

该手术的操作就是通过一个或几个针孔,将配置好的含有麻醉药的膨胀液向皮下脂肪注射,导致脂肪组织膨胀、液化。并借助注射器内腔的负压,将液化后的脂肪从体内吸出。由于注射器的针头管径很小,并具备一定规格,所以抽吸的速度会很慢,抽吸量也不大,但有着手术创伤小的好处。

该手术尤其适用于小范围,如下颌部、面部等。

2.电动负压吸脂术

此种方法是使用膨胀麻醉技术,将麻醉药通过肥胖部位附近的一个或几个小切口(约为 3~4 毫米),注入肥胖部位之中,等到麻醉药产生效果后,将连在吸引器上的吸头插入该部位,将脂肪组织抽吸到体外。

由于手术是在连续负压的情况下进行的,加之吸头的口径比注射器的口径要大(吸头的直径一般在 3~4 毫米),因此,抽脂的速度较快,所抽吸的量也较多。

但由于使用的吸头的口径并不很大,所以术中基本不会破坏血管、神经,出血也比较少,即使抽吸出上千毫升的脂肪组织,出血量也超不过 20~30 毫升。

由于创伤较小,患者术后休息 1~2 天,甚至不用休息,也无须住院,术后也不会留下明显的疤痕。但抽吸部位较多时,则另当别论。

该手术对抽脂量大、脂肪堆积较厚的部位适用,如臀、大腿部等。

3.超声吸脂术

1992 年,意大利医学专家率先使用一种瘦身手术,他们通过超声发生器,将电能转变成高频能,产生超过 16 千赫的超声波,对脂肪组织产生作用而发生理化及生物效应,造成脂肪细胞变性、破裂,进而从体内排出,这种手术被称为超声吸脂术。

该法优点是可选择性地破坏脂肪细胞,仅去除脂肪组织中的液体成分,而不对细胞膜、细胞间质等组织产生破坏,术后恢复较快,愈后的皮肤更易平整。另外,这种手术造成的创伤也很小。

该法的缺点是效率太低,手术时间较长,有时能令患者难以忍受。由于抽吸出来的脂肪组织均已被破坏,所以不能再作为充填材料使用,而仪器费用也很昂贵。

该方法一般只适用于小量的吸脂塑形。

4.电子吸脂术

电子吸脂术最早出现于 20 世纪 90 年代,这种手术运用连接在手柄上的两根 1.6~2.5 毫米的针式电极插入脂肪层,其中一根针自动将麻药注入抽指部位,同时在两个电极之间产生一个高频电场,依靠高频电场破坏身体中过多的脂肪组织,同时,另一根针将被电场破坏的高密度脂肪液体吸至体外。

该设备所产生的高频电场,能够破坏脂肪组织,加之通过两个小而细的电极施行,所以对血管、神经并无大的损害,术中出血量较少,术后伤口较小。不需要缝合,但手术费用相对较高。

该方法适用于一般量的吸脂塑形。

值得注意的是,虽然目前每年都有数以万计的肥胖者加入了抽脂瘦身的行列,只要翻一翻报纸和各类媒质,甚至在电视里,到处可以看到打着抽脂瘦身的广告和宣传抽脂手术的医院。

但吸脂手术仅仅只能消除身体某些部位的脂肪,以改善人的身材和体型,而对肥胖引起的心血管疾病、糖尿病等没有任何的改善作用。因此,采用吸脂手术时要慎重,不要盲目从众。

吸脂手术注意事项

专业医师提醒大家,若属于下列对象,就不适合进行吸脂手术:

检测自己肚子大的原因,因为有些人的肚子大,并不一定是脂肪堆积的结果,也有可能是疝气或长瘤等其他原因,需要请医生评估后再决定。

抽脂失血情况虽小,但正在服用凝血药物的人不适合。而且有糖尿病、血凝障碍及心肺疾病的患者也不宜。

若是脸部肌肤松垮却想借由吸脂来改善,也不宜。

吸脂过后,若是肚皮松垮,需要视情况再进行皮肤整形手术,如腹部拉皮术,才会有好的效果。

有些女性,其腹部、臀部及大腿出现皮下脂肪聚积成凹凸不平的橘皮状,吸脂手术并不能治疗这种橘皮脂肪的情况,只能改善体型。

吸脂术也不适用于年纪大、皮肤松懈、局部皮肤弹性太差者,或部分女性产后过松的腹部。

吸脂手术前两周应禁用阿司匹林类的药物,以免造成血肿或大量淤血,使含铁血黄素沉积造成皮肤色素沉着。

另外,吸脂手术进行前须先清洁消毒局部皮肤,接着把部位标记好,局部或全身麻醉后,在皮肤上划下小小的切口,再利用吸脂吸管,震碎脂肪组织并同时将多余的脂肪吸出体外。

吸脂时,单次大约是会抽出 1000～2000 毫升的脂肪,吸过量会导致血液和体液流失过多,而且绝不能超过体重的 8%,否则极易产生致命的伤害。最好一次只抽一个部位,宁愿分次吸脂也不能一次抽太多。

在冬天进行吸脂手术时,效果会比夏天好。因为冬天进行吸脂手术,术后不会因穿着弹性衣而汗流浃背,而且未拆线前的伤口又不能碰水,只能采取局部擦澡的方式,若是在夏天,女性们肯定受不了。打算吸脂的人,建议还是选择在冬天进行。

吸脂手术虽然技术渐趋成熟,但也会产生一些副作用,常见的有以下几点。

1.皮肤表面凹凸不平

这种副作用与抽脂技术相关。抽取过多或太少,都会产生不好的效果,一般皮下脂肪应预留 0.5 厘米厚左右,这样抽脂表面才能平滑,消肿的时间也会很快。

2.引发并发症

脂肪抽吸术可能导致的并发症有:出血、感染、血肿、局部皮肤瘀斑、局部感觉消失等。

3.形成脂肪栓塞

这种副作用不会轻易发生,预防性措施包括适当的体液补充、手术后早日下床活动等。

另外由于女性特殊的生理活动,因此女性做瘦身手术最好避开月经期和妊娠期,选择何种手术方式也要有所考虑。更不要因为前一次手术效果理想,而频繁进行多次手术,这样不利于身体的恢复。

吸脂手术后,要注意做到以下几点术后护理。

1.适当的休息

小范围的吸脂不会影响工作,大范围的吸脂则要休息 2~3 天。通常约 2 周后,便可恢复一切日常活动。

2.注意穿着

在吸脂的局部会有一个小的切口,大概 1 厘米左右。为了止血消肿,并让皮肤得到良好而均匀的收缩,术后必须立刻穿上特制的弹性衣。

尤其手术后的前 3 天到 I 周内,每天穿着的时间更要久一点,之后再慢慢减少,至少要穿 1 个月比较理想,而且也要和医师保持联系,定期追踪局部的变化。

3.保护抽脂部位

手术后暂时有肿胀、瘀血及酸痛现象是正常的,因为许多小血管在吸除时被破坏,这些症状慢慢就会消失。另外要提醒的是,在还没拆线前,抽脂部位要避免与水接触。

值得注意的是,吸脂所抽掉的仅仅是皮下脂肪,而对生长在人体内脏中的脂肪则没有作用。吸脂手术无法代替节食和运动。

所以,吸脂后还是要控制饮食,千万不要肆无忌惮地暴饮暴食。否则,即使脂肪细胞的数目不会增加,细胞体积却会膨胀扩大,吸收过多热量的还是会导致身材变形,影响到吸脂的效果。

(二)胃部缩小和改造手术

常见的有胃部缩小、改造手术,包括部分切胃手术、胃肠捷径术、胃间隔术、胃刺激器植入术、胃绑扎术和垂直带式胃成形术等。现将这些瘦身术介绍如下。

1.部分切胃手术

切胃瘦身法在美国较为流行,这种减肥措施主要靠医疗手术为依托,切除一部分胃,减小胃容积,进而降低食欲,对人的总体热量摄入加以控制,最终产生减肥瘦身的效果。

切胃的情况也不尽相同,有的直接切掉半个胃,有的则切掉小半个胃。

2.胃绑扎术和垂直带式胃成形术

通过手术形成一个仅能够容纳7盎司的食物的胃袋,胃袋通到胃其他部位的口径为1/4英寸。病人手术后由于胃袋的存在,影响了食物的排空,以至进食少量食物后就会产生饱胀感,从而达到限制瘦身者饮食的目的。

3.胃肠捷径术

胃和肠的手术可以一次完成,在割胃的同时也使切肠完成。把胃劈成两半,一半关闭上口,让它与相连的一段小肠断绝粮草,只提供消化液;与食管连通的那小半个胃远端,与截除近2米小肠后的剩余小肠两端,做个"Y"形的三通吻合。

这样一来,食物经小胃直接进入下段小肠,并经三通吻合获得来自"闲置"胃肠分泌的消化液。如此,不仅饭量减小,而且由于小肠短了,营养吸收也少了。可产生瘦身的效果。

4.胃间隔手术

这种手术不需要对胃切割,而是给胃分家。2004年,接受此种手术的美国人约有10万多人。通过手术,肥胖症患者的胃容量会从半加仑缩小到1盎司多一点,多数患者手术后的进食量会大量缩小,而且再也无法恢复正常。

5.胃刺激器植入术

这种手术是意大利的一位肥胖症外科医生发明的。他设计出一种可植入体内的胃刺激器,用它定期对胃壁实施电击。电脉冲能使肌肉放松,形成假饱足感,对胃与大脑之间复杂的激素联系起到刺激或抑制作用。

上述胃部缩小、改造手术,基本上对瘦身者的身体都有一定的不良影响。比如影响消化道的正常消化吸收功能,手术中胃部的缝合处也有可能发展成漏洞,引起危及生命的血凝块现象。

据一份研究报告指出,在16000多名接受了胃缩小术的肥胖者中,出现并发症者占到了10%,而且,男性出现并发症的概率比女性高出70%,手术的死亡率为1%。

(三)削骨整形手术

削骨整形手术是一种针对大饼脸的整形手术。有很多女性为自己是大饼脸而苦恼,请检视自己是否是真正的大饼脸,正宗的大饼脸有以下特征:两颊过宽,颧骨过高;鼻子很塌,脸上轮廓不明显;整个下巴过宽。

而完美的脸型,可以通过两个部分来认定。

1.脸的长度

将脸分成三等分,从额头上方到眉毛,从眉毛到鼻翼下缘,从鼻翼下缘到下巴,这三部分各占整张脸长度的1/3,可谓脸长的黄金比例。

2.脸的宽度

将脸分成五等分,从最靠边的颧骨弓到眼睛边占整张脸的1/5,一个眼睛的宽度及两个眼睛之间的宽度各占整张脸的1/5,就是脸宽的黄金比例。

如果还在为自己没有一副完美的脸型而苦恼的话，那就试试整形吧。

1.隆鼻手术

脸平宽，鼻子不挺的大饼脸，建议试试隆鼻手术，而隆鼻手术又分为两种，看看自己适合于哪一种。

（1）矽胶义鼻

这种手术目前多用矽胶材质做成义鼻，局部麻醉后，给接受手术的女性装入义鼻。该手术耗时大约 1 小时，需要约 2 星期复原。不过值得注意的是，该手术有鼻子移位后遗症的可能。

（2）软骨隆鼻

该手术是取用自己身体的组织，如骨头、软骨、肌膜或脂肪等，置入鼻子，将鼻子垫高。一般多取用耳朵部分的软骨组织。为使开刀痕迹不明显，医生会从鼻孔进去开刀。如此，外表不会有手术的疤痕，手术仅需要局部麻醉即可。

该手术耗时大约 2 小时，需要约 2 星期复原，手术后 3 天内要吃流质食物。隆鼻手术复原期间要注意鼻子不要碰撞到，手术部分会有肿胀现象，要多冰敷患部。该手术也有产生鼻子移位的后遗症的可能。

2.缩颊手术

颧骨弓为脸部最宽的地方，颧骨弓如果外扩得太厉害，就会让人沦为大饼脸一族。如果是颧骨弓外扩的人，可进行的整形便是缩短颧骨弓手术了。

一般来说，颧骨越高，上了年纪以后，脸颊越不易下垂，看起来会比同年纪的人年轻。所以如果是嫌颧骨高想整型的人，可要三思了，因为医师建议，与其施行削骨手术，不如选择隆鼻手术，这样老了以后才不至于后悔。

该手术是要缩短颧骨弓，让颧骨弓凹进去，需要全身麻醉。耗时约 6 小时以上。而且需住院 1 天，约 2 星期后可以复原。有产生发炎、血肿块后遗症的可能，要注意多以冰敷患部即可消除。

3.削骨手术

削骨手术可以使人拥有一个尖尖窄窄的美人下巴。

削骨多从口腔内或脸外围开刀，以遮掩开刀的疤痕。该手术约需 4 小时。不需住院,需要约 2 星期复原。伤口部分会有肿胀情形,需多冰敷,手术后 6 星期内避免晒太阳。

不过该手术会产生两边不对称、伤及神经等副作用的可能。

4.施打肉毒杆菌

这种手术适用于下巴部分嚼肌过于发达的人,肉毒杆菌打下去,一针即可改善。约需 3~4 次,每隔 3~6 个月打一次,依每个人情况的不同,需要打针的次数各不相同。

患者不需住院,打针后 30 分钟,要多做嚼肌运动,效果较好。手术后有暂时性的局部肌肉无力现象,过一段时间自然会恢复。

(四)其他瘦身手术

1.局部脂肪切除手术

局部脂肪切除术主要针对重度肥胖患者,由于脂肪过多堆积,严重影响体型或有碍于生活自理,常用于腹型或臀型肥胖患者。这种手术有显著的效果,但效果多不能持久,必须结合饮食控制等疗法。另外,切除脂肪的部位有发生脂肪囤积的可能。

局部脂肪切除术为创伤性治疗,患者要经过手术和麻醉过程,心肺功能不全者要慎重考虑能否接受手术。受治者有发生手术并发症之危险,并发症有大出血、麻醉意外等。加上手术后的营养不良,严重者还需再行手术恢复原有生理状态。给患者造成很大的心理和生理上的创伤,故必须严格掌握适应证。

2.小肠回路法

此种手术即空回肠短路手术。将空肠近十二指肠处截断,近十二指肠端直接与回肠末端行端吻合,另一端空置,也就是将小肠截短,进而使身体对营养素的吸收大大降低。

该手术容易导致胆结石、尿道结石、关节炎、酸中毒、高血压、肝功能不良、秃发及贫血等问题。

3.腹壁整形术

通过外科手术,将腹壁中部和下部过多的脂肪和皮肤去除,并收紧腹部肌肉,从而产生瘦身塑形的效果。

此手术适用于腹部有大量脂肪堆积或肚皮松弛外凸的人士。但这种手术会在腹部留一道瘢痕而且不易消失。这个瘢痕的长短,取决于需要切除的腹部皮肤和脂肪的多少,它最长可以从一侧腰部到另一侧腰部。

4.颚固定术

颚固定术的目的是对固体食物的摄入予以限制,用手术将颚部固定下来,这样上下齿列亦相应地被强迫固定,从而不能摄取固体食物。

第六节　时尚休闲瘦身

一、洗浴瘦身

(一)洗浴瘦身原理

洗浴不但有放松身心的功效,还可以让身体曲线更美,进而达到瘦身的目的,实在是一举数得的好事。因为热水促使体温上升后,大量出汗也可让新陈代谢率增加。对于加快日常热量的消耗速度大有帮助。

泡在热水里,不但可以舒缓情绪,使全身得到放松,同时还能洗出肌肤的美丽。效果最好的水温是39℃~42℃左右(冬天约40℃,夏天约38℃),太凉无法促进新陈代谢,太热则容易对心脏造成负荷,甚至引起肌肤皲裂。在摄氏42℃的热水中泡浴30分钟,可以消耗200多千卡的热量,相当于一碗多米饭。

人的全身布满了上万个毛细孔,每一个毛细孔之下都有皮脂腺,会制造出油脂性分泌物,可是,这种分泌过程并不是一直持续进行的,当皮肤表面有大量油脂积存时,皮脂的分泌就会减少。

积存在体内的脂肪,除了以运动来燃烧消耗外,透过皮脂腺来分泌排泄也是一种途径。因此，洗澡还可以帮助人体脂肪的排泄及消耗。

可见，洗澡瘦身是有道理的。人体在进行热水沐浴时会流汗，不但可以冲掉皮层的垢物，体内积聚的残余废物及多余的水分，亦会随汗水一起排出，一方面可以消除浮肿；另一方面则可促进新陈代谢，从而达到瘦身的目的。

洗浴瘦身的方式有很多，通常有热水浴、桑拿浴、药浴等等。

1.热水浴瘦身

热水浴不但可以消除身上的污垢，而且还有很好的瘦身效果。热水浴瘦身的关键在于如何掌握水温和入浴的时间。

热水可刺激血液的循环，促进新陈代谢。体温由于热水而升高时，身体会大量出汗。这不但使皮肤中凝结的老化、污秽物质能够和汗水一起排出，而且还可以使脂肪得以消耗。

热水浴瘦身法有浸浴和淋浴两种。

（1）浸浴

入浴前，先进行洗浴按摩，拿块海绵或者丝瓜络，从手脚的尖端开始，以划圆弧的方式向心脏方向慢慢按摩，尤其是自认为脂肪最多的部位，多按摩几下，因为越是脂肪堆积的地方，代谢功能越不好，水分和老旧废物无法顺利排出体外，而按摩除了有良好的清洁作用外，也可以促进血液循环。

接下来就是放水准备浸浴，水温在42℃以上时，可以起到快速活络交感神经的作用，使人顿觉精神百倍，而且代谢能力会在较短时间内提升。

不过，这样的高温对肌肤的刺激较大，而且也使人无法久坐其中。温浴（39℃~42℃）可以缓和地升高体内温度，使血液循环增强。微温浴（37℃~39℃）比正常体温略高，是让人容易适应的温度，同时可以促进副交感神经的活动，使人放松，产生睡意。

由于泡澡瘦身与新陈代谢率的增加与否密切相关，所以温度高，时间长，效果就较好，因此，每个人必须找到自己最适应的水温。

沐浴前，在水中加一些自己喜爱的带香味的入浴剂，从而增加沐浴的乐趣和轻松的心情，若入浴剂含有盐、香草等发汗性强的瘦身成分则更佳。也可在水中加入少许粗盐或酒以取代入浴剂,因为它们的发汗效果也不错,促进新陈代谢的能力也很强,只不过,皮肤较为敏感或脆弱的瘦身者千万不要轻易尝试,否则腰围没瘦,柔嫩的肌肤可能会先喊痛。

在水中浸泡时,以每泡 5 分钟,起身休息约 3 分钟的频率,重复几次。边浸泡,边用力拍打搓揉赘肉部位,像揉面团一样使劲地揉,一直揉到赘肉部位的皮肤变红为止。皮肤变红正代表了血脉已畅通,这个阶段别忘了大量补充水分,才能维持肌肤的润滑度。

泡完澡后,可用 18℃~20℃ 的冷水做全身按摩,若怕冷受不了,至少也得做个 20~30 秒。这不但关系到瘦身,最重要的是它可以消除疲劳,使皮肤紧实有弹性。

冲了冷水后,就可以出浴了。记得要擦干身体,并以大毛巾包裹补充水分后,躺着休息 20 分钟。

(2)淋浴

淋浴同浸浴一样。淋浴时,配合洒水头对身体局部做循环按摩,以达到促进脂肪燃烧的作用。淋浴时水温可保持在 25℃ 左右,由肩到脚逐个部位做画圈式按摩。

如果是软绵绵的松弛肥肉,按摩时方向要由上至下、顺时针打圈按摩;若是较为结实的肌肉,按摩时方向就要由下至上、逆时针打圈按摩。

热水浴瘦身固然方便,但要特别注意,太饿、太饱、酒后,都不要泡澡。太饿泡澡,会有血糖降低而休克的危险,太饱泡澡,会影响消化功能。体质虚弱的女孩要注意掌握入浴的时间及浴水的温度,不能着凉。

2.桑拿浴瘦身法

桑拿浴起源于芬兰,中国人通常把它称为蒸气浴。现在国内已经相当普及。桑拿浴是将一种特殊的矿石——桑拿石进行加热,当加热到温度很高时,再把冷水不断地浇泼到发烫的桑拿石上,顿时湿热蒸汽升腾弥漫,使整个浴室沉浸在热气腾腾的蒸汽之中。

桑拿浴的确有一定的瘦身作用。为什么呢? 因为人体有使自身在外界温度变化时仍保持体温恒定的机能,即低温时增加吸量,高温时增加散热,两种调节过程都要消耗大量热能。

桑拿房的温度一般保持在80℃。桑拿浴就是在高于体温的环境中,使人体的毛细血管极度扩张,新陈代谢加快,并大量出汗,同时排出体内毒质。于是脂肪就会转化为热量散掉,而排毒过程也顺便疏通了淋巴系统,防止局部脂肪的积聚,从而减轻体重。

不仅如此,桑拿石还含有大量的锌、钾、钙、铁等多种人体必需的微量元素,被加热之后,温度急剧上升,上述微量元素就会随蒸汽飘逸而出,并洋溢于湿热蒸汽之中,通过血液循环被人体吸收,有利于身体健康。

进行桑拿浴前,要先用温水冲洗皮肤多次,然后进入桑拿浴室,开始时可用40℃~50℃的室温,而后逐渐升温,并保持在80℃~100℃。

桑拿浴可以瘦身,但它仅对单纯性肥胖且没有严重并发症的人较为适宜,肥胖并伴有高血压病、冠心病等病症的肥胖病人,不能用桑拿浴瘦身。另外,应正确地掌握桑拿浴的时间和浴室的温度,防止体内出现水和电解质代谢的平衡失调。

(二)药浴瘦身法

药浴的应用在我国有着悠久的历史,它不但可以减轻疲劳、改善血液循环、促进新陈代谢、祛除污垢,使身心舒畅、精神爽快,而且通过皮肤在水温作用下的强渗透作用,吸收相应的中药成分,则可达到祛病、护肤、美容的作用。

药浴瘦身贵在坚持,对体质较好的人尤为适宜,体质虚弱者,可以适当地减少入浴的时间,并降低浴水的温度。

下面介绍两种家庭药浴方。

1.荷叶15克,泽泻12克,防己15克,柏子仁15克。

2.麻黄15克,荷叶10克,车前草15克,荆芥5克,薄荷10克,山楂叶10克,茶叶10克,藿香10克,明矾6克,冬瓜皮10克,海藻10克,白芷10克。

两种家庭药浴方的制作如下:

用清水5000毫升浸泡20分钟后,放入砂锅中,先用武火后用文火共煮30分钟,而后将药渣整个沥掉,留下滚烫的药汤掺入浴水中。此时,如果加入一块拍打过的生姜及 1 瓶米酒,会使血液循环更加顺畅,从而有助中药的吸收。

最后一步就是在浴缸里享受浸泡至少 30 分钟。在浸泡过程当中,瘦身者可以自行按摩肥胖部位,这样可以加速皮肤吸收中药。该法最好每天一次,3 个月为一疗程。有润滑皮肤、去油脂、除臭轻身的作用。

(三)盐疗瘦身法

这里要用到的盐,可不是家里用来做菜的普通盐,它指的是从海水中提炼出来的天然盐、海盐。因为海水含有丰富的钾、镁、钠、钙等矿物质,因此海盐不但可以用来杀菌、消毒,甚至还被发现可以用来减肥瘦身、消除水肿、美容等功能。

盐疗法特别适合下半身肥胖的上班族女性使用,尤其是大腿、臀部及腹部肥胖的患者。因为它可以加速身体的新陈代谢,使淋巴液回流更加顺畅,从而阻止脂肪囤积及发生水肿的现象。

使用盐疗法时需要准备粗盐 1 包、橄榄油 1 瓶、大毛巾 1 条、保鲜膜 1 卷。

操作步骤如下:

先将橄榄油涂抹在想瘦身的部位,然后按摩 20 分钟,软化脂肪。

准备一个小锅,注入 2000 毫升的水,再加进 20 克的海盐,然后煮沸,直到海盐完全被水溶解为止。

先将大毛巾泡进热盐水中,然后再包裹在要减肥瘦身的部位,缠绕 3 圈,温度最好维持在 40℃左右,太热的话会使皮肤受伤。

拿出保鲜膜,包住泡过盐水的大毛巾,这样才能保持它的温度。等 30 分钟后,将保鲜膜及大毛巾都拆掉。按摩大毛巾包过的部位 30 分钟。

按摩完后,洗个热水澡,将盐分通通洗干净。出浴后,再喝 100 毫升的白开水。

使用该法进行瘦身时,有两点需要特别注意:

其一,盐水的浓度不要太高,一般以 1 克粗盐配 100 毫升水为原则。尝试不可超过 1∶20(即 20 克,粗盐,400 毫升水)。

其二,泡盐毛巾包裹之后的按摩动作宜柔和轻缓,不可搓揉,以免伤到皮肤。

（四）绝妙瘦身泡汤方

在家泡澡与到温泉泡澡有异曲同工之效。泡上 20 分钟,体温升高,大汗淋漓,好像运动过后一样,如果在水中添加各种不同的泡澡产品,不仅增加视觉上的享受,肌肤也会得到不同程度的保养。

适用人选

（1）平时忙于工作,下班后就精疲力尽的;

（2）争分夺秒,不能忍受任何一点时间浪费的;

（3）在家也可享受放松感的;

（4）想以健康养生的方式自然瘦下来的人群。

设计方案

第一天:忙碌一整天的疲惫感,可在家中借一次很有气氛的泡澡来缓解。

早上八点之前吃一顿丰富早餐,没时间吃饭时,随身准备代餐饼干充饥,避免因饥饿而产生过食行为。

早上及睡前做伸展塑身操。

放点音乐,点上香氛蜡烛,放松一下,来场 20 分钟的半身浴。

第二天:今天工作很忙,到处奔波的结果是双腿酸疼。

以清淡饮食为主,避免大鱼大肉,太咸太辣的食物,吃七分饱即可。

利用空余时间,多活动活动身体,增加快步走路的机会,晚上要做 20 分钟抬腿运动。

洗完澡后,以中高温度水泡脚 15 分钟。

第三天:工作压力太大,想要好好运动来激励自己。

遵循早餐要吃好的原则,另两顿则以清淡的蔬菜水果为主,运动完后多喝水。

慢跑 20 分钟,晚上睡前做伸展塑身操。

运动后有点酸痛的筋肉,在洗澡时以莲蓬头水柱反复冲击,按摩肌肉。

第四天:一天都坐办公室工作,活动量少。

禁吃零食、宵夜。三餐的食量较平常减少 1/3。

·美容美体·

图文珍藏版

多增加上下班走路的时间,晚上跳一场 40 分钟以上的有氧舞蹈。

利用植物精油,舒舒服服在家泡 20 分钟半身浴。

第五天:要放假了,赶着把工作处理完,下班就很晚,好累喔!

多补充蛋质食物,避免油腻饮食,多吃蔬菜、水果,补充综合维生素。

在办公室多走动;洗完澡后按摩身体筋肉,睡前抬腿 15 分钟。

准备中高温度水,泡 15 分钟脚。

第六天:为自己设计一个户外活动,在大自然中进行瘦身运动。

懂得减肥挑食原则,你也可以吃得好,又吃得瘦。

一早进行森林浴或者爬山、步行的户外运动,晚上按摩运动后的筋肉,抬抬腿。

早餐之前泡澡 20~35 分钟,午餐后 2~3 点也可再泡一次。

第七天:一边放松身心,一边为下周的紧凑生活收心。

可以用健康药膳帮助自己小补一下。

早上来场有氧运动,如游泳、跳舞、慢跑;晚上做做伸展塑身体操。

早餐之前先泡汤一次,时间为 20~35 分钟,午后 2~3 点再泡澡一次。

(五)芳香精油减重

每天下班回家,身体就像打过仗一样,如果你只是匆匆忙忙洗个战斗澡,那你的身体就太可怜! 快洗个香喷喷的精油澡来犒赏自己,对身体好一点吧! 精油澡不但可恢复精神,精油挥发效果所产生的负离子、芬多精及温水浸泡还可促进血液循环,改善淋巴排毒,让自己变瘦又变美。试试看,洗出一个神采奕奕的自我来面对崭新的一天,你会发现洗澡的感觉真好!

半小时温水瘦身美肌浴

(1)把浴室窗户打开一些,保持空气流通。

(2)淋浴。从离心脏较远的地方开始把身体冲干净。

(3)倒入芳香精油。选好自己想要的香味及疗效,将 1~2 瓶盖的浓缩精油倒入约 8 分满的温水浴池内。

(4)浸泡 5 分钟。颈部以下全部浸泡在池里,可使体温升高,让脏的毛孔张开。

（5）休息 3~5 分钟。出来坐在池外休息,这时可以涂抹芳香精油。

（6）再入浴 8 分钟。这时会开始流汗,浓缩精油的所有好处都出现了。

（7）再休息 5 分钟。搭配按摩精油轻轻按摩颈部、肩部、臀部及腿部等想加强的地方。

（8）再入浴 5~8 分钟。别泡到睡着了!

（六）桑拿浴蒸发减肥

桑拿浴就是人们说的蒸汽浴,使用桑拿浴来减肥比单独的热水浴减肥复杂得多。但由于减肥效果好,加上速度快,所以亦深受瘦身族的喜爱。国外的肥胖者们,大多采用桑拿浴减肥。

方法:

（1）先进行蒸汽浴,使皮肤温度升高到 38°~40°,在蒸汽室内停留 5~10 分钟。

（2）由于蒸发的原因,皮肤温度逐步下降,这时进行冷水淋浴,让皮肤温度降到 4°~8°,这时的体温恢复到原来的水平。

（3）重复上述过程 2~3 次,减肥效果更佳。

国外的桑拿浴池,一般都有一个自动调节温度、湿度的装置。国内的浴池,通常只有池浴和淋浴设备,采用桑拿减肥者,有条件才可进行冷热水交替浴减肥。先在浴池泡上 5~12 分钟,然后再进行冷水淋浴 3~12 分钟,休息 15 分钟左右,重复 2~3 分钟。当然可去高档桑拿浴池享受舒适的服务。

患有癫痫、心功能代偿不全及慢性心肺病的肥胖者,经期、孕期女性,不要采用这种方法,以免身体不适。

二、按摩与瘦身

（一）按摩瘦身的原理及特点

在传统瘦身方法中,按摩瘦身因为自我操作性强,方法简便、舒适,从而成为广

·美容美体·

图文珍藏版

大肥胖症患者瘦身的一种辅助方法。

按摩瘦身以中医经络理论进行瘦身,不但能消除脂肪,又能强健身体,有显著的疗效,并具有如下优点。

1.经济实惠

只要认真地实践就能有效果,不会花费过多。

2.简单易学

动作非常简单,学起来相当容易。

3.实用方便

按摩瘦身是肥胖症患者自己掌握的一门技术,所以非常实用,很方便,不用求别人帮助。

4.无副作用

自我按摩瘦身不需要药物和医疗器械,所以不会有任何副作用。假如肥胖者腰、腿粗大,同时患有腰腿痛,那么使用自我按摩法一段时间后,腰腿就会变细。疼痛也会得到缓解。

假如肥胖者腹部过大,同时患有便秘,用自我按摩法一段时间后,腹围会随之缩小,便秘现象也不知不觉地没有了。按摩治病,真是一举两得。

5.防病治病

自我按摩瘦身术不仅能瘦身治病,而且能对疾病进行预防。对于那些有病的肥胖者,自我按摩能够增强人体的抗病力,使身体尽快恢复健康。对于那些没病的肥胖者,自我按摩可以使身体强壮,预防疾病,使人健康长寿。

6.疗效显著

自我按摩瘦身,如果方法使用得正确,多数情况下能够取得理想的瘦身效果。自我按摩坚持两周,效果就会很明显。坚持一两个月以上,效果更为显著。

在临床上,按摩瘦身取得了良好的效果。多数情况下,坚持一个月的自我按摩能使腰围、腹围各减少 2~5 厘米,也能减少一定量的体重。如果每天都能认真地自我按摩,在数月之后,就能出现很理想的瘦身效果。

通过按摩,可使脂肪经常处于柔软并容易燃烧的状态。所以,按摩可以减少皮下脂肪的积聚，加快脂肪的代谢吸收的速度，从而双向调节消化系统、内分泌系统、神经体液代谢以及糖代谢。

只要对症施术，索源求本，按摩就会对肥胖产生一定功效。脂肪组织间隙的血管很少，借助手法按摩，能使毛细血管的再生得到促进，消除脂肪中的水分，加速脂肪组织的"液化"及利用。

例如，平常缺乏运动而积存于腰间的脂肪，通过反复的按摩，会达到较明显的消除效果。按摩能够促进新陈代谢，使多余的脂肪转化为热量而被消耗，从而减少局部脂肪堆积。应用于腹部及四肢的局部瘦身方法更受大众欢迎。

对于一些不愿去医院门诊治疗的肥胖者来说，运用按摩对体内各系统功能进行协调，瘦身降脂，实在是一种非常好的选择。

通过有关穴位的刺激和按摩，可以调整神经内分泌的功能，促进脂肪代谢和分解。按摩还可以促进血液循环，扩张皮肤的毛细血管，提高局部的体表温度，从而使皮下脂肪的消耗得到增加。

不管是按摩师按摩，还是自我按摩，都是一样的瘦身原理。所不同的是，肥胖者让按摩师按摩时，是完全被动地接受。而肥胖者自我按摩时，则是主动地自己用力，等于进行了一项不小的运动。运动瘦身加按摩瘦身，怎会没有良好的效果？

按摩的运动量绝对很大。给一个体重80千克的人做一次气功点穴按摩瘦身与打两套武术拳的运动量相等。非气功的一般性推拿按摩，也有较大的运动量。所以，从事推拿按摩的人，几乎没有肥胖的。

我们应该认识到，按摩也是一项运动，而且是一项很好的、有较大运动量的运动。

假如腿粗，完全可以对双腿进行自我按摩，粗略地计算一下。如果按摩一次单手用力10千克，双手同时按摩就能达到20千克，以按摩100下计算，就是2000千克，双腿加起来就用了4000千克的力量。

如果是全身肥胖，可以对全身进行自我按摩，只要肯花力气，所用力气加起来足有好几吨。这种体力劳动的强度会有多么大啊！这种用力本身就在消耗热量，再加上按摩也有瘦身功效，双管齐下，不必担心自己瘦不下来。

　　瘦身按摩手法从手法特点上,可分为一般推拿按摩和经穴按摩;从按摩方式上,可分为手工按摩和非手工按摩;从流派上,可分为韩式、日式、欧式、泰式、中式等等。

　　(二)穴位按摩的瘦身效果

　　东方医学认为人体有"气"在循环流通,气就是所谓的能量,气流通的通路叫"经络"。支撑气的三个要素是:水、血、气(水分、血液、活力)。三要素循环发生故障,就会出现浮肿、肥胖、无精打采等现象。水分循环不良的人"水肿胖",血液循环不佳的人是"脂肪胖",气流循环不佳的人是"压力胖"。如果按摩相应的穴位,让三要素循环畅通无阻,瘦下来就顺理成章了。穴位按摩能让内脏功能恢复正常,促进新陈代谢,排除废物,改善体质,让你健康又漂亮。

　　如果你没有参加过有关的培训,要想正确找出穴位点并不简单,不过可以慢慢寻找,试着按,即使按错,也无关大局,无非是用力太大会有淤青出现。按摩时,如果用力恰到好处,会有微痛感,但觉得很舒服。按时要放松,配合吐气。按摩前,双手手掌搓 30 次,或者用电吹风使手掌温热后再按摩,可提高按摩效果。穴位按摩的功效决不会像吹气球那样立竿见影,如果想要按摩瘦身的话,要有耐心、有信心,切勿操之过急。以下是与瘦身有关的穴位:

　　渴点穴:预防摄取过多水分;

　　梁丘穴:调整胃功能;

　　颊车穴:预防、消除双下巴;

　　血海穴:让血液循环变佳;

　　膻中穴:美化胸部线条;

　　气海穴:振奋精神;

　　臂儒穴:让双手手臂变瘦;

　　水分穴:消除下腹部赘肉;

　　天枢穴:消除下腹部赘肉;

　　肱中穴:让双手手臂变瘦;

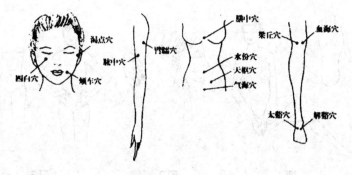

瘦身穴位

解溪穴:让脚踝变瘦;

大溪穴:让脚踝变瘦。

(三)不同体质的瘦身按摩

(1)水肿胖体质

由于新陈代谢能力差,体内多余的水分没有排出,形成水肿,特别是下半身,看起来是胖乎乎的。这种人的肾脏或膀胱功能不会太好,必须按摩穴位加以改善。对身体特别是腰部要做好保暖工作,以免受寒,加重对肾脏的负担;应增加活动量,多流汗将水分排出。

涌泉穴:脚底着地的地方,中间往下略凹陷的部位就是涌泉穴,一按会压到硬筋的部位。可改善肾脏功能,消除膀胱、大肠的疲劳现象。

双手大拇指交叠,用力按压。(图1)

渴点穴:位于耳朵入口突出部位,耳根上下连线的中点。使人感到不再口渴的穴位,对水肿胖的人来说,不宜摄取过多的水分。

用食指的指腹有节奏地轻拍。(图2)

水分穴:肚脐往上一指宽处。可将腹部累积的水分排掉。

双手食指和中指交叠按压,饭前、饮后1小时请勿按压。(图3)

(2)脂肪胖体质

由于血液中的脂肪含量多,影响血流顺畅,老旧废物的囤积,使内脏功能变差,从而导致脂肪型肥胖。按摩相关穴位能改善血液循环,一日三餐营养要均衡,经常

·美容美体·

图文珍藏版

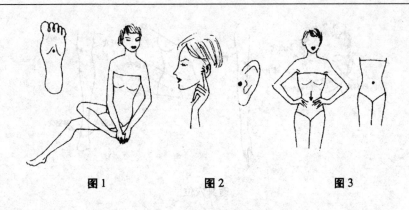

图1　　　　　图2　　　　　　　图3

参加运动,晚饭后2小时之内切勿上床睡觉,睡前禁食。

血海穴、梁丘穴:弯曲膝盖,另一边的手绕过盖住膝盖,大拇指摸到的地方是血海穴,食指摸到的地方是梁丘穴。脂肪胖的人群,一般来说胃不怎么好,故要调整胃功能,血海穴能改善血液循环,梁丘穴有强化胃功能的作用。

以大拇指用力压揉,揉搓后,再以电吹风的温风温敷两个穴位。(图4)

养老穴:靠近小指侧下方的手腕部位,外侧凹陷处是养老穴。消除体内多余脂肪,排出废物的穴位。

用食指边按边压边揉。(图5)

三阴交穴:脚踝内侧往上4指宽处,骨头旁边为三阴交穴。有促进血液循环,调整女性荷尔蒙分泌的功能。

以一只手抓着脚,用大拇指按压搓,再以电吹风温敷,效果更佳。(图6)

图4　　　　　图5　　　　　　图6

(3)压力胖体质

由于压力太大导致体内气停滞,循环困难,从而使得新陈代谢缓慢,多余的脂肪与水分无法排出,总觉得体力不支,精神不佳。这种人的心肺机能较差,必须改善体质,按摩相关穴位减轻压力。

合谷穴：位于手背。将大拇指与食指张开时，两骨之间的凹陷处为合谷穴。有强化肺部功能，强化黏膜组织与美化肌肤的功能，每天按摩能缓解压力。

大拇指和食指张至最大，用另一只手的大拇指按揉。（图7）

中晚穴：位于肚脐和横隔膜之间。有强化胃功能，促进胃酸分泌，振奋精神的功效。

双手的食指、中指、无名指交叠，按揉穴位，女性按摩时右手在下，左手在上。（图8）

气海穴：位于肚脐下方2指宽处。"气"是由两个肾脏排出，也就是由气海穴流向全身，所以只要按摩气海穴，就能让你精力充沛。

以电吹风温敷穴道，可治疗惧冷症。（图9）

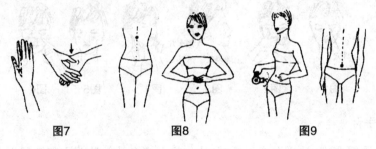

图7　　　　　图8　　　　　图9

（四）不同部位的瘦身按摩

突出的腹部、双下巴、扁平的胸部、肥胖的大腿这些都是瘦身族渴望解决的问题。如今你不用再烦恼了，只要找到正确的相应穴位，不用出家门，天天按摩，持之以恒，就会有意想不到的效果！

（1）脸

双下巴、胖乎乎的脸，让人一看就是个胖妞。要是拥有一张瓜子脸，那该多秀气！

颧骨穴、颊车穴：位于颧骨下面中心点的颧骨穴，它是知名的美容穴位，对治疗黑斑、细纹有效。耳朵下方的脸线往内1厘米的凹陷处是颊车穴，能消除、预防双下巴，同时按摩这两个穴位可让脸变小。（图1）

以左手大拇指和中指按压左右两侧的颧骨穴，往左侧按压，同时用右手大拇指

和中指按压左右两侧的颊车穴,往左侧按压。换手,换方向再做。(图2)

上廉泉穴、颊车穴:位于下巴下方的小凹陷处是上廉泉穴位,按摩此穴能消除颈部赘肉,修饰脸部线条。它与颊车穴一起按摩有预防脸部肌肉变松弛的功能。(图3)

双手大拇指按上廉泉穴,大拇指由下往上按搓,食指按摩颊车穴。(图4)

四白穴:黑眼球下方的延长线和鼻中间开始延伸的直线交接处,骨头凹陷的部位为四白穴位。它有消除脸部浮肿,减轻眼睛疲劳,使粗糙肌肤得到改善功效的作用。(图5)

以食指或中指的指腹按压,搓揉,按压时会有微痛感,不要太用力。(图6)

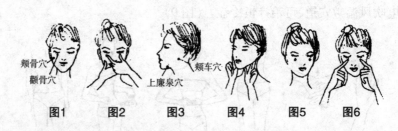

颊骨穴
颧骨穴   上廉泉穴   颊车穴

图1   图2   图3   图4   图5   图6

(2)手臂

消除手臂赘肉,让手臂变得纤细,让你穿上漂亮的无袖背心和细肩带上衣。

臂儒穴、肱中穴:臂儒穴有排除手臂囤积的废物的功效。手叉腰呈 V 字形,手臂根处出现三角肌,三角肌的前端内侧就是臂儒穴位。手臂根处和手肘正中间的连线中点,按压骨头内侧会痛的部位是肱中穴。(图7)

两只手的穴位都要按摩,以食指和中指按压臂儒穴。以大拇指按压肱中穴,稍用点力按,按时有微痛感(图8)。

(3)臀部

下垂的臀部若穿窄身长裤就不美了,按摩下列穴位,能消除臀部的松弛现象,起到美臀作用!

承扶穴:两侧臀峰最下方,以手指按时会碰到骨头的部位为承扶穴。经常按摩承扶穴能让松弛的臀部提高,肌肉变紧实,防止赘肉堆积。(图9)

以中指抵着骨头凹陷处,像将臀部往上提一样,由下往上按摩,双手同时进行。

接着双脚张开,边吸气边抬起脚后跟(身体不能向前倒),以双手按摩两边穴位,这招式有美化脚部线条的效果。(图10)

(4)背部

对运动不感兴趣、姿势不正确就会使背部赘肉堆积,按摩下列穴位,就可拥有美背。

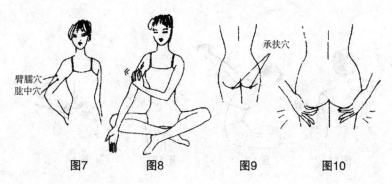

臂臑穴
肱中穴
承扶穴

图7　　图8　　图9　　图10

膏肓穴、天宗穴:位于肩胛骨内侧中央位置,脊椎的第4胸椎往下4厘米处的旁边为膏肓穴,斜上方为天宗穴,两边均有。按摩天宗穴可消除肩膀酸痛,按摩膏肓穴能消除疲劳感觉。(图11)

盘腿坐在地板上,双手置于后方交握,手掌朝上。边吐气边缓慢地将交握的双手往上抬高,上半身就自然向前倾斜,这样能刺激膏肓穴和天宗穴(臀部不能抬起)。(图12)

(5)腹部

稍不注意,腹部就会堆积脂肪,加上腰部、下腹部粗大,曲线也就不美了。按摩这几个穴位吧!它能还你一个纤纤腰。

天枢穴、水分穴:由肚脐朝左右两侧2指宽处为天枢穴。按摩天枢穴可消除腹部脂肪。注意啦!饭后1小时内或空腹时切勿按此穴位,以免出现头晕现象。(图13)

双手食指交叠按压水分穴,身体前倾按摩效果更好。(图14)

以双手食指和中指按压天枢穴,跟按压水分穴一样上半身前倾效果更好。(图15)

志室穴、肾俞穴：肾俞穴在背部，由肚脐正后方往左右两侧 2 指宽处；由肾俞穴位左右两侧 2 指宽处为志室穴。这两个穴位能帮助腰部消除疲劳，使腰变细。（图16）

双脚交叉，小脚趾互压，双手叉腰，以双手的大拇指按摩肾俞穴。按摩时腰朝上面，脚相反的方向侧转，换脚再按摩肾俞穴。志室穴按摩方法与肾俞穴相同。（图17）

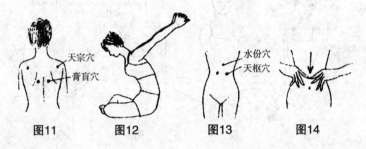

图11　　　　图12　　　　图13　　　　图14

（6）胸部

扁平的胸部，人们称作"飞机场"，真是不堪入耳。每天按摩这些穴位，让胸部挺起来。

天溪穴：位于乳房和胸部的交界处，乳房轮廓线旁边，即乳头延伸过来的位置，该穴与乳房发育有着密切关系。（图18）

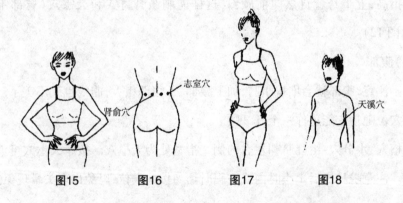

图15　　　　图16　　　　图17　　　　图18

像将乳房往上提一样，以双手朝内侧按压天溪穴，左右两个穴位同时按摩。（图19）

膻中穴：连结左右乳房的直线中点为膻中穴。膻中穴能促进女性荷尔蒙分泌，

不仅有丰胸作用,还有美肤效果。(图20)

右手食指和中指放在穴位上,再以左手食指和中指从上面按压。(图21)

(7)脚

见了大腿肥、小腿肿、脚踝胖的人就不舒服,怎么样才能使人心悦目呢?快来按摩这些穴位吧!

殷门穴:承扶穴与膝盖里侧中央委中穴的连线,往上2/5处的硬筋部位为殷门穴。按摩此穴有强化膀胱功能,消除水肿的作用。(图22)

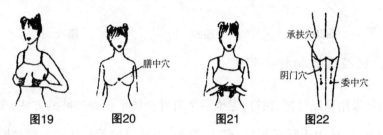

图19　　图20　　图21　　图22

将双脚伸直坐在地板上,以双手中指压穴位,边接边吐气将脚尖往前伸平,脊背要伸直,不能驼背。(图23)

接着边吸气边将脚尖往身体这边拉展,将脚后跟抬高时按殷门穴。(图24)

太溪穴、解溪穴:内脚踝和外脚踝的连线上方为解溪穴。位于内脚踝后面,阿基里斯腱旁的凹陷处是太溪穴。要让脚踝纤细,就按这两个穴位吧!(图25)

左脚伸直坐在地板上,右脚膝盖弯曲置于左脚的大腿。左手手指一只只插入右脚脚趾间,右手大拇指按压太溪穴,食指按压解溪穴,一边按压一边将脚踝顺时针转动,然后再逆时针转动。换脚再做。(图26)

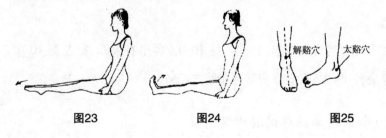

图23　　　　图24　　　　图25

承山穴:对小腿施力时,浮出的肌肉与阿基里斯腱的交界处,一按有微痛的部位是承山穴。该穴有消除脚肿的功能。(图27)

左脚朝内弯曲,坐在地板上,双手中指按摩右脚的承山穴,将小腿抬高上下晃动。换脚再做。(图28)

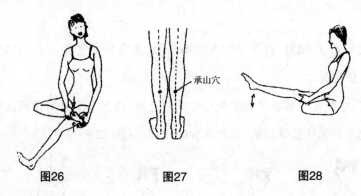

图26　　　　　图27　　　　　图28

(五)循经摩擦拍打去脂法

此法是采用循经摩擦、拍打、握捻手足肩臂脂肪堆积处皮肤的方法,来达到消除脂肪的目的,适用于呼吸短促、多汗、腹胀、下肢浮肿等症状的单纯性肥胖症患者。本方法的按摩部位有:手足脂肪堆积处、肾经。

方法如下。

用鬃毛刷、毛巾或手掌于脂肪丰厚处摩擦,时间可不限。

用毛刷或手掌沿足少阴肾经——大小腿内侧至足心部位,来回做螺旋状摩擦5次。再由小腹向胸部沿肾经支脉循行部位(腹部正中线旁开 0.5 寸,胸部正中线旁开 2 寸)进行摩擦。

将左手甩到背后,用手背向右肩拍打 10 次,再用右手背向左肩拍打 10 次。用左手从右臂内侧拍打至颈部 10 次,再用右手拍打左臂内侧至颈部 10 次,可消除肩臂部脂肪。

用左手对右肩臂脂肪丰满处握、捻 10 次,再用右手握、捻左侧 10 次。然后向前翻转双肩各 19 次,有消除肩臂部脂肪之功效。

(六)个性精油按摩的神奇瘦身法

现在瘦身的方法很多,其中最科学的要数饮食和运动相结合,但是很多爱美的女性不能够"坚持到底",因为她们抵挡不住美食的诱惑,而且也不想花费大量时间和精力去运动,因为运动意味着浑身乏力,一身臭汗,这让很多既不想出汗又不想错过美食的女性望而却步。

不过,这类女性可以利用芳香精油按摩瘦身,一边放着美妙的音乐,一边点着熏香,室内充满香气,在这样的环境中,美疗师在手上涂抹上精油,在你身上按摩。在这个时候,你需要做的只是放松身体,甚至可以安然入睡。在不知不觉中,你身体的脂肪已经开始重新分布或燃烧了。

由于每个女性肥胖的原因及部位都不一样,因此每位肥胖女性的按摩减肥瘦身方案也不一样。肥胖的类型不一样,相对来说使用的精油也会不一样。水肿型的女性一般来说淋巴循环不好,并且体内积聚着大量的毒素,导致她们的皮肤黯淡、没有光泽。例如长期在办公室工作的女性,腹部、臀部就容易由于淋巴循环不好而出现水肿,这些女性在按摩的时候适合使用迷迭香、茴香精油。

精油按摩通过按摩、穴位的按压就能够使精油的有效成分快速渗入到皮肤之中,起到疏通淋巴,分解脂肪,排除体内多余积水的功效,与此同时还有排毒、紧肤、滋润的作用。在使用精油按摩的前后,都需要喝大量的水,这样对清理肠道,排出毒素非常有利。

还有一种肥胖的类型比较常见,这类的肥胖女性有大量的脂肪堆积在身上,在腰腹部、臀部、手臂及大腿等部位都存在赘肉,虽然看上去很恐慌,但这类的肥胖只要加速新陈代谢便可得到改善。此类女性可以选择天竺葵精油来进行按摩。

虽然不同类型的肥胖女性,需要用不同的精油来治疗,但精油的按摩方法大致上却是相同的。

精油塑身法基本上有三个步骤:

(1)在手上涂抹上精油,然后双手顺着淋巴循环的方向按摩,按摩一段时间后,当精油产生与人的体温相近的温度后,会渗透、作用于身体的穴位、经络、局部组织。按压穴位后,全身会有酸麻的感觉,皮肤发红,这就能打开穴位,让经络运行、加快毛细血管的循环,把精油中的能量与自然的植物香气输送到人体各个部位,对淋巴系统的排毒能力有增强的作用。

(2)通过按摩能够使精油的能量得到转化,即脂肪分解、消耗或者转移。按摩之后皮肤会发红发热，这是脂肪燃烧与转化的正常反应。

（3）通过提升手法，能够使肌肉变得更加紧实，比如按摩能够使下垂的臀部重新翘起来。

三、前卫时尚瘦身法

（一）以油攻油瘦身法

一种塑身按摩油，倒在手中揉搓，再在皮肤上按摩产生与人的体温相近的温度后，渗透、作用于身体的经络、穴位、局部组织，经皮肤细胞的吸收、经络的运行、毛细血管的循环，将精油中自然的植物香气与能量输送到全身。

塑身按摩油是靠什么达到"瘦身"的目的呢？原因在于按摩油中的两大"主力"：

第一主力：它有一个很好听的名字叫"百里香"，它含有丰富的挥发性精油和麝香草酚，气味芳香，善于通过经络、血脉运行到达脑部，兴奋中枢神经，增进大脑细胞的活动；同时还具有较强地、平稳地排泄体内污秽和化解体内毒素及多余脂肪的功能。

第二主力：它有一种常用的重要配方，叫作"丝柏"。早在《本草纲目》中就有对它的介绍，丝柏可以祛风解毒，行气排阻，活血脉，通经络，祛风湿，清邪热，可见它也有较强的"通"与"排"的功效。

当然，塑身按摩油中还有其他"队员"。比如柠檬、葡萄柚、杜松子等。精油中的各种成分透过自然的植物香气与能量，刺激循环系统，使血液循环畅通，帮助解决肥胖症和水分滞留体内的问题。

在食物越来越丰富的今天，当体内所累积的毒素越来越多，如果可以通过精油来净化身体，紧实肌肉、光滑皮肤以塑造出优美的曲线，何乐而不为呢？

（二）香味瘦身法

香味瘦身法是指利用某种特殊的香味作用于肥胖者，使他们食欲减少，以达到瘦身的目的。

美国芝加哥大学阿兰·霍斯博士做过实验:将薄荷糖、苹果和香蕉这三种东西装在一个容器中,让实验对象来闻它们的香味,每天3次,总共进行了6个月。试验结果显示,嗅觉正常的肥胖者体重平均减轻了14千克! 而且发现,一个肥胖者越是喜欢某种香味,那么这种气味对他的瘦身效果越明显。

根据这项研究成果,国外制作出一种减肥膏。这是一种与伤痛止痛膏般大小的蓝色药膏,可贴在手背、手腕和前胸。这种膏药的主要成分是薄荷香精、苹果香精、柠檬香精、葡萄柚香精等,它们可以促进体内的新陈代谢,并去除体内多余的水分,消除水肿,减少食欲,并最终达到瘦身的目的。另外,英国一家公司还发明了一种含有咖啡因的唇膏,女性涂上后只需在疲劳时舔舔嘴唇,就能及时收到提神的作用,也可改善体态,既时髦又可以瘦身。

现在有一种简便的闻香瘦身法介绍给大家:

将10毫升无水酒精、1滴玫瑰花精油或薰衣草精油先后倒入喷雾式瓶内,然后加入90毫升矿泉水摇匀。而后朝天花板喷,使室内充满花香,肥胖者在此环境中深呼吸几下,便可使食欲大大减少,从而达到瘦身的效果。

另外还有一种利用香味的瘦身法。

芳香学家和心理学家经过长时间的研究,比较一致地认为:香水不仅能净化空气,使人心旷神怡,精神振奋,而且能激发记忆、增进联想。研究还发现每个人都有自己的体香,相同或相似身材和体型的人体香也相似。

因而,根据自己的体型来选择相应的香水,可以使别人对自己的身材另眼相看。

绿香型或中性蹦型:如绿草、苔藓等的自然香味。会使人产生一种清爽感,此时无论对方肥胖与否,他的脑海中通常会出现一种纤巧身段的影像。

调香型,如浓郁清甜的花香、带有甜味的水果香等,会使人脑海中有一种体态丰腴乃至身段稍肥胖的感觉。

木香型(森林调香型)会使人有身材相对较高的印象。

清香型,如薰衣草、丁香、石竹等,具有春天刚萌芽的嫩枝绿叶和青草的香气,会给人以年轻的感觉。

水果香型,如柠檬、橙子、菠萝等,会给人以相对成熟的感觉。

(三)生长激素瘦身法

所谓的生长激素(HGH)是由人体的脑下垂体前叶所分泌的。生长激素分泌后,马上就进入体液中,随着血液来到肝脏,然后被肝脏吸收,再由肝脏转变成不同的生长激素来进行各种生化作用。人体内每一个器官的发育生长,都需要 HGH 和各种激素,而且还要每一种激素都分泌正常,人体的器官才会正常发育。

生长激素的分泌是依照生理时钟变化来进行的。一般来说以晚上 11 点至凌晨 1 点的分泌最多,但是其他因素也会刺激生长激素的分泌,比如运动、压力、情绪甚至包括节食等。另外,HGH 的分泌量会随着年龄的增长而下降,到 30 岁以后便迅速下降,60 岁时,身体内的生长激素就只有年轻人的一半了。

生长激素原本是用来帮助生长激素分泌不足的小孩长大变高的利器,但是随着对生长激素的研究与应用,人们还发现生长激素有燃烧脂肪的功能。生长激素能将脂肪转变成能源,加速燃烧脂肪的作用,是不用节食的天然瘦身方法。

生长激素之所以有瘦身的功效,主要是因为脂肪细胞上有所谓的"生长激素受体"。当生长激素与此受体结合后,会在细胞内启动一连串分解脂肪的酵素反应,称为"脂肪分解"。

另一方面,生长激素还会让人提高活力,因此实际上增加了燃烧热量的机会。此外,人体的胰岛素会促进脂肪的产生,但是生长激素却正好会抑制胰岛素,所以若没有生长激素来抑制胰岛素,脂肪细胞将会无限制地扩张。

生长激素因为只在夜间分泌最多,所以在生长激素分泌最旺盛时睡眠可以起到瘦身的作用。人体在睡眠时,身体机能运作趋于迟缓,但新陈代谢功能仍会持续进行,积存于体内的热量也能不断地燃烧,睡眠时消耗的能量当然就越多。

但是时下流行的通过注射生长激素来瘦身的方法却是很不可取的,这样会带来很多副作用。主要有以下几点:

有报告发现使用生长激素后,血糖会升高;另外,生长激素也会将水分滞留在体内,所以额外注射生长激素,极易导致心脏病和糖尿病。

注射大剂量(三四倍以上)的生长激素,会造成轻微水肿以及手腕关节痛。

体内若有小型的癌细胞,在注射了生长激素后,可能让癌细胞也生长起来,致癌率会大增。

怀孕、哺乳的人绝对不可以使用生长激素。

(四)远红外线瘦身法

远红外线瘦身法,是利用远红外线波长深入皮下,促进血液循环的原理,促使在照射远红外线之后,肥胖者局部温度增高、出汗,好像按摩后一样,并使体内的毒素随汗水排出体外,达到一定的瘦身效果。

红外线是一种电磁波,它的渗透性较低,但刺激性较小,能很快被皮肤吸收,当红外线被身体组织吸收时,该部位就会产生热力,温度升高、汗腺的活动加强,促进身体排汗。

目前,较被广泛采用的红外线治疗肥胖有远红外线灯热疗和远红外线太空舱热疗两种。

1.远红外线灯热疗瘦身法护理实施

在一般的美容院都有这种仪器,在肥胖者躺好后,露出护理部位,将灯置于距离肥胖者体表45~60厘米处照射,以令肥胖者感到舒适、温暖为宜。当然,也可根据肥胖者的耐热程度调节灯的远近,照射时间根据肥胖者的情况而定。

2.远红外线太空航热疗瘦身法护理实施

在条件稍好一点的美容院一般都有这类仪器,太空舱热疗时间一般为15~30分钟,肥胖者先进行沐浴,然后去角质,以体膜敷裹身体,再进太空舱接受热疗护理。从太空舱出来后再进行芳香推油按摩。

注意:循环系统异常如静脉曲张者、皮肤病患者、糖尿病患者、呼吸系统疾病患者不宜接受远红线治疗。

(五)旋磁瘦身法

几乎没有人知道,如果地球上没有磁,生命就会停滞。可见,磁与水、空气一样重要,是构成多彩世界的主要物质之一。

日本有科学家发现,人如果缺磁,细胞就会衰老,外形凹陷,呈三角形状,而非圆形。于是,医学界出现了磁疗这种方式。通过磁疗,可以活化人体细胞,提高细胞质量。

然而,自然界的静磁,除了医疗功能有效之外,穿透力差是它的最大弱点。于是专家通过物理的方法,将静磁转变成每分钟能旋转 5 万次的旋磁。这种旋磁能轻易穿入人体体表达 18 厘米之多,能激活人体中的生物酶。其中的胰脂肪酶能将脂肪细胞中的脂肪分解为水、甘油三酯及二氧化碳,从而使脂肪细胞缩小,达到瘦身的目的。

临床实践还表明,旋磁还能降血脂。高血脂是由肥胖造成的,一般血粘度很高,血液循环减慢,使胆固醇等物质粘附在血管壁上,形成动脉粥样硬化,最后导致血管栓塞。而只要在患者的内关、外关、足三里、三阴交等穴位进行点穴送磁,就能加快人的血流,减轻血液的粘稠度,对于减轻肥胖者的血脂非常有效。

同时,旋磁还能作用于各种瘦身的穴位,使人不进食,少食,从而防止肥胖的出现。

(六)免疫瘦身法

免疫是机体的免疫系统识别"自己"与"非己"成分,并排斥异构物质的生理功能。

机体异常时,可产生自身组织的损伤作用,其主要功能有三:防御作用,即抗感染免疫,作用过强时表现为变态反应;维持机体内平衡,如去除老损或受损细胞,作用过强时表现为自身免疫;免疫监督,即去除经常在体内发生的异常细胞变种。

英国科学家宣称,将基因工程抗体通过注射使其进入脂肪细胞,由此激发机体免疫反应,从而导致脂肪细胞膜产生空洞,达到破坏脂肪细胞的目的。

研究人员曾做过这样一个实验:他们将针剂直接注入猪皮下组织,一段时间后,发现在某些部位出现了局部的脂肪组织沉积减少。

由此推广开来,此法也适用于减少人的特殊部位的脂肪沉积,特别是那些呈现腹部脂肪沉积的胖子,因为过度的肥胖,使他们面临罹患心血管病的极大风险。

目前,如何恰到好处地进行治疗,是研究人员的重要课题。

研究发现,在动物体一般需采用多克隆抗体直接注入皮下组织,数天注射7次,而在人体则需采用单克隆抗体进行静脉输注给药。现在,研究人员已研制出一种能识别脂肪细胞的抗体,能分别应用于动物和人体,这对肥胖者来说无疑是一大好消息。

(七)国外瘦身新法

肥胖问题困扰着全世界很多人士,在国外,有着各种各样前卫时尚的瘦身法。

1.减少脂肪细胞的脂肪分解针

国外研制也有一种脂肪分解针。其基本原理是在需要减去的赘肉的脂肪层扎下脂肪分解针,脂肪分解针会发射低频波让体细胞温度上升,从而带动脂肪分解。

2.英国人的瘦身床

英国人都非常会享受生活。在他们的起居饮食中很重要的一个用品就是床。对英国人来说,没有舒适的床,生活的乐趣一下子就少了很多。

英国的一家家具公司根据本国人的这个爱好发明了一种专门用来瘦身的床,这种床设计精美,而且研制者在它上面安装了一套电子控制装置,每到预定时间,床面会自动上下左右颠簸不停,使贪睡者无法久睡。重要的是,它还绑有一条大号的"安全带",可以把使用者舒适地绑缚在床上。这样,既可以避免患者从床上摔下来碰伤,也可以保证把人摇晃得睡意全无,免得使用者立刻起床离开,换一个地方继续睡。

3.日本人的瘦身腰带

日本国土面积狭小,没有太多的运动场所可供健身使用,而且日本的民族服装和服不用纽扣,完全用带子束腰和固定造型。

日本一家减肥瘦身中心根据本民族服装这个特点研制出一种瘦身腰带,这种腰带外层是尼龙,里面是氯丁胶,还有一个可以调整穴点数量和位置的穴点盘,可以起到按摩作用。

这种瘦身腰带最重要的功能就是"燃烧脂肪"。它主要是以"桑拿浴"的方式，使身体局部温度升高3℃～5℃，加快血液循环以达到瘦身的效果。其功能相似于我们前面提到的热疗瘦身。

4.美国人用手机享"瘦"

在美国，平均每人拥有2.5部手机和一部座机，高居世界第一位。美国的一家电子科技公司的瘦身专家根据美国国情的这一特点。为瘦身者量身订制了一款高科技手机，把手机变成了瘦身工具。既方便又时尚，而且效果还不错。

这款手机在基本功能上和一般手机没有什么区别。只是额外增加了一个菜单项目。使用者选定这个菜单之后，它就会出现瘦身功能。所以，实际上，它相当于一个饮食监督器。可以随时跟踪手机用户的进食状况，计算热量和碳水化合物的含量，指导用户在饮食上做出选择。

另外。这款手机还储存了许多和食物相关的信息，如果你想知道任何一种食物的属性、成分比例，都可以问它，而它也会给你送上一份满意的答案，告诉你这份食物的热量、脂肪、糖类、蛋白质、盐等的含量。

第三章　美发护发

第一节　美发常识

一、科学修剪头发

无论刚修剪的造型多么令人满意,它最多也只能保持12个星期。每根头发的生长都会受到发根处毛乳头细胞分裂的影响,有的生长快些,有的生长慢些。时间一长,头发就会变得参差不齐,头发就会显得乱蓬蓬的。

在头发的生长过程中,头发过长会影响头部皮肤的呼吸和代谢,使头皮出油增多。所以头发长到一定长度后,应该及时修剪,以免引起皮脂代谢紊乱。定期修剪头发,还可以刺激毛发细胞的新陈代谢,促进毛发的生长,从而使发丝保持健康亮丽的状态。

长、短发型的修剪时间可以有所不同。一般来说,短发可以每月修剪一次;长发则不超过3个月就得修剪一次。

二、美发从认清自己的头发开始

1.干性发质:专家一致认为,除了遗传因素,头发干枯是因为长时间不护理头发,或洗头后未冲洗干净,有化学品残留在头发上。当然,精神压力、内分泌的变化以及饮食的平衡与否等等,也会对发质产生或多或少的影响。选用一种配方特别温和的完全不含或只含少量洗涤剂但却能有效地补充水分的洗发水是很重要的。

洗发毋需过于频繁,2天1次效果最佳,当然不要忘记使用护发素。为防止发丝内的水分流失,应尽量避免使用电吹风以及其他以电力操作的美发器具。如果必须使用,最好事先在头发上涂一层护发品。饮食方面,多吃新鲜的水果蔬菜无疑对身体大有好处。身体健康者的头发有足够的养分可摄取,自然柔亮可人。

2.油性发质:皮脂腺分泌出过多的天然油脂,是形成油性发质的根本原因。要改善这种情况,你需要的是一种性质温和的洗发水,并经常清洗头发。富有刺激性的洗发水不但对头发无益,还会使油脂分泌量增加。由于头皮已能分泌足够的油脂,护发素只要涂在距离发根数寸的发梢上即可。

3.纤细发质:如果你的头发过于纤细柔软,应该寻找一种能渗入发茎的洗发水,使头发丰盈起来。给头发造型时,最好使用能使头发丰盈起来的喷雾产品。

4.头皮屑:头皮屑的生成源自内分泌失调、饮食不均衡以及循环系统故障等多方面因素。要去除头皮屑,一些带有止屑配方的洗发水可供选择。不清洁的梳子和发刷也可能是头皮屑的温床,因此应该经常把它们浸在温暖的肥皂水中加以洗涤。由于以电力操作的美发器具会使头皮屑更严重,因此在问题没有解决之前,最好对其敬而远之。

5.分叉的发丝:梳理秀发的次数过多,用过热的电吹风吹干头发,染发、烫发等等都会对头发造成一定程度的损害,引起头发分叉。建议用柔软的发刷从头皮梳向发梢,将头皮的天然油脂带到发梢,而平日尽量用阔齿的发梳来梳理头发,同时不要忘记在每次洗发后使用护发素,以避免加剧头发的分叉。另外,切忌用毛巾大力绞擦头发,脆弱的发丝需要的是温柔摩挲。

三、吹塑完美发型的3定律

1.吹发前需先涂上造型泡沫

造型泡沫在秀发上会形成一层保护膜,可避免秀发直接受到热风的伤害,而且有助更快吹出效果理想,时间持久的发型。

2.选择适合自己的发梳

吹风机必须与发梳配合,才能吹出完美的效果,而不同的发型需要不同的发梳。

3.热风造型后必须要冷冻

当塑造出理想的发型时,即用冷风冷冻秀发,便可起"凝固"的作用,达到持久的效果,否则,即使停止热风吹塑,但因为秀发曾被热风吹过,仍停留在温暖的状态,任何细微的活动,诸如换衣服、化妆,甚至头发本身的重量,均会使刚塑造好的发型变样。所以,要维持理想的发型,冷冻过程必不可缺。

四、看发质选发型

1.柔软的发质:这种发质是比较容易整理的一种类型。因为柔软的头发比较服帖,所以这种发质比较适合俏丽的短发,更能充分表现出个性美。

2.自然卷曲的发质:这种发质只要利用好卷发的自然属性,就能做出各种漂亮的发型。这种发质如果将头发剪短,卷曲度就不太明显,而留长发则会显示出其自然的卷曲美。

3.直硬的发质:这种发质要想做出各种各样的发型是不容易的。在做发型以前,最好能用油性烫发剂将头发稍微烫一下,使头发能略带波浪,稍显蓬松。在卷发时最好能用大号发卷,看起来比较自然。由于这种头发很容易修剪得整齐,所以设计发型时最好以简洁为主,尽量避免复杂的花样,做出比较简单而且高雅大方的发型来。

五、脸形与发型的合理配合

1.圆脸:将头顶部的头发梳高,将前发剪成"刘海儿",使脸部显长,避免遮住额头,分发线采用侧分法。

2.长脸:尽量让头发向两旁分散,以增加发容量,分发线采用侧分法。

3.方脸:让头发披在两颊,减少脸部的宽度。颈部梳低发髻,有优雅感。分发线向头顶斜伸。

4.三角脸:以发梢微遮两颊为宜,增加头侧部头发的分量,分发线自中心向外侧斜伸。

5.菱形脸:以蓬松的大波浪遮住颧骨,分发线自眉上斜伸向外侧分,使脸部的线条显得柔和些。

6.大脸形:把头发剪短,全部向后梳,不要分发线。使头发自然服帖地遮住两颊,以减少脸的宽度。

7.鹅蛋脸:鹅蛋脸是标准的美人脸形,各种发型均适宜。

8.低额角脸形:如果你喜欢刘海儿,必须让前面短,但决不能低于发线,发梢应离开前额向上梳。

9.高额角脸形:剪刘海儿或使头发呈现波浪状,使头发遮住一部分前额,发梢应向下梳。

10.窄额角脸形:沿两鬓向后梳,如果你剪了刘海儿或波浪,绝对不要让它延伸到太阳穴前边。

11.大鼻子脸形:头发梳高或向后梳,避免从中间分开,最好不要做发卷或刘海儿。

12.高颧骨脸形:不要梳中分式,两鬓的头发向前梳,超过耳线,盖住颧骨,刘海儿可略长些。

13.低颧骨脸形:两鬓的头发尽量向后梳,不要遮蔽耳线,两鬓可以做出发卷,从中间分开。

六、完美染发的4个小建议

1.只有头发健康,染上的颜色才能保证持久不易流失;只有头发强韧,才能避免染色后的黯淡、枯黄、脆弱。可选择专门针对染后护理的修护产品,修复染发造成的发质损伤。

2.在挑选颜色时,除了注重与发型、衣着的视觉和谐外,更要注重与个性、气质的内在和谐。

3.由于浅黄色和金色系的发色与肤色太过接近,所以并不适合亚洲女性。

4.如果你的工作要求染发的颜色不能太过大胆和醒目的话,可以用挑染把颜色藏在头发内层,在参加派对的时候只要对秀发重新做些打理,就可以立刻呈现出与平时截然不同的面貌。

七、如何吹直脑后的头发

1.在潮湿的头发上均匀地抹上一些直发膏,然后将全部头发分成均等的四份(两份拨到前面,两份留在脑后)。用发夹将前面的头发夹好,脑后的两份头发拉到肩前。

2.将脑袋微微前倾,然后用大平梳梳起一份头发的发根,略用力拉到离发根30厘米处。保持拉紧的状态,然后使用吹风机吹干发根。注意吹风机不要距离头发太近,也不要固定在一个位置吹5秒钟以上,否则可能会伤害到头发和头皮。

3.将吹风机转至身前,把前面两份头发拨到后脑去。用梳子从发根梳向发梢,吹风机跟着梳子移动,重复这个动作直到头发吹干。这样就可以让脑后头发达到干燥而顺直的效果。依此法也可吹干其余的头发。

八、发梳的选择

1.易断、缺弹力的长发

用防静电的榉木发梳,能加强层次和弹力,又不会弄得发丝飞扬,而且能够轻柔地弄开缠结的发丝。圆钝的木发针对头皮还有按摩功效。

2.丰厚、卷曲的秀发

用粗发针的发刷梳理头发易于保持头发本身的弹性。镀有贵金属的发针防静电,柔软的气囊可以使发针富有弹性,不伤头皮,经高温处理过的树脂发刷可以耐住浴室高温高湿的环境。

3.呈波纹状的长发

要梳出一头动感带光泽的头发,尤其发尾带微曲的秀发,最适宜用的是短齿圆发刷,它可助你梳出微曲发尾,而不会变得卷成一团。

4.细软的短发

嵌有猪鬃的发刷适合头发细软的人使用,发针对头皮的刺激非常小,有防脱发的功能。

5.细发或少发

使用金属空心的圆发刷吹发,可利用强风筒的热力效果,令整头秀发更富层次。

九、怎样打理短发

1.洗发,然后风干,如果你的头发本来就很直,也可以在短梳的梳理下,用吹风机吹干头发。

2.当头发完全干了以后,分出靠近脸边的底层头发,如果你觉得更方便,也可以先分上层的头发。然后将电热防护液喷在发上,数到十就停。拿出直发器,准备熨直头发。

3.抓起分出的头发,将直发器插进发根处,熨 3 秒钟后移开。如果有任何卷曲,再熨一次(注意使直发器远离脸)。用同样的方法熨直所有的头发,从最下面的头发开始,然后做中间的,最后做最上面的头发。

4.现在你的头发非常直,我们来让你的头发自然一些,在手上挤一点蓬松液,双手揉搓开,抹在发根上,使你的头发看起来更松乱自然。

十、打理长卷发的3个关键点

1.整理直发

洗好头发,在上面抹上定型摩丝,用梳子梳开。然后从头顶开始,把头发梳成一缕一缕,拿夹子固定好;再从脖根开始,用滚梳卷起每一缕,拉直,用吹风机吹干,直到打开头顶最后一个夹子;吹风时,一定要顺着每一绺头发从上往下吹,以使头发的表层保持一个方向,头发看起来更光滑。如果头发还不够平滑亮泽,那就挤几滴发乳在手心,轻轻抹在头发上,以达到最好效果。

2.做长卷发

待洗净的头发干后,用梳子梳通,不留一点纠结。从前额开始,随意将头发一缕缕挑起,喷上发胶;之后,将每一缕头发用卷发棒卷起,收紧,再用带有喷雾器的吹风机低温吹头发,让头发冷却几分钟后,拿掉卷发棒;随后,从根部开始将头发用手指捋顺,也可以用一点发乳或发蜡,再用手指把头发抖蓬松,最后,喷上一点点发胶,定型,一头长长的卷发就做成了。

3.梳理卷发

把头发洗净用毛巾擦干,抹上定型摩丝;低下头,使头发散落下来,用带有喷雾器的吹风机把头发吹乱;最后,在发端处抹上一些发乳,就可以了。

十一、打理直发的 3 个关键点

1.打理:先把长发分叉的发尖剪掉,然后进行强力护理。专门护发用品中的修复养分和小麦蛋白可以让头发在 20 分钟之内变得健康有光泽。

2.洗发:直发最好选用保湿洗发液,它能令不服帖的发缕变得柔润,然后再用合适的护发素,让头发丝一般地光滑。

3.造型:用拉直器将干头发拉直,能使头发超常光泽,但必须同时使用防热定型发胶。

十二、刘海剪得太短怎么办

1.把头发梳向一侧:把你刘海最长那侧的头发分出几缕来,将其经前额梳向另一侧,使其遮住过短的刘海。

2.做出麻花式发缕效果:前额上的刘海越是故意打理成一缕缕麻花状,越容易掩盖你拙劣的削剪手法。在掌心和指尖之间涂抹上少量定型产品,把额前刘海分成几股,每股从发根至发梢处拧绞成麻花状。

3.系上一条别致的头巾:如果刘海只是剪短了,并不歪斜,可试试这个办法——紧贴前额把刘海梳平直,再沿发际线束上一条头巾或一根束发带,压住刘海,使其看起来长短正合适。

十三、染发的4个必知常识

1.头发跨度的区分

头发从自然黑色逐渐脱色至浅亚麻色分为10个跨度,专业染发会根据目标色及头发自身颜色的色相跨度来选择浓度适合的双氧水配合染剂。如果目标色与头发自然色跨度超过4度,则需要利用漂粉把自然色漂浅后再染。这种情况建议选择专业染发,以易于掌握及控制效果。

2.头发自身状况的诊断

头发呈现为受损发质、烫后发质、染后发质、健康发质等不同状况,所以同一种染发方法用于不同的发质会呈现不同的染后效果。所以要根据头发不同的状况来决定染发的次序:先染发梢,还是先染发杆,还是只染发根。

同样一个人,顶部头发与内层头发的发质也会有所区别。通常外层头发因为直接接触空气阳光会相对脆弱。所以染发时要利用时间差来控制效果。再如靠近头皮的发根部会受到头皮热量的影响,如掌握不好,那么同样的染剂染后也会产生色差。另外,如果原来染过的头发,再染同样的颜色,那么一定要先染发根,将剩余染剂用水降低强度后再染其余头发,还要注意时间。如果想改变颜色,那么还需要多一个脱色的过程。

3.白发的影响

如果有超过30%的白发,那么家庭染剂(除染黑外)就不会有令人满意的遮盖力。白发超过50%,家庭染剂就会失去功效。最好求助于专业染发,根据白发量加以适量基色。那么,基色+目标色+适合浓度的双氧水,就能显现出非常满意的效果。

4.个性化

选择一种适合自己气质、个性及形象的颜色,利用各种方法如挑染、穿插交叠,多色并用等,创造出富于变化的染色效果。

第二节 护发技巧

一、健康柔美秀发的洗护攻略

1.用温水彻底冲湿头发,为使用洗发水做好准备。

2.根据头发的长度,往手掌里倒入适量的洗发水,搓揉起沫后,再擦到头发上。应使用足量的洗发露,以便产生足够的泡沫来覆盖全部头发。

3.抹洗发水时,从头皮部位抹起,小心地抹匀全部头发,并用指尖进行按摩。记住,使头发自然下垂,别把头发盘堆在头上。

4.清洗时,让水淌过头发,并自上而下抚摸头发。重要的是此时不可过分用力摩擦头发,并要确认洗发水已从头发上被彻底清洗干净。

5.用指尖轻柔地把护发素抹入发丝里。把护发素均匀地涂抹在头发上,这一点至为重要。让它停留1~2分钟,使护发素发挥作用后,再清洗头发。

6.如果你需要特别加强头发护理,特别是分叉受损的头发或发梢等较易损伤处,要用滋润剂。在将滋润剂冲掉前让其在头发上停留3分钟以上,具体做法与使用护发素时相同。

7.用干毛巾擦拭洗净的头发,尽量避免使用吹风机,让头发自然风干能够更好地保护秀发。

二、受损头发急救方案

1.断发

最佳的改善方式是给头发增加营养,每天给头发喷营养素,每周使用3次护发素,每隔两周做1次焗油。

每次洗发的时候,在使用洗发水之前先涂上护发素,用手指轻轻地做3分钟的头部按摩。然后按照一般的规律,用洗发水洗发,最后再使用一次护发素。这样可以保证护发素的营养更容易被头发所吸收,使头发变得更柔顺,更易打理。

卷曲的头发更容易折断,这是因为头皮中的营养物质不太容易延伸到发梢。所以最好每隔1~2天洗一次头,以免发根处的油脂被洗去,此外还要特别注意洗发与护发程序的分开。

2.缺少光泽

停止使用碱性的洗发水,而改用弱酸性的(PH值在5.5~6.5之间)洗发水。头发的PH值约为6,弱酸性的洗发水更容易被头发接受,它会使你的秀发很快就能恢复原有的光泽。

而使用过量的洗发水,会把头发中的油脂都冲洗掉,头发看起来就会缺乏光泽,所以在洗发的时候,用一点儿洗发水轻轻洗一下就可以了。还有一点要特别注意的,就是洗发水是不可以直接涂抹到头发上的,要先挤到手心上,用水稀释开才可以使用。

3.缺乏弹性

用弱酸性的洗发水和护发素洗发,1个月以后头发会有很大的改观。每次洗发的时候,需要冲掉的护发素一定要彻底冲洗干净,它们留在头发上会引起头皮发痒,头皮屑等问题。冲洗的时候顺便用梳子梳一下头发,效果会更好。

如果这些方法的效果都不好,那么极有可能是你的甲状腺分泌出了问题,需要向医生寻求帮助。

4.头发变黄

为了防止受到阳光中紫外线的伤害,可以在外出的时候戴上一顶漂亮的帽子,或者选择一些含有防紫外线的护发产品。对于爱好游泳的人来说,在每次游泳后洗发之前,先用橄榄油或发乳按摩头发,再用热的毛巾将头发包起来,大约5分钟以后用洗发水洗干净头发就可以了。

5.头屑增多

要谨慎地选用洗发水,在头皮屑渐渐减少之前,一定要坚持每天洗发。保持头发的清洁是减少头屑的唯一途径,如果头发喷上了发胶,头皮上的死细胞加上分泌的油脂和发胶混合成一层湿黏的膜罩在头皮上,阻塞了毛囊,以致产生大量的头屑。最好在每次洗发时,在头皮上均匀按摩,刺激头皮的血液循环,同时,尽量少使用发胶等化学产品。

6.头发过多脱落

注意保持饮食的规律性和营养的均衡摄入。偏食对身体的损害也同样会在头发上表露出来,同时,即使在减肥期间,也不能突然地节食。对于女性来说,月经周期的不规律、服用避孕药等也会改变生理周期,影响荷尔蒙的分泌,从而对生理功能造成损害,所以应尽量避免对身体的突然伤害,比如停服避孕药,宜一天天地减少药量,而不要突然中止。

此外,还要注意对情绪的调整,避免心理上过大的起伏。并且千万不要无休止地"折腾"头发,如烫发、染发等。隔一段时间给头发一个"休整期",让它得到充分的休息。

三、健康秀发梳理6秘诀

除了靠饮食帮助外,正确的梳头方式也很重要。

1.购买梳子时,应选择梳齿顶端圆润不尖锐的。

2.避免使用尼龙梳,以免产生静电,导致头发脱落。

3.整理湿发时,应使用齿距较疏的发梳,以避免脱发。

4.梳发时不可太过用力,最重要的是必须梳至头皮,因为刺激头皮可以促进血液循环。

5.梳发的方向也很讲究:前面的部分由前往中央梳,两侧部分由耳上(太阳穴)往中央梳,后面部分则由后发根往上向中央梳。

6.重复梳 10~20 次,可使血液循环顺畅,辅助生发。

四、改变发质的小窍门

1.使用薄荷改善油性发质

·美容美体·

图文珍藏版

首先要取得薄荷汁。若用干燥薄荷草,可用水泡出其汁液;若用新鲜薄荷,则用捣碎的方式取得。

然后,将薄荷汁加入一般洗发水中使用即可。

2.使用橄榄油改善干性发质

可以将橄榄油加热,在洗发前抹在头发上,按摩头皮20分钟。再用梳子梳20分钟,然后洗掉即可。

也可到药房购买橄榄油,价格很便宜,只需20块左右。在洗发后,取一盆温水滴上几滴橄榄油,搅拌一下,然后将头发泡在水中几分钟,不需冲净,即可直接擦干头发。

五、烫发护理秘诀

1.当头发还潮湿时,用发刷或粗齿梳梳理发丝,但不要拉。

2.千万不要用发刷刷干发,否则发卷容易拉直,发丝容易拉断。

3.不要用高温吹风机,并且吹风机不能离头发太近。

4.最好用大风筒,使烫发蓬松而不弄乱发卷。

5.洗头后或早晨整理发型时,要用美发造型产品以增加发卷的卷曲度。

六、防头屑9秘诀

1.避免吃煎炸、油腻、辛辣、含酒精及咖啡因的食物,这些会增加头发油脂,加速头皮屑的形成,应戒掉。

2.戒食过甜食品。因为头发属碱性,甜品属酸性,食用会影响体内的酸碱平衡,加速头皮屑的产生。

3.勿将洗发水直接倒在头上。因未起泡的洗发水会对头皮造成刺激,形成头皮屑,故应倒在手中搓起泡再涂在头发上。

4.用温水洗头。水过热会刺激头皮油脂分泌,令油脂更多;水温过冷会令毛孔收缩,发内的污垢不能清洗掉,使用约20℃的温水即可。

5.勿用指甲梳头。应用指腹轻轻按摩头皮,不但可增加血液循环,还可减少头皮屑的形成。

6.7 天换 1 瓶洗发水。洗发水对头发的清洁作用只是短暂性的,7 天后头皮会适应,洗发水会失去清洁效果,宜同时买 2 瓶洗发水交替使用。

7.喷发胶等化学性用品会伤害头发,刺激皮肤,同样会加剧头皮屑的生成。

8.早晚梳头 100 下,有助于增进血液循环,减少脱发,又可减少头皮屑。

9.可食用一些含锌量较多的食物。如糙米、蚝、羊肉、牛肉、猪肉、红米、鸡肉、意大利粉、奶、蛋。

七、游泳时怎样护发

夏日游泳不容忽视的一个问题,就是要注意保护美丽的头发。游泳爱好者常因池水中的氯气使头发枯黄而烦恼,那么,如何保护好乌黑的头发呢?

1.戴游泳帽以阻挡强烈的阳光对头发的直射和水中杂质对头发的侵蚀。

2.在游泳之前,先将头发浸湿,然后抹上煽油膏(或用护发素),使之在头发的表面形成一层薄薄的保护膜,减轻对头发的伤害。

3.每次游泳之后,先将头发彻底冲洗干净再梳头,以防梳头时水中杂物与头发摩擦对发丝造成损伤。洗头时要选一些碱性尽可能小的温和洗发水,之后使用护发素。

4.在游泳期间要常吃些黑小豆、玉米等含植物蛋白较高的食物,以及莴苣、卷心菜、花菜等富含维生素 E 的蔬菜,以保护头发的光泽。另外,吃些核桃、鸡蛋、芝麻等可以防止头发干枯分叉;羊奶、猪瘦肉、海鱼、虾等可防止头发干脆、脱发。

5.尽量避免用电吹风吹干头发,让其自然晾干。

八、3 招解决早晨的乱发

早晨醒来照镜子,最怕看到原本美丽的发型变得乱七八糟的。专家建议先把头发打湿,然后再依下列方法加以吹整:

1.头发毛卷卷的

先用吹风机把头发吹到快干的程度,注意热气要分散,不要对着同一部位一直吹。然后用手指将头发分撮,每一撮从发根到发尾,涂上造型凝胶,把头发绕转在手指上成卷曲状。

2.头发又平又扁

用毛巾擦干头发,然后用手指把发根拉起,从发根处开始把头发吹干。挑染头发,让它增添些自然的光泽,效果会更好。

3.头发四处乱翘

用毛巾擦干头发,涂上发雕凝胶或摩丝再吹整。或者直接在梳子上喷上薄薄一层的发胶,再用来整理头发。

九、预防脱发的 10 条秘诀

1.不用尼龙梳子和头刷。因尼龙梳子和头刷易产生静电,会给头发和头皮带来不良刺激。最理想的是选用黄杨木梳和猪鬃头刷,既能去除头屑,增加头发光泽,又能按摩头皮,促进血液循环。

2.勤洗发。洗头的间隔最好是 2~3 天。洗发的同时需边搓边按摩,既能保持头皮清洁,又能使头皮活血。

3.不用脱脂性强或碱性的洗发剂。这类洗发剂的脱脂性和脱水性均很强,易使头发干燥,头皮坏死。应选用对头皮和头发无刺激性的天然洗发剂,或根据自己的发质选用合适的洗发剂。

4.戒烟。吸烟会使头皮毛细血管收缩,从而影响头发的发育生长。

5.节制饮酒。白酒,特别是烫热的白酒会使头皮产生热气和湿气,引起脱发。即使是啤酒、葡萄酒也应适量,每周至少停止饮酒两日。

6.消除精神压抑。精神状态不稳定,每天焦虑不安会导致脱发,压抑的程度越深,脱发的速度也越快。对女性来说,生活忙碌而又保持适当的运动量,头发会光彩乌黑充满生命力。男性相反,生活越是紧张,工作越忙碌,脱发的机会越高。因此,经常进行深呼吸,散步,做松弛体操等,可消除当天的精神疲劳。

7.烫发吹风要慎重。吹风机吹出的热度达100℃,会破坏毛发组织,损伤头皮,因此要避免总吹风。烫发次数也不宜过多,烫发液对头发的影响也较大,次数多了会使发丝大伤元气。

8.多食蔬菜防止便秘。要常年坚持多吃谷物、水果。如蔬菜摄入少,易引起便秘,影响头发质量,得了痔疮还会加速头顶部的脱发。

9.空调要适宜。空调的暖湿风和冷风都可成为脱发和白发的原因,空气过于干燥或湿度过大对保护头发都不利。

10.注意帽子、头盔的通风。头发不耐闷热,戴帽子、头盔的人会使头发长时间不透气,容易闷坏头发。尤其是发际处受帽子或头盔压迫的毛孔肌肉易松弛,引起脱发。所以应做好帽子、头盔的通风,如垫上空心帽衬或增加小孔等。

第四章　服饰与化妆

第一节　服装的穿着与搭配

一、搭配技巧

服装色彩的应用

由于服装在不同人身上体现出来的韵味各不相同,所以服装的色彩也因人而异,不仅要和人的肤色、身材、年龄、职业、场合等因素相协调,还要考虑社会的流行与文化。如何选配服装的颜色,使其既能美化人的肤色,又能起到掩盖缺陷的目的。

1.肤色与服装色彩。生活中每个人都有各自的肤色,而肤色之间又各有差别。一般说来,皮肤偏黑的人,宜穿暖色调的弱饱和色衣着,或纯黑色衣着,将绿、红和紫罗兰色作为补充色。一般来说应该为这类人推选三种颜色作为调和色,即:白、灰和黑色。主色可以选择浅棕色。紫罗兰配上黄色、深绿色或是红棕色,深蓝色配上黄棕色或深灰色都可以。此外,略带浅蓝、深灰二色,配上鲜红、白、灰色,也是相宜的。穿上黄棕色或黄灰色的衣着会使其脸色显得明亮一些,若穿上绿灰色的衣着,脸色就会显得红润一些。此外,诸如绿、黄橙、蓝灰等色亦可。

面色红润的人,宜选微饱和的暖色调衣着,也可选用浅棕黄色、黑色加彩色装饰,或珍珠色,用以陪衬健美的肤色。黄色镶黑色的衣着对面色红润的女性顾客最为相宜。不宜选紫罗兰色、亮黄色、浅色调的绿色、纯白色,因为这些颜色过分突出皮肤的红色。此外冷色调的淡色如淡灰等也不宜选择。如果用蓝色或绿色,那就应选用饱和程度最大的色彩。

如果肤色较白,则不宜穿冷色调,否则会越加突出脸色的苍白。这种肤色的人最好选用蓝、黄、浅橙黄、淡玫瑰色、浅绿色一类的浅色调服装。另外,以较重的黄色加上黑色或紫罗兰色的装饰色,或是紫罗兰色配上黄棕色的装饰色也很合适。黄色部分最好靠近脸部,否则皮肤就会显得过于暗淡。

如果皮肤发灰,那么衣着的主色应为蓝、绿、紫罗兰色、灰绿、灰、深紫和黑色。蓝灰色可用深棕色作为补色;紫灰色可用黄棕色作补色;绿灰色可用微红色作补色;紫色可以用灰黄色作补色。这种肤色的人不宜穿白色的服装,哪怕作装饰色也不行。

2.体型与服装色彩。生活中人的体型多种多样,高矮胖瘦各不相同。一般来说,体胖的人最好不要穿红、黄、白等高明度色彩的服装。因为高明度的色彩会产生膨胀感,使本来就胖的体型显得更加宽大。相反,身材纤细的人不宜穿深暗色调的服装。因为深暗的色彩会给人以收缩感,会使纤细的体型显得更加瘦弱无力。对于下肢较短的体型,应力求上、下色彩的统一,不要使上下装选用对比强烈的颜色,否则会使弱点更加明显。因此利用色彩的错觉,掩盖体型的短处,也是服装配色中不能忽视的问题。

3.环境与服装色彩。环境包括自然气候环境与社会环境两个方面。

(1)自然气候环境,即春夏秋冬不同季节的变迁。人们的着装会随着时间和空间而改变。夏天,人们以冷色调的色彩来装饰;冬天,人们的服装色彩往往偏于暖色调。另外,从季节与色彩的关系来看,也体现着和谐美。春天,人们穿着鲜艳明快的春装,服装颜色多选用偏粉的红色系列、明亮的黄色系列及大自然的绿色系列。秋天是收获的季节,中性温和的灰色系列服装可大放异彩,反映出人们回归自然的愿望。

(2)社会环境中,服装的穿着要考虑人与人之间的社会关系。应该选择适当

·美容美体·

图文珍藏版

颜色的服装体现自己在这种关系中的身份、地位及修养等。如顾客挑选的是参加婚礼的服装,宜推荐暖色调的衣服,显得喜庆热闹,又不喧宾夺主;而参加丧事时的服装,适宜推荐其选用浓和冷的颜色,与伤感的气氛相协调;外出场合一般比较庄重严肃,应根据具体情况慎重选择服装颜色;儿童的服装通常应推荐鲜艳明亮的色彩,这些与整个社会环境也是极为协调的。

4.材料与服装色彩。服装色彩就是通过服装的质感材料及面料的质地来表现性格的。如黑色,当用在丝绒质地的衣料上时会表现出高贵、优雅的气质,而用在棉布上则使人感到质朴、严肃,甚至是悲伤的情感。另外,不同明度的色彩运用在相同质地的面料上时,表达出的效果也会大不一样。

5.个性与服装色彩。人的个性随着个人文化水平、修养、气质、阅历的不同,会有明显的差异。我们常听到"这件衣服的颜色和你的气质不配",其实一个重要原因就是没有和自身的个性相协调,显得张冠李戴。因此导购营业员在为顾客推荐服装时,应向顾客说明色彩应与个人的性格相协调。如性格直爽豪放的人,表现在服装上的颜色应是鲜艳明亮的色彩,而性格朴素内向的人适宜推荐选择蓝色系列或其他冷色调的服装颜色。

6.职业与服装色彩。古时候,服装的色彩应用在等级制度上,如今这些旧制度已被废除,但服装色彩在各行各业的着装配色上仍起着很大的作用,对人们的生理、心理也有较大的影响。如邮政制服、列车车厢都是绿色,可以给人以安全信任之感;法官的黑色制服象征着法律的尊严;饮食业的厨师,身穿洁白的工作服,给人一种干净卫生的心理舒适感。此外,还有教师着装的颜色应既庄重又亲切,以及医院护士"白衣天使"的美称,无不体现着服装色彩表现职业特质的魅力。

7.流行色。随着社会的进步,生活水平的提高,人们对色彩的需求也发生了改变。他们常会在各种场合以新颖、时髦的服饰装扮自己。巧妙地运用流行色让自己又时尚,又有品味。

怎样穿职业套装

穿着职业服装不仅是对服务对象的尊重,同时也使着装者有一种职业的自豪感、责任感,是敬业、乐业在服饰上的具体表现。规范穿着职业服装的要求是整齐、清洁、挺括、大方。

1.整齐。服装必须合身,袖长至手腕,裤长至脚面,裙长过膝盖,尤其是内衣不能外露;衬衫的领围以插入一指大小为宜,裤裙的腰围以插入五指为宜。不挽袖,不卷裤,不漏扣,不掉扣;领带、领结、飘带与衬衫领口的吻合要紧凑且不系歪;如有工号牌或标志牌,要佩戴在左胸正上方,有的岗位还要戴好帽子与手套。

2.清洁。衣裤无污垢、无油渍、无异味,领口与袖口处尤其要保持干净。

3.挺括。衣裤不起皱,穿前要烫平,穿后要挂好,做到上衣平整、裤线笔挺。

4.大方。款式简练、高雅,线条自然流畅,便于岗位接待服务。

怎样穿晚装

电影中的晚装美人总是与绅士们一同出入盛大的酒会、华丽的歌剧院或是享用浪漫的烛光晚餐,无形之中,晚装似乎成了普通人难以企及的奢侈品。其实晚装绝非遥不可及,只要懂得如何根据自身的特质来挑选合适的晚装,您同样能够魅力动人。

1.黑色、露肩、曳地的晚装款式是永不落伍的。如果您对如何选择晚装一时还拿不定主意,那么,挑选黑色就是没错的。如果您选择了露肩晚装,那么头发最好绾起,披散下来的头发即使发型本身再精彩,也因遮住了晚装的点睛之处——肩颈处的设计而喧宾夺主。对于一个年轻女子而言,也许昂贵的皮草披肩和珠宝饰品并不适合您,简约的风格反而会凸显您阳光、率真的个性。

2.除经典款式外,我们可以在晚装中融入各种不同的元素,细致的花朵或蝴蝶图案、各种褶皱面料、华丽的钉珠和亮片,再加上精细的流苏刺绣披肩,您尽可以在细微处体现自己的与众不同。但需要注意的是:晚装的基调永远是高雅的,切忌过多的配饰,否则会让您看上去很"物质"。

3.着晚装的几种场合。

音乐会及歌剧院:进音乐会现场及歌剧院,最好穿丝质礼服,丝质纤维对音乐的反射能让音乐的效果更加珠圆玉润。

商务酒会:深 V 领的晚装别具优雅,设计上简洁、不过分华丽张扬的小晚装比较合适。

正规晚宴:正规晚宴晚会的晚装可以隆重、性感,如果你喜欢成为大众焦点,可以极尽奢华,深色坠曳长裙最能陪衬气氛的隆重。

怎样穿旗袍

旗袍是我国妇女的传统服装,它的线条明朗,贴身合体,充分展现了女性的曲线美。旗袍紧扣的高领,给人以雅致而庄重的感觉,微紧的腰身体现出腰臀的曲线,特别是两边的开衩,行走时下角轻微飘动,具有轻快活泼之感。现代旗袍更是我国妇女最为理想的礼服,甚至连一些外国妇女也争相穿着。

年龄大些的妇女,旗袍面料颜色应稍深些,款式要宽松一点,以体现庄重文静、典雅大方。中年妇女,宜选色彩富丽高雅,乃至绣花、绲边的旗袍,体现雍容华贵。年轻女性,则宜选用绚丽优美的花式、活泼俊俏的款式,体现青春健美,朝气勃勃。

日常穿着可选用花素全棉府绸或涤棉细布制作的旗袍,既朴素又大方。选用小花、素格、细条丝绸制作的旗袍,可表现出温柔、稳重的风格。选用织锦缎、丝绒制作的旗袍,是迎宾、赴宴最华贵的服装,集庄重典雅于一身。近年来,蜡染、扎染、手绘等工艺用于旗袍,更使旗袍步入高档时装的行列。

旗袍在袖型上有无袖、短袖、中袖和长袖之分;领型上有传统领和无领之分;经改良的旗袍裙也深受女士们的喜爱。春秋两季,天气凉爽,应选薄毛料或厚实的中长纤维的旗袍,穿着保暖又挺括。初夏天气渐热,可选化学纤维面料的半袖旗袍,轻便、凉爽、价格便宜。盛夏时节,燥热难当,应选薄花布或丝绸制成的无领无袖旗袍。穿上凉爽宜人。冬季也可以穿旗袍,不过得絮上丝绵、驼绒之类,制成旗袍,如镶上皮毛,就成了皮袍了。

旗袍紧扣高领,显得庄重雅致,但要看体态而选。脖子细长的人,用紧而高的领子,会使脖子显得更长,领矮些宽些,才能弥补这个不足。旗袍下摆的开衩,要跟身高成正比,身材修长,开衩大些,走起路来裙脚翻动,煞是好看,开衩小了,便裹腿难行。短腿的人,摆衩要开的小些,才能谐调适当。

旗袍在穿着上有其独特的讲究。如,旗袍是礼仪服装,作为饭店的工作服显然是不合宜的;有人穿旗袍骑自行车,很不雅观;穿旗袍必须穿连裤丝袜,以防袜头从开叉露出;着旗袍后要站有站相,坐有坐相,不做任何不文雅的动作。

旗袍是体现形体美的服装,不仅长短、肥瘦要合适,领围、肩宽、胸围、腰围、臀围都要合身才行,甚至于腰节长、乳距以及腰到臀部的距离,都要合适,过紧的行动不便,过于宽松的,难以呈现女性的形体美。

怎样穿牛仔裤

牛仔裤是永远的时尚,牛仔 N 分裤更是百搭高手,怎么把牛仔裤穿出修长的效果呢? 应根据自己的体型,选择适合的牛仔裤型。

1.粗腰女性,适合高腰、腰部无装饰的牛仔裤,能遮饰较粗的腰臀部。最好搭配长款上衣。同样,如果腰部过细,宜穿腰部有装饰品的牛仔裤,或在腰部束一条宽腰带,会更漂亮。

2.臀部肥大的女性,要选择合身、厚质、弹性、暗色、光滑的牛仔裤,不要穿臀部有口袋、横线或绣花的牛仔裤。

3.臀部扁平的女性,要穿臀部有口袋或标牌的牛仔裤,以提高臀部。腰臀部的剪裁成为设计重点,才能发挥抬高臀部的作用,还可遮掩臀形并使腿部看起来长一些。

4.臀部瘦小者,可以穿任何一种牛仔裤,但是如果你想使臀部看起来比较丰满,最好选择臀部有大口袋、绣花或漂亮缝线的牛仔裤。

5.有小腹的女性,适度的低腰款式,可将腹部于中间分段,故可不经意地遮饰小腹,但绝不可太低。弹性材料窄身靴型裤和刚刚好的长度,连腿部都显得较瘦。

6.大腿粗壮的女性,可选择大腿部前后磨白的款式,通过视觉效果让大腿显得纤细。还可选择深色、直筒款式,让大腿处有一些多余的空间,从臀部以下直直的

·美容美体·

图文珍藏版

线条,让人忽略了粗壮的大腿部位;深色也有收缩的效果。因为裤型本身较肥,要搭配简单合身款式的上衣和高跟鞋,否则看起来会较矮小。

7.短腿女性,宜选购直筒的牛仔裤,上面不要有横线,否则会使腿看起来更短。而且,背后不要有口袋,前面的口袋必须是斜口袋。如果搭配高跟鞋,更能拉长视觉效果。

8.身材矮的女性,应选腿长效果超凡的弹性修长裤,可发挥弹性的最大功用,使腿部显得细长;靴型裤调整全身的平衡感,建议搭配带跟的鞋子。

9.O型腿,宽松设计款式,全效遮饰。刻意做成古旧感觉的直筒裤,大腿处磨白及皱褶痕迹的处理,可将担心的腿部线条隐藏起来,切莫穿紧身的款型,否则缺点将更明显。

10.长腿者,这种身材穿任何下装都很好看,尤其是穿牛仔裤。贴身的牛仔裤可显示这种身材的优点,修长而帅气,不妨多多利用。

怎样穿连衣裙

选购连衣裙,除了要根据自己的脸形和肤色外,还要根据自己的体型来考虑。

1.高而瘦者,可穿泡泡袖或笼袖的百褶裙,忌穿窄腰的连衣裙。

2.肥胖者,可穿整料连衣裙,忌穿有皱褶的或宽大的钟口裙。

3.窄肩和溜肩体型者,宜穿一字领、带有皱褶的过肩的连衣裙,忌穿无袖或短袖的连衣裙。

4.臀大腰圆者,可穿喇叭裙,忌穿紧身连衣裙。

5.低腰短腿者,宜穿高腰连衣裙。

6.短裙和及膝裙,可以突出女子腿部的线条美,最适合双腿修长的女性。

怎样穿吊带装、吊带裙

吊带装从样式上可分为吊带背心和吊带裙。上身穿吊带背心,下身可以搭配长裤、裙子、短裤。吊带裙可以及膝,也可长至脚踝,质地有针织的也有飘逸轻薄的雪纺等面料,只要你用了心思,即可穿出百变的风格,最好在配饰上再下点功夫。

1.混搭法:内穿 T 恤,外穿吊带装。色彩搭配抢眼的话,绝对时尚。

2.保守法:内穿吊带装,外罩套装或开衫,适合办公室或天气稍凉时穿,显得大方、得体。

3.含蓄法:内穿吊带,外罩透明衫,似露非露,隐隐约约,很有女人味。

4.大胆法:单穿吊带,展露香肩,充分发挥吊带装的优越性。身材不好、肤色不好的女性最好不要这样穿。

5.出位法:外穿吊带,内衬一件漂亮的文胸,故意把文胸肩带或半个罩杯露出来。如果不怕热,还可以叠穿两件不同颜色的吊带背心。

怎样穿长裤

干练的职业女性,各个季节都应购置几条适合自己的长裤,另外,一些不适合裙装的场合,长裤往往是首选。

1.如果体型苗条,可穿紧口连腰裤,上配双排扣短上衣,则能映衬出你的优美线条。

2.假如臀部很宽,不宜穿臀部有装饰的裤子,否则会夸张臀部的宽度。

3.倘若腹部很大,也不宜穿紧身裤。可穿稍宽松、前裆略深的裤子。

4.若是腰部短粗,则不宜穿连腰裤,不然裤腰会接近腋窝,使上下身比例失调。

5.穿运动裤或裤腿肥大的男式裤,下配低跟、浅口便鞋或运动鞋较合适,切忌穿细跟高跟鞋。

怎样穿短裤

夏季女性穿短裤,不一定都是为了凉快,也是展示美好身材的一种方式。只要注意以下情况,定会穿出活泼、青春和亮丽。

·美容美体·

图文珍藏版

1.短裤的长度,以骑车、坐下方便为度。

2.质地柔软打褶的短裤、裙裤、网球裙裤,看上去青春活泼。

3.微胖的女性不要穿有明袋的短裤,会夸大臀部。

4.腿稍粗的女性不要穿翻边的短裤,会使腿显粗。

5.矮个女性别穿过膝短裤,膝上一两寸最好。

6.裤脚稍宽的运动型短裤,适合所有腿型的女性。

怎样穿毛衣

毛衣是秋冬春三季必不可少的衣物。大圆脸的人最怕穿套头衫,小脸的人又觉得高领毛衣会抢走她们脸盘的光彩,因此要根据自己的脸形、身材选择适合自己的毛衣。

一、脸形与领子的搭配

小脸的人:适合半套头领、小立领毛衣、领部装饰有珠片或珠管花。

胖脸的人:V字领、小圆领、小一字领的深色毛衣。

方脸的人:连体的小包领、低领、圆领毛衣。

二、脸形与毛衣颜色的搭配

小脸的人:最怕看起来苍白、晦暗,避免黑色、灰色、墨绿色,可以选择亮粉色、桃紫色、桃红色、宝蓝色。

胖脸的人:最怕看起来膨胀,避免正红色、亮黄色,可以选择深蓝色、白色、灰黑色。

方脸的人:最怕看起来生硬,避免灰蓝色、蓝绿色等冷色调,可以选择柔和的粉色调,如:粉蓝色、粉紫色、粉红色和亮色小碎花毛衣。

温柔型女性如何装扮

温柔型女性宜穿一切突出女性美的服饰,如花边、蕾丝碎褶的及膝裙、绣着可爱图案的衣服、有宽大纱袖的衣服等。

在配饰方面,温柔型女性可戴一条丝质的细致手帕缎带、羽毛一类的胸花等。项链宜戴细长型金属制品。

服装颜色宜中间色调,不用太强烈对比的配色。柔和的色调加上弧形的线条剪裁,可强调温柔的个性特点。

活泼型女性如何装扮

活泼型女性为了突出自己活泼的个性美,服装上可多利用荷叶边,或是船形领线设计,服装的颜色可以尽量鲜艳。

这类女性还适宜运动装和休闲款运动系列,穿上之后更显得活力四射。

外向型女性如何装扮

外向型女性崇尚自由自在,她们在服装方面也喜欢开放的款式。

她们宜穿衬衫或大方领的上衣,上衣可做飞肩式的无袖设计,宽松的腰身可系上一条绳带,绳带可松可紧,裙摆以宽大为多。

这类女性可戴大型的耳环,大珠串成的项链。

干练型女性如何装扮

现实生活中许多成功的女性,她们办事干净利索,在气质上表现得干练简洁。这类女性的服饰应该偏中性,看起来帅气。

在服装的质料方面,她们适宜穿着质地优良服装,应该去比较高级的服装店去挑一件设计和质地比较高的服装。

在服装的颜色方面,宜穿纯色或条纹图案的,不宜穿拼接图案的衣服,荷叶边、披肩等款式更应少穿,衣服的剪裁宜简单大方,不宜复杂。

配件方面,宜戴珍珠耳钉和短款的项链,不要戴长串累赘的饰物。

少女怎样穿着

流行的方向很难预测,一会儿是迷你超短裙,一会儿流行牛仔装,追求时髦的女孩也跟着团团转,不管是否适合自己,只要是新潮便是好的。这显然很盲目。服装应因自然生动而最具魅力。奇装异服不但耗费金钱,且易引起反效果。

首先,在自然中表现出协调。懂得打扮的姑娘,她的穿着一定是自然而协调的。大到衣服的色彩,小至装饰品的搭配,使人一看就觉得漂亮而舒服。如果一时找不到能搭配服装的小饰物,那就不如不用,不适当的饰品,结果反而破坏了整体的美感。

其次,纯洁的打扮耐人寻味。简单的白衫、绿裙子,年轻女孩子穿了,仪态优美地走在街上,同样能吸引许多赞赏的眼光。这样的女孩,没有任何装饰品,没有五彩缤纷的颜色,但是她有自信,照样能散发她的魅力。

孕妇怎样穿着

现在有许多女装设计师致力于设计时尚漂亮的孕妇装,所以女性不必担心怀孕之后会与时尚脱节。但是不管什么样的孕妇装,不能只看款式,关键是要看穿着是否舒适。

1.什么时候开始穿孕妇装?要根据孕妇身体的变化来考虑。通常,孕妇怀孕到5个月后,腹部明显隆起,胸围、腰围、臀围增加,体形丰满,这时开始穿孕妇装最合适。

2.款式。首先要易穿易脱;其次是服装造型能掩饰不断变化的体形,所以孕妇装以裙装款式居多。

3.色彩。以赏心悦目的柔和性色彩为主,米白色、浅灰色、黑、粉红、苹果绿等。孕妇装的色彩能调节孕妇的情绪,柔和舒适的色调和优美的乐曲旋律一样,都是胎教中不可缺少的一部分。

4.质地。夏季以棉、麻织物为宜;春秋季以平纹绒织物、毛织物、混纺织物及针织品为宜;冬季用各种呢绒为好,也可选择带有蓬松性填料的服装。避免又厚又硬的面料。

5.推荐服装。

(1)背带裤。背带裤是孕妇衣橱内的主要服饰,背带裤基本具备孕妇服所应具有的特性,舒适性好,穿着方便且穿着时间较长。

(2)连衣裙。裙子上打碎褶是孕妇装的一个特点,但褶也不要太多,易产生夸张感。衣裙也不宜太长,会显得笨重。

(3)针织服装。柔软舒适,弹性较好,如束腰外套、针织裤和针织连衣裙,可以与其他款式的服装搭配,也可以单穿。

(4)社交孕妇装。衣橱里至少有一件适合社交场合穿着的孕妇装。比如一件看上去比较雍容华贵的丝绒连衣裙,或是一件做工精致考究的锦缎衬衫加配一条修长的黑色裤子。

(5)工作装。最好选择全棉服装,触感柔软、透气吸湿具有较好的舒适性和支撑作用。

(6)准备几件可以单穿或配套穿的T恤。

6.内衣。孕妇的皮肤特别敏感,内裤的质地以密度较高的棉质为佳。

(1)怀孕初期(1~3月):可穿普通的全棉内裤。

(2)怀孕中期(4~7月):要穿可把整个腰腹部包裹的高腰内裤,且弹性良好,以托持和保护腹部。

(3)临盆期(8~10月):前腹加护的内裤较为舒适。

(4)哺乳期:应佩戴适合的胸衣来承托乳房,专用的哺乳胸衣可适当选用。

(5)怀孕期间孕妇的胸部尺寸也会渐渐变大,因此文胸的尺寸也要及时调整,足以包容和支持胸部。

白领女性怎样穿着

穿衣有三层境界:第一层是和谐,第二层是美感,第三层是个性。

（一）穿着和谐

1.购买衣服时可根据这样三个标准选择,如果不符合其中任何一个,都不要掏出钱包:你喜欢的、你适合的、你需要的。

2.衣服和丈夫一样,适合自己的就是最好的。

3.不要太注重品牌,这样往往会让你忽视了内在的东西。

4.即使你的衣服不是每天都洗,但也要在条件许可的情况下争取每天都更换一下,两套衣服轮流穿一周比一套衣服连着穿 3 天会更加让人觉得你整洁、有条理。

5.一件品质精良的白衬衫是你衣橱中不能缺少的,没有任何衣饰比它更加能够千变万化。

6.每个季节都会有新的流行元素出台,不要盲目跟风,让自己变成潮流预报员,反而失去了自己的风格。关键是购买经典款式的衣饰,耐穿、耐看,同时加入一些潮流元素,不至于太显沉闷。

（二）穿出美感

1.衣服可以给予女人很多种曲线,其中最美的依然是 x 形,衬托出女性苗条、修长的身段,女人味儿十足。

2.应该多花些时间和精力在服装的搭配上,不仅能让你以 10 件衣服穿出 20 款搭配,而且还锻炼自己的审美品位。

3.选择精良材质的保暖外套,里面则穿上轻薄的毛衣或衬衫,这样的国际化着装原则将会越来越流行。

4.优雅的衣着有温柔的味道,但对于成熟的都市女子来说,最根本的是高贵和冷静。

5.黑色是都市永远的流行色,但如果脸色不是太好则最好避免,加入灰色既打破沉闷又显得宁静庄重。

6.寻找适合自己肤色的色彩,一定要注意服装是穿在自己身上的,而不是白色或者黑色的模特衣架。

7.闪亮的衣饰在晚宴和 Party 上将会永远风行,但全身除首饰以外的亮点不要超过 2 个,否则还不如一件都没有。

（三）穿出个性

1.经典很重要,时髦也很重要,但不能忘记的是一点匠心独具的别致。

2.绝没有所谓的流行,穿出自己的个性就是真正的流行。

3.无论在色彩还是细节上,相近元素的使用虽然安全却不免平淡,适当运用对立元素,巧妙结合,会有事半功倍的美妙效果。

4.时尚发展到今日,其成熟已经体现为完美的搭配而非单件的精彩。

5.重视配饰。衣服仅仅是第一步,在预算中留出配饰的空间,认为配饰可有可无的人是没有品位的。

6.逐步建立自己的审美方向和色彩体系,不要让衣橱成为色彩王国。选择白、黑色、米色等基础色作为日常着装的主色调,而在饰品上活跃色彩。有助于建立自己的着装风格,给人留下明确的印象。而且由于色彩上不会冲撞,也可以提高衣服间的搭配指数。

中老年女性怎样穿着

1.色彩的统一。在夏季,中老年女性不妨穿一身素色的衣裤素色衣裙,脚着白色皮鞋,手拎白色皮包;或冬季,穿一身黑色大衣、西裤,黑色皮鞋、皮包。这样全身统一的颜色,很素雅、别致。这是整体协调的穿着方法之一。

2.色彩的协调和呼应。如果上身穿银白色毛衣,下身穿深灰色裤子、黑色皮鞋,这样以色彩的深浅对比方式搭配的服饰很和谐、呼应、明朗、稳重。

3.色彩的调和。夏日,中老年女性可选穿一些自己喜欢的花衬衣,然后从上衣的色彩中选一种颜色作为下身穿的裙子或裤子的颜色。如果衬衣是白底红黑小花,那么裤子或裙子就要穿白色或是黑色。因为老年人一般不习惯以红色为下装,中年人仍可选红色为下装。只要上下着装的颜色能有呼应关系,您穿着的服装色彩就显得调和,穿再花的衣服,也是花而不俗的。

4.色彩的点缀。就是在统一的色彩上配以少许其他色彩起画龙点睛的作用。如您穿了一身黑衣服,显得很庄重、高雅,再戴一条花围巾,在黑色的衬托下,色彩很鲜艳,围巾就起到了色彩的点缀作用。一般点缀物可以用项链、耳环、围巾、帽子、腰带等。

二、掩饰技巧

低矮偏胖的女性怎样穿着

人无完人,上帝还没有慷慨到给每个人模特般身材的地步。女人有很多种类型,每种类型的女人都有其可爱之处。立即行动起来,通过穿衣服的小技巧,把自己打扮得舒适、愉快、曲线玲珑,又有流行感,让您稍嫌丰满或略微矮胖的身材也能亭亭玉立!

体型矮胖的人,在穿着方面,款式要力求简洁、朴实,显得清爽而且充满活力。

1.和谐配搭。上衣颜色应比下衣浅,使别人注意你的上身,显得高些。鞋袜最好与下装颜色一致。颈上加装饰,或戴一对漂亮的耳环,都有助于增高。

上短+下长=高瘦长的裤子或裙子配上短短的上衣能制造修长效果。

上短+下短=矮短小的衣服会使你变得更矮。

上长+下长=矮试想在长裙上罩一件长大衣的糟糕效果吧。

2.合体上衣。上衣应宽紧适度,腰身合体,不宜过紧或过松。不要因为对自己身材没有信心而随意地包裹一件宽大运动衣,这会看起来更矮更胖。可选择一件有形的黑色夹克,或者有腰带的上装,及臀的上衣和直筒裙配搭也很不错,能塑造完美的直线。

3.瘦腿长裤。以拉链后置或侧置的长裤来塑造臀部曲线。简单的窄窄的或微喇的裤脚配上低腰或中腰的设计是对抗肥胖的有力要素。

4.长款裙装。矮胖女性不宜穿连衣裙和质地较硬的裙子。套裙或长度超过宽度的细长裙装非常合适,而长宽相近的短裙则是大忌,会使人显得像只箱子。

5.合适的鞋袜。不要夸张腿部,袜子和裙子的颜色对比不要太大。鞋和袜子最好与下装颜色相近,最好同色。鞋帮的高度不要超过10cm,否则会破坏身体的平衡及衣服的比例,反而不美。

6.合适的内衣。应选择平滑贴身的内衣,比如无痕的填充内衣和裁剪简单的平角内裤。

7.选择正确的印花。选择一些精致而简单的印花。不要为那些大大的、前卫的印花所诱惑,那些令人眼花缭乱的印花只能强调你的宽度。

8.轻薄材质。轻质料的针织衣不会对身体曲线吹毛求疵。厚重的编织衣立即就会给你增加几斤。金属质料的衣服也可以考虑一下噢,适当的亮度能将你和衣服都最好地显现出来。

低矮偏瘦的女性怎样穿着

很多瘦小女性在服饰搭配上都有很多困扰,看见高挑的女性穿什么都可以那么轻松有形,真是既羡慕又妒忌! 其实不用这么在意,不一定非要依靠高跟鞋,矮小女性也能穿出视觉的高挑身材。

如果你是娇小玲珑型的女性,那么,在一百种有关美丽的梦想中,选择"小鸟依人"的那一种吧。

1.色彩搭配。

(1)服装的整体色调以淡色、温和者为佳,极深与极浅都不好。

(2)宜选素色无花纹的服装,小方格的花纹也可以考虑。如果喜欢图案,也以清雅小型为宜,不要大于自己的手掌。

(3)上下装颜色要相近搭配,反差太大、对比太强烈都不好。上下身不同颜色的衣服也可以穿,最好上浅下深,把他人的注意力引向头部和肩部。

2.面料。服装面料以纯色、没有印花且光滑平整、柔软贴身为佳,一定要避免选用又粗又硬的衣料。

3.上装。式样尽可能简单,但一定要制作精致。方领、V字领能使短颈看起来较长,避免堆领或太累赘的领子。上衣(外套)越短,双腿看上去就越长。上装的腰部要做得稍高一点。如穿宽松的衬衣或夹克,下身宜穿短裙或窄窄的裤子。

4.特别注意裤装的选择。裤装是各个季节最实用的单品,如果再加入各种时尚元素,一样能穿出亮丽的风景。

(1)颜色应与上衣和谐,最好色调一致。

(2)裤型应选从臀部到裤脚宽窄相同的直线型。

(3)裤袋的开口应尽量以纵切线或斜切线来代替横切线。

(4)不要穿卷边的裤子,除非袜子、皮鞋和裤脚边的颜色一样。

(5)皮带宜窄不宜宽。与衣服的颜色应协调,颜色反差不能太大。

下面推荐几款经典裤装:

(1)瘦长而式样简单的传统式西裤。

(2)白色的长裤。不是每个人都适合穿,因为白色具有膨胀感,因此非常适合体型娇小者。白色的长裤搭配白色的T恤,并以皮带作点缀,外加红色外套,非常醒目。

(3)高腰阔脚裤。上半身应搭配较短的衣服,外套上的大纽扣,也可强调视线,使整体看起来修长。

5.上下装的搭配。既要强调上半身,也要强调下半身。下面推荐几种组合:

(1)深色套装,短短的外套搭配及膝裙,可作正装。

(2)短西装外套与短百褶裙,配白色高领T恤及深蓝色或黑色休闲鞋,表现休闲风味。

(3)连衣短裙与小外套,配上白衬衣,十分可爱。

(4)如果想穿色彩反差较大的衣服,至少有两样东西的颜色必须是一致的。

比如,红衬衫,红色耳环,再配黑色套装。

(5)也可穿里外衣反差明显的衣服,如:黑色高领羊毛衫,黑色裤子,配黄色外套。

(6)上身浓艳的T恤和漂亮的丝巾,搭配长及小腿肚的条纹筒裙和稍宽的皮带。

6.裙装。

(1)若穿衣裙套装,上衣或外套的长度最好在臀部最宽处3cm以上,或刚刚长及腰部。

(2)应避免下摆有印花或绣花的裙子。

(3)T恤衫式的衫裙也非常理想,因为狭长的衫身没有腰位,穿起来特别修长。

7.鞋子。

(1)高跟鞋的式样宜斯文大方,丝袜颜色略深,不宜过花哨,颜色过浅。

(2)避免足踝上有带子和其他装饰的鞋子。

(3)鞋子的高度不要超过10cm,否则会破坏身体的平衡及衣服的比例,反而不美。

8.巧用配饰。

(1)配饰尽量选用小而可爱的类型,搭配出纯净甜美的风格。

(2)可爱的帽子、太阳镜,精巧的头饰、项链等可以让人们的注意力集中在脸部。

(3)可戴稍大的耳环,以突出眼睛和脸形,但不能过大,应与脸形、发型和肩膀的宽度保持平衡。

(4)帽子的边缘不应宽于肩膀。

(5)丝巾或领带会使人看起来文雅而修长。

(6)不宜留过长的散发,也不必把头发全部扎起来,蓬松的发型会使你看上去高一些。

高大粗壮的女性怎样穿着

人的形体各有长短，天生完美无缺的人，现实中是难以寻觅的。一个人体型上或多或少的缺憾，完全可以通过巧妙的穿着打扮而扬其所长、避其所短。

1.色泽方面，应选择深而鲜丽的颜色，既掩饰了体型，又突出了个性。

2.款式以趋向运动装的样式最为合适，不宜过紧。

3.面料以舒适为主，不宜过分贴身，质地柔软，厚薄适中，过厚或过薄都会突出形体缺点。

4.上装不要出现大花和横条纹，以碎花、几何图形或者直条纹为佳。

肩部过宽的女性，不宜穿挑檐式肩袖的服装，应选择肩部款式平缓的服装，再配以V字形领，可使肩部显得窄一些。窄肩的女子，适合穿浅色一字领上装。溜肩的女性，可选用全垫肩的款式以增加肩部的高度与宽度，挺括的西装和挑檐式肩袖的服装，都是较为理想的款式。

5.裤子要刚好合身，直筒裤最合适。

6.裙装适宜直身过膝的款式。如果只是上身和腰腹粗壮，完全可以尝试一下迷你裙。

7.配件以大型的饰物较为合适。

高大偏瘦的女性怎样穿着

高而瘦削的体型是最理想的模特体型，适合各种样式的服装。但如果穿着太古板的衣服，会让人觉得老气横秋。因此，在选择衣服的式样时，应特别注意"新鲜感"，最好是穿着大型花纹且曲线丰富的洋装。

1.样式以稍稍紧身最好，不要太过宽松。

2.面料方面，以舒适、质地挺括、厚薄适中最为适宜。

3.如果衣服上有横向的花纹，会显得更为丰满动人。但不适合穿大花图案的服装。

4.上衣可以采用镶边的样式,胸前做些点缀,或打些褶。上衣的口袋最好采用贴袋或有袋盖的式样。

5.裙子、裤子则不妨在腰际打碎褶,裤脚也可反折过来。推荐褶裙、喇叭裙。

6.选择宽边帽、大的手提包和能叮当作响的耳环或项链,更会使你显得大方、俏丽。

7.形体过瘦的女性。应尽量减少露在外面的部分,穿长袖衬衫、长裤、长袖立领的连衫裙都较合适。

粗腰突腹的女性怎样穿着

1.选肩部较宽的衣服,以产生肩宽腰细的效果。

2.上衣应略为宽大而柔软些,行走时衣服形成自然的裥褶,曲折多姿,能产生一定的优美感。

3.不要穿紧身裤,腰际不要有任何装饰。别致的腰链或漂亮的花边只会引人注目于你的缺点。

4.多用帽子、围巾、项链、耳环等配饰,让人们的注意力集中在你的脸部。

5.偏粗的腰部,与其用上衣盖住,不如将上衣束入有褶缝的裙子或裤子内,使腰部有宽松感。

6.行走时,不要故意扭动腰肢,舒展自然的步态,才能流露出柔美知性的魅力。

7.推荐搭配:

(1)有腰身的短外套,搭配黑色圆裙。直筒裙搭配稍稍繁复的上衣,将重心放在上身。

(2)高腰的吊带裙,也可外加一件淡色的短外套。

(3)轻便淡雅的条纹棉质T恤,搭配系绳的宽松八分裤。

(4)上身轻便的条纹T恤与深色的条纹裙子的组合。T恤外再束一条皮带,是装扮的要诀。

(5)黑色窄裙,搭配淡雅的细条纹衬衫,更能使视线往上移。其他饰件如皮带、手袋、鞋子、手镯等均采用黑色,可强调修长的效果。

腿部短粗的女性怎样穿着

只要成功地运用颜色的搭配、设计的技巧,粗腿女性也能装扮出迷人的风采。走出门时,踏着有弹性的步伐,让美腿踩出难忘的回味。

1.上装短些,下装稍长。

2.下装颜色一定要深,上下身不要有过强的色彩对比,同一色系最佳。

3.长裤裤管要宽松,推荐直筒裤。

4.高腰打褶的直条纹裤子或裙子显得腿部修长。

5.长度到膝盖上方的阔摆短裤,显得健康明快,适合腿短但不太粗的女士。配合条纹外套和白色的 T 恤,使视线向上移,双腿也因此显得修长。

6.裙子的长度应该过膝,裙子与袜子之间的空隙,能使视线远离膝部下方。推荐直筒裙。

7.下摆宽大的 A 形裙、百褶裙、曳地长裙也能掩盖住缺点。

8.腿粗的女性也能穿窄裙,可以选择有口袋且袋口有金质亮片装饰的窄裙。腰部的粗皮带及皮带扣也能转移别人的视线。

9.穿长窄裙时,最好加件漂亮的小背心,配合围巾、帽子,使上半身较华丽,下半身较修长。

10.鞋袜的颜色最好与下装一致。

11.深色长筒袜配高跟鞋使小腿看起来修长,避免穿方跟鞋及那些看来笨重的、明亮的鞋袜。

12.花边短袜令腿部显得有横截感,更突出肥粗。

13.避免穿透明或半透明的黑薄袜裤,穿着厚实紧身的袜裤才是最佳的选择。

14.宽皮带、裙边或裤脚部位的任何皱褶、花边和大型图案、横条纹、大裤脚和拖地长裤都是要避免的。

体态丰满的女性怎样穿着

不要以为身材苗条才是标准体型,事实上身材丰满的人如果掌握了穿衣要领,也会别有风韵。

1.色彩以深色为佳,因为深色有视觉收缩感,会使人显得瘦削。

2.面料应柔软而挺括,忌太厚或太薄的料子,因厚料有扩张性,会使人显得更胖;太薄则易显露体型。宜选择小花纹或直条纹的衣料。

3.把较明亮的颜色放在上身,能使人不注意你体态较差的下半身,身穿高腰裤可使臀部看起来瘦小一些。

4.体态丰满的人一般脸盘较大、脖颈粗短,而穿窄小领口和领形的衣服会使脸形显得更大,应选择宽敞的开门式领形。船形领有使肩膀看来较宽的作用,能与肥大的下半身形成协调平衡的视觉效果。

5.避免穿过于贴身的毛织服装,那些带静电而贴身的套裙或贴身衣服容易显现线条,胖人应忌穿。

6.在外衣束系腰带,能给人以臃肿之感。

7.穿裙应选择旁边或侧边开衩的半截裙,垂直线条再加上令腿半隐半现的裙衩,能使你的双腿看起来更加修长。

8.穿鞋应选择线条简单,细跟或有尖头的鞋子。袜子的颜色要与鞋子相配合,加长腿部线条的感觉。

9.皮包肩带的长度不要刚好落在臀部的最宽大处,这样会使本来肥大的臀部显得更大。

不同肤色的女性怎样穿着

应该购买什么颜色的面料,这要依据自己的肤色、性格、气质、环境等来决定。一种颜色穿在身上,表现的美与不美,其中最重要的一个因素是与肤色是否适应。

因此,服装的配色不能只根据个人的意愿,喜欢与不喜欢不能一意孤行,而应在尊重科学的基础上,根据自己的肤色特点选购服装。其要领如下:

肤色白者:肤色白皙、平滑、细腻的人,是选择服装色彩的佼佼者。他们的服装颜色选择范围最广,肤色的适应性最强。若穿上明亮度高的浅色服装,如黄色、浅绿、淡蓝、粉红、银灰色等,格外显得洁净、素雅;若穿上深红色、杏红色、紫色、绿紫等服装,显得活泼可爱;若穿上深色服装,如蓝色、黑色、烟色等,皮肤更显得娇嫩、白皙。皮肤白的人,无论是男性还是女性,一年四季服装最易搭配。只要稍加注意服装的艺术色彩和服装款式,就锦上添花了。

肤色偏红者:面色发红虽然显得精神焕发,富有朝气,但在服装色彩穿着方面应注意与自己的肤色相适应。一般说,面色偏红者穿淡黄色、中黄色的上衣,可以与面色中和调剂,使红色减淡,白色增加,显得人既有朝气,又干净明亮;淡粉色和藕荷色的服装也较适宜面红者,因为这两种颜色虽与面色接近,但都属于浅颜色,它既不加重面部红色,还能突出肤色红润,效果较好。红色皮肤的人切忌穿绿和黑色上衣。因为绿色与红肤色不易协调,不美观。若穿黑色会加重面红颜色或产生黑红肤色的感觉,也不美观。

肤色偏黄者:因为我们是黄种人,无论是面色趋白或趋红者,其基本都是黄色。但这里所说的肤色黄是指健康的面色偏黄的人。宜选浅色和柔和颜色的面料,如中灰色、浅灰色、粉色、红色、蓝色都可适用,但不宜穿纯黄色、橘黄色、墨绿色、深紫色等。因这些颜色会使得肤色显得更黄,而失去朝气。黄肤色者最好选择带有调剂精神的各种色彩图案的面料,以弥补面色发黄的不足。

肤色偏黑者:在选择服装面料上也有一定的范围。特别不宜选择颜色深、明亮度低的面料的上衣。如黑色、深紫色、深绿色等,这些颜色会加大肤色的黑度,显得更黝黑。但也不宜过分鲜艳,特别应避开大红颜色。宜多采用浅色调,如浅蓝色、蓝绿色、白色、淡黑色或者带有较强的艺术性图案及色彩搭配很考究的面料为好。

由此看来,一件色彩美丽或漂亮的服装不是任何人穿上就能显现出美丽的。服装的穿着一定要从色彩科学的角度出发,根据自己的肤色,科学地选用,才能突出一个人特有的魅力。

小胸美人怎样穿着

小胸美人穿衣,剪裁和样式是重点,只要掌握选择和搭配的秘诀,也能拥有完美的胸部曲线,倍增温柔妩媚。

(一)上装的选择

(1)胸前有口袋或特别花样的上衣,可增加发散的效果。

(2)胸前有褶皱、荷叶边、蝴蝶结、蕾丝、绑带的设计会让上围看起来比较丰满。这些可爱元素在胸口装饰,甜美又性感。

(3)选择胸口带横条纹、印花和拼接的上衣,再平坦的胸部都能穿出曲线感。

(4)带翻领的衬衣,让胸部立体感更强。

(5)有垫肩设计的外套,会使胸部看起来比较挺,值得投资一件。

(6)选择宽版的连身长裙,里面搭配衬衫或针织衫可加强丰胸视觉。

(7)二件式和多层次的穿法,外加背心或小外套,可造成视觉上的错觉,看起来比较有分量。推荐:可在胸前系蝴蝶结的短外套。

(8)泳装不妨选择胸线有折边或褶皱的款式,布料高亮度也能让胸部更丰满。

(二)正确搭配小而精美的配饰

(1)短丝巾是很好的目光移转焦点,长丝巾则不宜。

(2)精致小巧的项链是很好的选择,长项链能不戴就不戴。

(3)胸花、胸饰、别针,增添分量感有一套。

(4)手提式小包会比侧背包来得好,后背式双肩包也是好选择。

(三)选择内衣的要点

(1)内衣是女人的至爱,选择1/2或3/4罩杯能将小胸部有效集中,让胸部看起来够圆润挺立。

（2）罩杯内加衬垫，有侧推、集中的功能，下厚上薄的胸罩也有同样效果。

（3）软性隐形钢圈能有效托高胸部，使小胸美人曲线变美。

（4）试穿胸罩时必须从侧面检查，才能知道穿起衣服的弧度如何，选择罩杯顶点的位置朝上方的款式，可以营造坚挺的效果。

（四）应当尽量避免的衣着

（1）太露、太紧的上衣不能穿。

（2）领形的挑选是重点，翻领的设计很适合，高领及 V 形领要尽量避免。

（3）厚重的布料不适合，宜选择质地柔软但不松垮的剪裁。

（4）丝质、针织衫单穿是禁忌，一定要做两件式搭配。

用服饰掩饰脸形缺陷

很少有人天生一副完美的脸形，聪明的女性知道如何用服饰来扬长避短。

1.三角形：好像梨形、下颚宽大、上额狭小、穿 V 字形的领子看来脸形柔和些。

2.四方形：这种脸形大多属于宽大型，给人很强的角度感，如穿圆形衣领，反而强调宽大的感觉。U 字形领口可缓和这种脸形。方形而不显大的脸，很富有个性，应该强调个性美。

3.圆形：显得宽大、饱满，宜增加长度感，减少圆的感觉。以 V 字形的领口缓和最为恰当。穿圆领口时，领口需大于脸形，则脸形将显得较小。

4.长方形：水平线有利于这种脸形，如船形领、方领、水平领都适合。

5.菱形：下颚上额都偏狭小，利用刘海将上额遮住，而且两鬓要梳得较蓬松，如此就可增加上额的宽度，脸形便形成逆三角形，衣领的选择也就没有限制了。

6.大脸形：避免穿紧贴颈子的衣领，领子要低且不能太狭小。

用服饰掩饰颈部缺陷

女性的颈部以粗细适中而稍长为美,这样使人显得挺拔精神。如果你没有生就令人羡慕的美颈,不要泄气,下面的方法也许能让你同样美丽而别具风采。

1.颈部过于细长的女性。选择立领、一字领、小圆领、翻领,以及领口有大蝴蝶结、蕾丝花边、荷叶边缀饰的高领。短项链或颈圈,可以分割颈部的长度。穿V字领或低领口衣服时,颈部上应系丝巾或戴项链。头发长度过肩,避免把头发挽高成髻或剪短发,垂肩的长发可使上半身的线条看起来较柔和。

2.颈部肥短的女性。尽量不选择领深在锁骨以上的领子款式。应穿无领、敞领、翻领、低领口或V字领上装,再戴一条长项链,借以分散人们对你颈部的注意力。领子的形式越简单越好,切忌在领口处装饰花边、蝴蝶结等任何使领口看来复杂且庞大的装饰品。选择深开领或较深的V形领和U形领,使颈部和胸前的肤色连成一体,增加颈部的相对长度。头发尽量梳高。如果脸形过大,可选择垂直的长发,改善脸部的轮廓,使脸形看起来较小。不宜穿领部无装饰的高领上衣。如果配上漂亮的有檐帽子,就更完美了。

用服饰掩饰胸部缺陷

胸部偏小的女性,应穿胸部带水平条纹和带翻领的上衣,在上衣门襟处及胸前多装饰荷叶边、蝴蝶结、蕾丝、口袋等。常备一件有垫肩设计的外套。注意选择精致小巧的项链、胸饰、别针等,以增加分量感。此外,再选一件塑身效果明显的内衣。

胸部过于丰满的女性,要选用设计简单、宽松合适的上装,不要穿过于贴身的毛织服装和真丝等易贴身的衣衫。避免穿高腰下装和束宽腰带,以使上身显得长一些。

国学经典文库

家庭生活百科

·美容美体·

图文珍藏版

用服饰掩饰肩部缺陷

肩膀狭窄(包括斜肩)的女性,可在肩部衬上垫肩。方形的海军领充满了立体感,能很好地转移视线,掩饰狭窄的肩膀。披戴披肩也是一个很好的构想。肩部有装饰设计的、近似男性化的夹克,适合性格活泼的女性。不宜穿着无肩缝的毛衣或大衣。窄而深的V形领口也不合适。

肩膀过宽者,肩部不要有任何装饰,无肩缝的针织上衣比较适合,最好选用V字领,可使肩部看起来小一些。

用服饰掩饰臀部缺陷

臀部肥大者,可选用深色的西装裤或西装裙,不要穿浅色带光泽的面料做的裤装或裙装,因为它闪射出的光会使臀部更加突出。

臀部过小者,宜穿颜色浅、光泽亮、打褶的裤子。宽松的、后面有口袋装饰的裤子,都可以起到掩饰臀部过小的作用。

用服饰掩饰腿部缺陷

女性的腿有特殊的魅力那就是匀称修长健美。这样的腿无论是穿长裤还是穿短裙都无可挑剔。然而,在现实生活中却并不尽如人意,有好多女性不是腿粗,就是腿短,还有是有内八字和外X字及罗圈腿等不理想的外形,这些问题都增加了女性的烦恼。如何用服装来弥补腿部缺陷呢。

1.腿粗。一般来说,腿粗的女性不太适合穿紧身的裤子,因为它太容易暴露出腿的缺陷,那么穿裙子呢? 太短的裙子也不行,不要让腿部裸露太多。最好穿筒裙,长裙的效果也不错。

2.腿细。从比例上看,如果腿太细亦不适合穿紧身裙子。修长、挺括一点的裤子才会比较漂亮,在色彩选择上以偏向明亮、淡雅的色调为宜,穿上这样的长裤自然会显得双腿丰满了许多。

3.腿短。由于东方人的体形特点,下身肥短的人居多,按照一般比例,腿占全身比例 1/2 以下为短腿。如果腿短的人腰比较细、臀围比较宽,最适合穿裙子,这样可以扬长避短,一般不适合穿裤子(特别是直筒裤)。或者穿可盖住臀线,稍微长些的上衣,而且是不收腰身的,也就看不出腿的长短了。

4.踝关节太粗。脚腕部太粗的女性较适合穿高帮鞋或长靴,配以裙装,或者穿长裤把脚踝掩盖好。一般来说,不宜穿直接露出脚腕的裙装。

5.腿不直。不宜穿紧身裤,特别是短裤或迷你裙。可以穿宽松的长裤或裙裤,或长下摆的裙子等,以不露出腿形为准。另外,如果双腿不够纤长,上装要稍短,裤子也不宜太长,应比一般标准略短,以突出脚踝,这样可显得腿长。而内八字型或外 X 字型腿的人恰当地穿着喇叭裤或宽松裤,可以矫正形体。另外,还可以穿长裙、长风衣、大衣之类,只要将衣着盖至小腿肚就好。

用服饰掩饰手臂缺陷

风姿绰约的打扮,感受女性无限的魅力。修润的手臂,拂起一缕柔情。可不是每人都有美丽的手臂,我们常需要一点刻意的考虑。

手臂太细的女士,袖长宜遮住腕关节,掩住瘦骨伶仃的感觉。匀称的有皱褶的袖子(褶子不要过于碎密)或喇叭袖会增添美感。同时,精致秀气的手镯也可以恰当地修饰细瘦的手臂。吊带式和削肩的服装,太短、太紧的袖子以及蓬松的灯笼袖,包括夸大的手镯则会突出缺点。

手臂太粗者宜选穿贴身的衣料、宽袖口、短袖长至上臂 3/4 的衣服,装饰性长披肩能遮住浑圆的肩臂;大型手镯可以平衡视觉。避免穿无袖、削肩、吊带装;紧绷手臂的袖子更有扩张感;袖长不及上臂的 3/4 会显出弱点;不要再用醒目首饰和腕饰引人注意。

手臂较短者,衣袖不宜宽也不宜长,尽量将袖口边制作得狭些、短些。平时不妨将袖口卷起、这样可给人以手臂长的感觉。

手臂较长者,袖子宜短且宽。

第二节　服装选购技法

一、怎样选购婴儿服装

年轻的父母如何选购适合自己宝宝的服装呢。

1.应选择正规厂家的产品,并注意其产品各类标识是否齐全。

2.在考虑到服装美观的同时,注意健康性。中国眼装协会专家说:由于要幼儿的肌肤非常娇嫩,加上宝宝好动,喜欢咬嚼和吮吸衣物,如果衣物容易褪色或布料所含有害物超标,就会对宝宝造成不良刺激甚至伤害。所以,最好选择浅色纯棉质地的,特别是内衣。新衣服浸泡、清洗过后再给宝宝穿着,以减少衣物中残存的甲醛等有害物质。

3.注意所选的衣物是否适合宝宝的生理特征和有益他(她)的生长发育。比如一两个月大的婴儿,就不宜选择背后有纽扣的衣服,因为他还不会翻身,大部分时间都是仰躺着的。

4.检查衣服上纽扣、系带等配件的牢固度,仔细检查内外缝合处是否有线头,以免被宝宝误食。

二、怎样选购少儿服装

儿童和大人一样,都是爱美的,家长们也期望自己的孩子穿得既漂亮可爱又安全健康。

给幼儿选购服装,需要考虑这个年龄段孩子的特性。他们活泼好动,生活自理能力差,选购服装时要考虑到衣服穿在孩子身上要便于他们活动,要便于他们自己穿脱,要适合他们在幼儿园里的集体生活。父母可依据以下原则去给孩子选购服装。

1.服装应大小合身,便于孩子活动和玩耍。

2.造型应简洁明快,夏天轻便,冬天舒适、保暖。

3.舒适宽松。膝部、腰部、腋下及身体其他部位都不要太紧,尤其是裤裆不能太紧,不然会影响孩子血液循环和生长发育,并使孩子的活动受到阻碍。

4.要易穿易脱。让孩子自己穿脱,培养他们自理生活的能力。

5.尽可能在前面开襟,纽扣钉在幼儿能看到和摸到的地方,纽扣宜用中号的,数量不宜太多。

6.要便于幼儿分辨前后正反。

7.最好选有口袋的衣服,一是幼儿喜欢口袋,可以装些小玩意儿,二是口袋可帮助孩子识别前后。

8.式样与衣料的花色、质地不宜过于精致,过于标新立异,否则会使孩子在集体中感到与众不同,或者感到难为情和不安。

9.最好能使孩子的穿着与幼儿园或邻居儿童的服装相协调,使孩子在集体生活中觉得舒适自在。

10.不要把孩子打扮得像个小大人或玩偶。

三、儿童服装上的标志

1.商标和中文厂名厂址。这是消费者保护自身合法权益的重要证据之一。因为制造商只有明确地标注了商标和厂名厂址,即确立了其对该产品负责的义务。无商标和中文厂名厂址的产品,极有可能是非正规厂家生产的产品或假冒产品。

2.服装号型标识。号型标识就是服装规格代号,与穿着者的身高、胖瘦相匹配。号与型之间用斜线分开,如上衣145/68,表示适合高145cm、胸围68cm左右的儿童穿着。儿童生性活泼好动,一般应选择稍微宽松一点的衣服。

3.成分标识。主要是指服装的面料、里料的成分标注,各种纤维含量百分比应清晰、正确。有填充料的服装还应标明其中填充料的成分和含量。

4.洗涤标识的图形符号及说明。一般制造商根据选用的面料,会相应地标注服装的洗涤要求和保养方法,消费者可依据厂方提供的方法进行洗涤和保养,如出现质量问题,厂方应承担责任。反之,如消费者未按照制造商明示的方法进行操作而出现问题,消费者应自负责任。

5.另外,产品上还应有产品的合格证、产品执行标准编号、产品质量等级及其他标识。

童装的永久性标识应选择柔软的材料制作,并缝制在适当的部位,应注意避免直接缝制在与儿童皮肤接触的地方,防止因摩擦而损伤儿童的皮肤。

四、怎样选购女装

(一)注意服装产品上的各种标识

这些标识用来向消费者传达产品性能、质量状况、使用方法等信息。

1.商标和中文厂名厂址。

2.服装号型标识。首先要了解服装号型上所表示的数字及英文字母,才能选购合体的服装,如上衣号型165/94A,"165"指穿着者的身高,"94"指穿着者的紧胸围,"A"指穿着者的体型。其中"A"为正常体型,"B"为偏胖型,"C"为肥胖型,"Y"为偏瘦型。当然,最好的办法是试穿。

3.成分标识。主要是指服装的面料、里料的成分标注,各种纤维含量百分比应清晰、正确。有填充料的服装还应标明其中填充料的成分和含量。一般作内衣内裤或贴身穿用的服装材质最好选用纯棉或棉混纺的材质,穿着舒适透气,不宜选纯化纤之类的内衣产品。

4.洗涤标识的图形符号及说明。了解洗涤和保养的方法要求。

5.产品的合格证、产品执行标准编号、产品质量等级及其他标识。

(二)鉴别服装的外观质量

1.查看服装标注的材质和质量等级,与货品的真实现状是否相符。

2.确定服装的主要表面部位无明显瑕疵。

3.注意服装的主要缝接部位有无色差和纰裂。纰裂即通常所说织物"滑移"或织物"排丝",如果服装的接缝强力不够,容易引起肩缝、袖窿缝、侧缝等处的缝口脱开而无法穿着。选购服装时可在侧缝处拉一下,看一下缝口是否有"滑移"现象。留意一下里料"滑移"情况。

4.看面料的花型、倒顺毛顺向是否一致。条格面料的服装主要部位是否对称、对齐。

5.注意服装上各种辅料、配料的质地,如拉链是否滑爽、扣子是否牢固、合扣是否松紧适宜等。

6.注意有黏合衬的表面部位如领子、驳头、袋盖、门襟处有无脱胶、起泡或渗胶等现象。

7.另外,对服装产品的面料成分也要注意。自己实在搞不清楚的,可请教专家并保留好发票及服装上的铭牌,一旦与商家发生纠纷,可凭此向有关部门投诉。

（三）注意服装的穿着安全

服装面料在印染和后期整理等过程中需加入各种染料、助剂、整理剂,尤其棉、麻、丝面料的服装产品,穿用时易起皱,尺寸稳定性较差,所以现在有些产品经过免烫、防皱、防缩等特殊工艺整理,以达到在一定时期内洗后免熨的效果,但在这些整理中所用的整理剂或多或少地会有或产生对人体有害的物质,所以,一般对新买回来的服装及标明免烫、防皱、防缩之类的服装产品,尤其是直接接触皮肤的服装,穿用前最好进行水洗一次(标注干洗的服装除外),用少许中性洗涤剂进行清洗,可将一部分有害物质和灰尘冲洗掉,以便放心穿着。

五、怎样选购时装

茫茫衣海中的迷失、彷徨是每个女人都曾经历的事情,"永远都缺一件衣服"更成了我们在出门前常常拿来自嘲的一句话。不过不要紧,只要你够勤奋,真正地

·美容美体·

图文珍藏版

认识自己并读懂服装的语言,每个人都会成为最美丽的女人。

（一）逐步建立自己的着装风格,客观对待流行

能够给今天的我们留下深刻印象的穿衣高手,不论是设计师还是名人,其原因只有一个——他们创造了自己的风格。你喜欢索菲亚·罗兰身着丝质套裙的感性、杰奎琳在太阳眼镜后的典雅、还是赫本在黑色连身裙中的优雅？一个人不能妄谈拥有自己的一套美学,但应该有自己的审美倾向。而要做到这一点,就不能被千变万化的潮流所左右,而应该在自己所欣赏的审美基调中,加入适当的时尚元素,融合成个人品位。比如,如果你只喜欢裙子的淑女感,也不必排斥宽腿长裤、九分裤等同样能传递出优雅感觉的裤装。融合了个人的气质、涵养、风格的穿着会体现出个性,而个性是最高境界的穿衣之道。

（二）衣服要与你的年龄、身份、地位一起成长

西方学者雅波特教授认为,在人与人的互动行为中,别人对你的观感只有 7% 是注意你的谈话内容,有 38% 是观察你的表达方式和沟通技巧（如态度、语气、形体语言等）,但却有 53% 是判断你的外表是否和你的表现相称,也就是你看起来像不像你所表现出来的那个样子。因此,踏入职场之后,那些慵懒随意的学生形象或者娇娇女般的可爱风格都要尽量避免。随着年龄的增加、职位的改变,你的穿着打扮应该与之相称,记住,衣着是你的第一张名片。

（三）基本服饰是镇山之宝

服饰的流行是没有尽头的,无数的服装设计师在日复一日地制造着时尚,新的流行没有穷尽。但一些基本的服饰是没有流行不流行之说的,比如及膝裙、粗花呢宽腿长裤、白衬衫……这些都是"衣坛常青树",历久弥新,哪怕 10 年也不会过时。这些衣物是你衣橱的"镇山之宝"？不仅穿起来好看,穿着时间也长,绝对值得。拥有了一批这样的基本服饰,每年、每季只要根据时尚风向,适当选购一些流行服

饰来搭配就行了。

(四)买和自己的身材、肤色、气质能够"速配"的衣服

专卖店精美的橱窗和优雅的店堂都是经过专业人士精心设计的,其目的就是为了营造出一种特别的气氛,突出服装的动人之处。但是,那些穿在模特身上或者陈列在货架上的漂亮衣服不一定适合你,不要在精致的灯光和导购小姐的游说造成的假象中迷失了自己。为了避免被一时的购物气氛迷惑,彻底了解自己是非常重要的基础课程,读懂自己的身材、气质、肤色,才不会买回错误的衣服。切记,没有哪个女人对自己的形象是完全满意的,你也是这样,但不要被这种遗憾困住,了解自己的优点和缺点,绝对有助于你穿出独特的美丽。

(五)资金受到限制时务必求少而精

把眼光放得高些,学会挑剔,从款式、材质、颜色到剪裁、工艺……道道门槛都要过,不要因为对某一个元素的偏爱就忽视了其他方面。比如,一件因为你很喜欢的蓝色而买回来的衬衫可能并无用武之地。要完全确定自己很喜欢这件衣服、自己穿起来也很好看,才掏出钱包。如果你在买的时候就是犹豫不决的,那么几乎可以肯定,买回来后的这件衣服你肯定也很少光顾它。当断则断吧,哪怕只拥有几件出色的衣服也比一柜子穿不出去的强。相信衣海茫茫,以后一定会遇到让你无可挑剔的衣服的。

(六)别太相信感觉,试穿才能让衣服和你天长地久

很多人都有这样的购衣体验,看到一件令人心动的衣服便迫不及待地买下,生怕被别人捷足先登。结果是,疯狂的占有欲往往让人吃亏,由于没有试穿,尽管款式、颜色、面料和剪裁都非常理想,但就是有些地方的尺码不合适,看上去好像穿错了别人的衣服。买了这种不合身、不舒适的衣服,只好打入冷宫了,真让人心疼。所以结账之前,一定要亲自试穿。

(七)仔细计算每件衣服的"投资回报率"

一件衣服的穿着频率越高、时间越久和其他衣服的搭配度越高,它的"投资回报率"也就越高。例如,一套 300 元的时髦裙子,如果穿了一季就因不流行而不再穿的话,就算每周穿一次,一季共穿了 12 次(1 次×4 周×3 个月),穿一次的成本是25 元。而一件 1 000 元的精致裙装可以穿 3 年,每年穿一季、每季每周穿一次的话,一共可以穿 36 次(1 次×4 周×3 个月×3 年),穿一次的成本不到 28 元。差不多的穿着成本、相差甚大的穿着品质和时间,你说,哪一件衣服才真正划算呢?

(八)透视折扣陷阱,理智对待名牌打折

每到换季时,铺天盖地的都是打折信息,其中不无顶级的名牌。不过,名牌打折当然和普通牌子不同,它们一般都会选择一家高级百货商店甚至是酒店来进行,有的还会派发请柬。对很多人来说,这是很有诱惑力的一招儿,3~6 折的价格确实让人心动。不过,这时你千万不要以为掉下了天大的便宜让你捡,内行人都知道,出现在特卖场上的名牌货一般都是至少 3 年以上的产品,无论是面料、款式、色彩都与时尚有了一定距离,虽然牌子和工艺没有问题,但几个关键的指标已经落伍了,同时尺码不全也是经常出现的问题。所以,应该理智地对待名牌打折,不要因为价格的降低而降低你对衣服的要求。记住,让你买下一件衣服的理由应该是它很适合现在的你,而不是它看似划算的价格和那一块小小的商标。

(九)选择适合自己的衣服而不是吸引自己的衣服

一般而言,每个人期望中的自己和现实中的自己都有一定差距,而期望中自己的理想形象落实到服装上,就是那些可能并不实穿但很吸引你的衣服,它们代表了你的审美趋向和品位。但是,对一部分人来说,吸引自己的衣服有时并不适合自己,所以要学会分辨两者的不同,能够理性地放弃"美,但并不适合我"的服装。当然,如果你实在喜欢且财力也允许的话,我建议你也不妨奢侈一下,买回来独自欣

赏也是件美好的事情。

（十）多关注流行资讯培养自己的敏感度和判断力

没有人生来就特别会穿衣服，看看那些整天满世界飞来飞去的知名造型师、设计师就知道了，为了得到第一手的流行资讯，他们甚至还会自费到欧美体验第一时间的流行。不是专业时尚人士的我们不能因为这个就放弃对时尚的关注，选择几本你喜欢的报纸和杂志，定期阅览，不断刷新自己的敏感度和判断力，时间长了，眼界自然会不同。另外，现在也有很多专业的造型设计室，有问题时也可以求助于他们。还有，你身边有没有公认的"会穿"的女友？不要不好意思，多听听别人的经验之谈也会少走一些弯路。总之，勤奋和天分的道理也适用于穿衣之道，只要你用心了，你就一定最美丽！

六、进口服装尺寸识别

国外服装的规格标识与我国服装号型的表示有所区别。国外服装的号型规格常用英文字母和一个数字表示，具体体型标志是：Y 型表示胸围、腰围差 16cm；YA 型表示胸围、腰围差 14cm；A 型表示胸围、腰围差 12cm；AB 型表示胸围、腰围差 10cm；B 型表示胸围、腰围差 8cm；BE 型表示胸围、腰围差 4cm；E 型表示胸围、腰围差 2cm 或相差很小。身高标志：1 表示身高 150cm；2 表示身高 155cm；3 表示身高 160cm，以此类推，数字每增大一位代表身高增加 5cm，身高最大的代表数是"8"，代表身高 185cm，例如"AB5"表示服装定身高 170cm，胸围、腰围相差 10cm 的人穿用。

国外服装的号型规格也有简化或英文字母。英文标志如下：L 表示大号服装；M 表示中号服装；S 表示小号服装。

七、怎样选购职业装

总的原则是：体现职业女性的稳重与干练。并与自己的气质、年龄、职位相一致,充分表现出个人的专业素养。

1.面料上乘。最好既是纯天然又质量上乘;面料匀称,平整,滑润,光洁,丰厚,柔软,悬垂,挺括,不仅弹性,手感要好,而且应当不起皱,不起毛,不起球。上下装最好选择同一面料。

2.色彩宜少。基本要求是以冷色调为主,借以体现出着装者的典雅,端庄与稳重。与此同时,还须使之与正风行一时的各种流行色保持一定的距离,以示自己的传统与持重。一套服装的全部色彩至多不要超过两种,不然就显得杂乱无章了。

3.图案简洁。在正式场合穿着的套装,可以不带有任何的图案,也可以是格子和条纹图案。

4.点缀忌多。不宜添加过多的点缀,否则极有可能显得琐碎、杂乱。有时还会使穿着者有失稳重。

5.整体和谐。比如服装颜色如果不一致,就应该遵循上浅下深的原则,否则会产生头重脚轻的感觉。

6.裙长:年轻的女性,裙长至少要及膝,坐下时足以遮住大腿,否则给人轻浮印象。年龄大些的女性,裙长最好不要超过膝盖。虽然有时流行长裙,但并不适合正式的公务场合。

7.鞋:它是整体衣着搭配要特别注意的地方。深色衣服配浅色皮鞋会感觉不稳重。

8.饰物:手表式样典雅大方就可以,不必太华贵,不要选休闲的运动表或是闪光的金表。首饰和丝巾常常是成功服饰的点睛之笔,但款式颜色都要简洁素净。皮包或笔记本等也要注意,这些东西都会反映着装者的风格,也会影响到给人的第一印象。

八、怎样选购面试装

参加面试的装扮以整洁美观、稳重大方为总原则。服饰和配件的色彩、款式要和自己的年龄、气质、体态,以及所应聘的职业岗位相协调一致。搭配出最为得当的衣装,为你的面试来加分,但最关键的还是自己有好的仪态和气质。

1.深色系服装。给人一种真诚稳重踏实,不过要避免全身上下都是深色的,那样会让人显得老气,还可用一些小饰品来点缀一下。

2.裁剪合体的小西装。是最佳选择之一,不用过分花哨,只要在基本款上添加一点小细节、小装饰就好了。

3.套装。自然是省力又美观的选择了,因为不用为上下间的搭配而苦恼。

4.大方的裙子。略带中庸的及膝裙让女士重拾往日的温情,既不失现代的淑女风范,又自然地保留了流行的味道,是面试装扮的好选择。

5.干练的裤子。直筒长裤能带给你干练的中性魅力,和各种体型也都容易搭配,也是面试着装的好选择。

6.鞋子。前封口高跟凉鞋要穿长筒丝袜。穿靴子要么不穿丝袜,要么直接穿羊绒袜。

7.手提包。最好体积较小,质地要好,格子包大方又美观是不错的选择。

8.围巾。选择合适的丝巾,在胸前系个简简单单的结就好了,美观又大方。过于休闲或者前卫的丝巾系法都是不恰当的。

9.饰品。夸张饰品是不适合的,简洁大方的饰品可以为你带去不少的魅力分。

九、怎样选购运动装

选择运动装要从色彩、线条设计等各方面配合自己的身材,以弥补缺点为原则。尽管现在运动服装中融入了很多的时尚元素,但是我们在选择的时候仍旧首先要关注它的功能性,要便于从事体育运动。

1.材质。服装材质舒适与否是首先要考虑的。棉质是最适合的质料,质轻、透气、吸汗。但是,能营造运动风格的面料,已不单单是纯棉一种。高品质的微纤维面料不仅有形,而且触感细腻、穿着舒适。

2.颜色。运动时各种艳丽的色彩都可以穿在身上。不过,建议夏季上装选择浅色系的,可以反射光热。

3.款式。根据体型来选择。任何款型都不能过紧,影响活动,也会阻碍血液循环。

大腿或小腿粗肥者,选择深色或直条的运动衣,如果穿暖腿套,束在足踝处最好,可将小腿衬托得细一些。

臀部大者,可穿超过臀线以下的上衣,或者束一条腰带把别人的视线引到腰部,再配上一条深色长裤。

胸部丰满者,运动衣的质地宜富有弹性,具有支持力,长袖为佳。

太瘦的女性,可穿颜色鲜艳的横条运动装,利用束带之类的装饰来强调腰部。

小腿太瘦者,宜穿尼龙质汗裤,使双腿较丰满,加上长至膝盖的暖腿套,能美化腿形。

小胸女性,可穿领口有花边的运动衣,色彩宜鲜明,显得丰满。

方肩者,避免有袖饰的运动装,宜穿背心或前面打褶的款式。

十、怎样选购户外旅游服装

根据户外旅游方式的不同,如徒步、登山、滑雪、水上活动等,所备服饰也须相应有所区别。户外旅游运动对服装的要求,一是防水(雨)性,这是最基本的要求。其次是防风性能,因为登山、滑雪或滑翔等运动都是在风速较大的环境中进行的,为了保持体温,防风性能相当重要。三是服装的透气性,可使穿着者保持身体的干爽和舒适。四是耐磨性,也不可忽视。

(一)徒步旅游个人服饰

徒步旅游个人行装,最重要的是要有一双穿着舒适而便于远行的鞋子,鞋底不能太薄。衣服最好是便于吸汗和散热的棉织品,夏天上衣可穿翻领运动衫,春秋穿高领毛衣,冬天则宜穿轻而暖和的绒衣。夏天上衣应穿淡色长袖,以免暴晒胳臂,冬天宜穿深色服装。裤子可以是弹性好的牛仔裤或马裤,夏天要备遮阳帽和太阳镜。

（二）登山旅游个人服饰

登山最好穿专用的登山鞋，轻便合脚的运动鞋也可考虑。其他行装基本与徒步旅游行装相同。衣服最好穿较轻便的绒衫、夹克衫或专门的登山防风衣、冲锋衣，必须穿弹性好的长裤，以免被划伤、咬伤，又可防冷风。寒冷天气最好准备抓毛绒的夹克和背心。抓毛绒质轻、保温性好，优于羊毛制品。抓毛绒的导汗性也很不错，缺点是防风性较差，在有些地方不能直接穿着，还必须加上一层防风外套。抓毛绒夹克加上防风防雨外套这一组合已成为户外运动中非常流行的穿着方式。有时还要在内层穿着速干衣，洗后 10~15 分钟即可变干。因为剧烈运动后衣服内层会积聚大量汗液，容易着凉感冒，在登山或极地探险活动中还可能造成冻伤。

（三）滑雪旅游个人服饰

滑雪旅游最好穿防风、保暖、轻便的厚毛衣、羊绒衫或夹克衫，穿紧腿裤、厚袜，戴毛线帽、防风面罩、有色眼镜或防风镜。最好穿着专门的连体滑雪衫。鞋有特殊要求：要有鞋帮、宽头，鞋底前头稍往前伸出、略呈方形；在鞋底的伸出部分有稳钉等，以便与滑雪板固定器上的稳钉相吻合，通过弹簧将鞋压在固定器上，最好选择比平常穿的鞋大一号码，以便穿两双袜子保暖。

（四）水上活动个人服饰

这里说的水上旅游是指划艇、木筏和漂流。这种旅游另有番风味，可荡漾在微波或搏击在急流中，使人时而惊心动魄，时而心旷神怡。水上活动个人行装基本与徒步旅游相同，但鞋最好穿长筒胶鞋或高腰球鞋，划桨时最好戴棉线手套，若是木筏，则戴帆布手套撑竿为宜。救生器材是水上活动不能缺少的物品，在船上的每个成员必穿上救生衣或救生坎肩，以防万一发生事故。

十一、怎样选购皮革服装

皮革服装面料一般分为山羊皮革、绵羊皮革、牛皮革、猪皮革和马皮革等。山羊皮革纤维结构比绵羊皮革纤维结构细致,强度也高于绵羊皮革,是皮革服装首选面料。

皮革服装的质量主要表现在以下几个方面:染色牢度、涂层黏着、用料、皮革强度、加工等。消费者在购买皮衣时,要注意以下几点:

1.认明皮衣的商标、规格、生产企业名称及厂址,不要买没有注册商标、没标明生产厂家的产品。

2.皮革服装不应有掉色、裂浆、掉浆等现象,手感应该丰满而有弹性,整件衣服色泽一致,无色差、色花,皮面光滑,粒面细致。

3.“摸”“闻”“看”。“摸”要手感柔软、丰满、弹性好,“闻”要无浓重的异味。以无味为好,“看”要看整衣是否过薄,有无松面、起壳、皮青脱落等。一般三四头猪或五六头羊才能制作一件皮衣,所以皮衣的整体效果要薄厚、粗细、颜色搭配得当,主次要部位差别越小越好。

丰满性和无松面是皮革质量感官检验的要点。皮革手感丰满就是加工过程中皮纤维分散适度,没遭受过多损失,使皮纤维仍保持一定的空间构形和良好的弹性。松面是指皮革的粒面层纤维空松,密度降低,检验时,可将皮革的粒面向内弯曲90度,粒面上就出现较大皱纹,放平后,皱纹不能完全消失即为松面。

皮衣寿命很长,皮衣辅料质地要求很高,拉链、扣子一般都是铜质优等品,皮衣衬里多采用优质丝绸制作。

优质皮衣手感柔软、润滑、有弹性,用手压出的皱褶能很快消失,衣服各部分皮革厚薄均匀,穿着舒适、平伏、挺括,不板硬或绵软。

采用油光革生产的皮衣手感柔软,粒面清晰、光滑、粒光感强,已成为优质皮衣生产的主料,而且普遍采用双针缝纫。

十二、怎样选购真丝服装

真丝服装轻盈飘逸、雍容华贵、柔软轻薄,透气性好,穿着舒适,是永远流行的上乘服装。怎样选购到理想的真丝面料呢?

1. 要根据穿者的年龄、性格、爱好、体形确定自己喜爱的颜色及花样的面料。

2. 选购丝绸面料时，先看匹绸的绸边是否平洁光挺，有没有抽皱、松紧不一或毛丝多的现象，一般来说绸边质量好，绸面质量也会好，然后看绸面有没有明显的织疵和印染疵点。

3. 真丝织品缩水率一般较大，选购衣料和服装时，一定要考虑这一因素，购买真丝衣料时，衣料的尺寸最好加上8%～10%的缩水率。如1米长的真丝衣料，加上缩水率应为1.1米的长度为佳。特别是真丝双绉下水后经纬间都会出现缩水现象，所以选购真丝服装时一定要加大一档规格为宜，如穿的确良衬衣是64×96的规格，选购真丝双皱衬衫就要66×98的规格为好。

4. 真丝衣料和服装的选购必须掌握穿大不穿小的原则。因为衣着适当肥大不仅舒适，而进一步突出真丝衣料的洒脱、柔软、华贵的特点。

5. 真丝衣料的品种很多，人们要根据不同的服装款式，如连衣裙、旗袍，或民族服装等巧妙选配，以体现真丝衣料的雍容华贵，轻盈飘逸的美感。

十三、怎样选购羊绒服装

羊绒织物是用山羊绒纺成的毛纱织成的，纯羊绒是指含量在95%以上的山羊绒。山羊绒的特点是手感轻、滑、暖、薄，防潮性能好。价格较低的羊绒制品是绵羊毛（又称细羊毛）制品。有些产家用低于标准含量的羊绒制品或绵羊毛冒充山羊绒，消费者要特别注意。

1. 购买国家认定质量稳定的厂家品牌，还要认真查看是否标有国际羊毛局授权的纯羊毛标志，是否标有羊绒含量、合格证标贴、规格、洗涤方法等。

2. 最好到大型商场或专业商店购买。因为一般名牌羊绒制品不供应小型商店、精品店和个体摊商。

3. 羊绒正品应外观造型流畅，做工精细，手感柔顺，质轻，纹路清晰，条干均匀，绒面丰满，色泽柔和，富有弹性；用手握紧后放开，能自然弹回原状。没有脱缝、漏针、破洞等疵点，拼色、印花、条格等产品没有沾色和搭色。

4.最好挑选经过防缩加工处理的羊绒制品。

十四、怎样选购羊毛服装

1.看商标。如果是纯羊毛产品,应有纯羊毛标志;如果是混纺产品,应有羊毛含量标志。如没有,则为假货。

2.查质感。真羊毛织物质地柔软,富有弹性,手感好,色泽和谐,保暖性也好;假羊毛产品的质地、弹性、手感、保暖性都较差。

3.燃烧检验。真羊毛点燃之后,有烧焦毛发的气味,灰烬可用手指捻碎。如无烧焦毛发味,灰烬结块、压不碎,则是化纤织物。

4.擦静电检查。将羊毛织物在纯棉衣物上摩擦5分钟,迅速拿开,如无"啪啪"声是真羊毛;如有"啪啪"声,甚至有静电火花,则为化纤织物或伪劣品。

十五、怎样选购羽绒服

1.优质羽绒服的各种标记应当齐全,如:厂名、厂址、面料里料的成分含量、羽绒的种类及含绒量、充绒量的指标、洗涤标识、质量等级、执行标准代号等。

2.款式:新颖、别致、适体、大方、实用,以脱卸式(活里活面)为好。

3.价格:一般以价格适中为宜,如价格过低,则羽绒的质量无法保证。

4.含绒量与充绒量:应选购适合自己需要的含绒量和充绒量。羽绒服的含绒量一般以70%及以上的为宜,具有一定的蓬松度和轻柔感。充绒量的多少,则涉及羽绒服的保暖程度,应根据自己穿着的需要来确定。

5.回弹性:将蓬松的羽绒服压一下,再松开,迅速回弹恢复原状的,说明羽绒的蓬松度良好。如含绒量低,掺有一定量的毛梗或粉碎毛的,回弹性就差。羽绒服拎在手里比较重。

6.防钻绒性能:羽绒制品面里料应具有防钻绒性能。拍一拍,发现钻绒的羽绒制品肯定是劣品。由于羽绒具有柔滑的特性,有少量的绒丝从缝线中溢出是正常的。

7.透气性:羽绒服不能钻绒,但也要具有一定的透气性,包括面料、里料、胆料。有的厂家为了压低成本,用蜡质棉布代替全棉防绒布面料和里料,有的干脆就在一般布料上涂一层塑料膜,识别起来也不难:衣服多穿几分钟,看自己的内衣是否有潮湿感。

8.气味:闻一闻,紧贴羽绒制品做深呼吸,闻一下里面的气味,避免选购味重刺鼻的商品,但由于是动物羽毛,有一定气味是正常的。鼻子凑近羽绒服仔细嗅一嗅,如有明显的腥味或异味,说明所用羽绒原料没有经过严格的工艺处理和消毒。

9.辅料:一件羽绒服上,有不少辅料,如拉链、金属扣等,是否美观光滑、完整顺畅。

十六、怎样选购牛仔裤

牛仔裤的款式应选用直筒或窄脚型。女性成熟后的体形往往变圆,要想显得腿部修长,应选择直筒或窄脚的裤子,如果裤脚太大呈喇叭状的话,容易显得俗气。如身材纤瘦高挑,直身或微喇叭形剪裁的牛仔裤是必然选择。身材较矮小的女士,则宜选择较贴身并比脚踝长一些的款式,以求"拉长"全身比例。

牛仔裤的臀部应有些设计。臀部才是牛仔裤的"门面",穿得好不好看全看背后的观感。臀部的口袋或标牌,可以修饰臀形并使腿部看起来长一些。

牛仔裤的面料应有一定厚度。有弹性的牛仔布因为穿着舒服而广受欢迎,但如果弹性太好会变得像紧身裤一样将体形暴露无遗。成熟女性还是选择有一定硬度的面料为宜,硬挺的面料能有效遮掩体型,略微累赘的臀部在挺身的牛仔裤包裹下也会显得挺拔。

如果你的腰部不是最美,就不要用腰带。不要妄想现在最流行的宽腰带能把你的腰衬托得不盈一握。那种有流苏和打孔的宽腰带,只会让略胖的女人上下一体,看着像个水桶。

带有珠绣的牛仔装容易脱落,在购买之前应当反过来检查一下线头是否牢固。

如果有条件,可以在买回家之后重新缝一遍,否则如果珠片脱落,则会影响整件衣服的美观。印花的牛仔质量相差很大,所以要特别注重印花的质量,选择时可以用指甲在布面上划一下,如果划痕很快消失,就说明印花质量比较好,反之则最好不要选择。

购买时要"验明正身"看细节。工字纽即裤头纽,原装正版牛仔裤必有其特制的纽扣,多呈古铜色。后袋车花是每个品牌牛仔裤独有的注册商标,线条流畅,一气呵成。撞钉是钉在小裤袋上的铁钉,正面与背面印有不同的字样双拉链保险线。原装正版牛仔裤都会在重要部位把缝线加固,在原有的基础上多缝一行,如在髋部、裤裆处等。每个牌子牛仔裤的拉链扣都刻有自己独特的标志,这种拉链扣向下压,可锁死裤链,防止下滑。另外正牌牛仔裤的裤脚与内外两侧缝合处的水磨效果是冒牌货难以企及的。

低腰牛仔裤如今大行其道,但究竟低腰的标准是什么?标准腰线应是位于女性肚脐上三根手指宽度的位置。广泛而言,只要是在腰线以下者,都可称为低腰服装。完美的低腰裤曲线,靠的不是纤腰,而是臀围。因此,选购低腰裤时,臀部线条饱满者较容易达到满意效果。如果臀部曲线不尽理想,可选择裤裆前低后高(约相差5cm)的低腰裤。如此一来,不仅可以包覆臀部使之托高,更可避免因裤裆前后高度一致,使得后裆容易翻起,或蹲下后容易露出内裤的顾忌。体形上半身比下半身长者,则宜避免穿低腰裤,而以中腰(即齐腰线的裤子)为主。由于东方女性身材上有大腿普遍偏粗、臀围偏大而下垂的限制,因而在选择低腰牛仔裤时,最好先量臀围及大腿围的宽度(而非腰围),才能准确选择。

年龄稍大的女士,不要和年轻的女孩子争穿低腰牛仔,因为低腰不但使小肚子无处藏身,如果上衣短的话,还会看见那些被挤压出来的橘皮组织,这些都会随时出卖你的年龄。除非你对这些部位依然自信。

第三节　服装的清洁和保养

一、如何科学保养服装

对于高品质现代服装的保养、洗涤及换季后衣服的收藏,只有采用科学合理的方法,才能防止衣服发霉变质,虫蛀破损,褶皱变形,保持面料的眼用性能(包括外观、手感、舒适性等)并延长衣服的使用寿命。

1.保持清洁:收藏存放服装的房间或箱柜要保持干净,要求没有异物及灰尘,以防止异物及灰尘污染服装,同时要定期进行消毒。经穿后的衣服都会受到外界及人体分泌物的污染。对这些污染物如不及时清洗,长时间黏附在衣服上,随着时间的推移就会慢慢地渗透到织物纤维的内部,最终难以清除。另外,这些衣服上的污染物也会污染其他的衣服。

2.保持干度:保持干度就是要提高衣服收藏存放当中的相对干度。收藏存放衣服前应晾干,并选择通风干燥处,避开多潮湿和有挥发性气体的地方,可用防潮剂防潮,收藏存放期间要适当地进行通风和晾晒。

3.防止虫蛀:在各类纤维织物服装中,化纤服装不易被虫蛀,天然纤维织物服装易招虫蛀,尤其是丝、毛纤维织物服装更甚。一般都使用樟脑丸用白纸或浅色纱布包好,散放在箱柜四周,或装入小布袋中悬挂在衣柜内。

4.保护衣形:直观上平整、挺括的服装能给人以很强的立体感、舒适感。一定要将衣形保护好,不能使其变形走样或出现褶皱。对于衬衣衬裤及针织服装可以平整叠起来存放,对于外衣外裤要用大小合适的衣架裤架将其挂起。悬挂时要把服装摆正,防止变形,衣架之间应保持一定的距离。切不可乱堆乱放。

二、真丝服装的洗涤和保养

1.真丝服装应小心穿着,避免暴晒,慎防摩擦、损伤、污染。

2.洗涤时不能用洗衣机,一般用冷水手工轻柔洗涤,采用专用的"丝毛洗涤剂"或"丝绸洗涤剂"等中性优质洗涤剂洗涤,污渍部位只能用手或软毛刷轻轻刷洗。

3.漂洗时加入3%食用白醋浸泡2~3分钟再清洗。

4.洗后不能拧绞,在阴凉处滴干(反面朝外)。

5.采取反面、中温(150℃)熨烫,可保持颜色鲜艳,减少褪色。

三、羊绒服装的洗涤和保养

1.洗涤时要严格按照洗涤标签明示的方法进行,采用中性洗涤剂。水温不要超过30℃,如水温偏高又使用碱性的洗涤剂,洗涤不当会导致羊绒衫缩水。

2.羊绒服装穿后要及时清洗,平摊晾干。

3.放入密封的衣箱或收纳袋内妥善收藏,并放入防蛀剂。

4.羊绒服装穿着要小心,羊绒由于其纤细,纤维短,强力不如羊毛等缺点,穿着时更要精心呵护,特别避免与硬物、粗布、化纤等衣物长时间摩擦。羊绒衫与外套之间摩擦机会多的部位,如:袖口、上下两侧等部位容易起球。

四、羊毛服装的洗涤和保养

大多消费者都有过羊毛服装洗后缩水的经历,其实羊毛织物缩水有多种原因,有些是由于洗涤方式不当造成的。

1.应选用中性洗涤剂或中性洗衣粉洗涤,如果选用日常洗衣用的碱性洗涤剂则易损伤毛纤维。

2.洗涤水温以30℃左右为宜,水温过高易使羊毛衫再次缩绒毡化,水温过低则会降低洗涤效果。

3.除标有"超级耐洗"或"可机洗"标志的服装,一般都要小心手洗,严禁用洗衣板搓擦,更不能用洗衣机来洗涤,否则,羊毛纤维鳞片之间产生毡化,会使羊毛衫尺寸大为缩小。

4.漂洗后的羊毛衫轻压去水,在弱光下或阴凉通风处平摊晾晒。切勿在烈日下暴晒,忌用衣架晾晒。

5.晾干后的羊毛服装一般还要熨烫,便于穿用或收藏。等毛衫干至九成套上烫板,粗纺毛衫 135℃～145℃ 为宜;精纺毛衫适宜用电熨斗,在 120℃～160℃ 下熨烫,盖一块浸湿的白布以给湿。

6.新买的羊毛衫穿用前最好净洗一次,去除生产过程中沾染的油渍、石蜡、灰尘等。

7.如果连续两三天穿同一件羊毛衫,记得要更换,使羊毛面料的天然弹性得到恢复。

8.羊毛衫穿后要放于凉爽透气的地方,保存时一定要用衣架。

五、毛呢服装的洗涤和保养

正确穿用和维护服装,是衣物经久耐穿的一个关键。

1.毛呢、毛绒类服装弹性好,但承受力较低,所以穿着时尽量避免粗糙剧烈的摩擦,以防磨损衣料和起毛,即使表面有一些起球现象,要待毛球浮起离开布面时,小心进行手工修剪,使毛球脱落,千万不能用力拉扯,一旦出现破损小洞应及时修补,避免再度扩大。

2,毛呢毛绒服装产品按标注的洗涤方法洗涤,一般不宜水洗,最好选择信誉好、洗涤质量好的干洗店进行干洗。

标注可机洗或手工水洗的毛呢产品,应用冷水轻柔洗涤,采用专用的洗涤剂,污渍部位只能用手或软毛刷轻轻刷洗。且洗涤时间要短,手洗时,冷水浸泡时间不超过 15 分钟。

3.洗后不能拧绞,只能轻轻挤压,在阴凉通风处吹干。

4.如需平整整形,应在半干状态时进行蒸汽熨烫,温度不超过 200℃。

六、皮革服装的洗涤和保养

皮革服装穿着时要注意防磨、防划,以免出现划痕而影响美观;不能曝晒或火烤,因为高温使皮革收缩变形;受到雨水淋湿后要及时用布擦干,避免皮面板结发硬。

(一)洗涤

1.一般皮革服装应进行专业干洗和加脂、上光处理。

2.家庭清洁时,只要小心处理,也可用水处理污渍。先在内侧不显眼处试试会否褪色,如没褪色,可以用棉绒布擦去表面灰尘,继以稀释的中性洗剂擦洗,再以拧干的毛巾擦净。

3.皮衣衬里脏,可用小牙刷蘸上稀释的洗剂,顺着衬布纹理刷去皂液,再覆盖干毛巾吸收水分,才能避免水分渗入皮质。

4.清洗人造皮衣,可用温水浸湿衣服,然后在洗剂溶液中泡一会,挤出脏水。擦净衬里,再用纱布蘸洗剂溶液拭擦衣面,然后用温水冲净。如果人造皮衣不是太脏,用湿布擦洗即可。

5.皮衣轻微沾污,可用擦钢笔字的橡皮擦的白色部分直接擦拭,这个方法对人造皮革特别有效。

(二)晾晒

1.清洗过后或被雨淋湿的皮衣,不能直接暴露于阳光之下晒干,而应以毛巾将水分吸干,再于水渍处均匀地涂上甘油或凡士林,挂在衣架上,置于温暖的室内待其慢慢晾干。

2.衬里清洁后,则应把衬里翻出,挂于阴凉处晾干。

(三)防霉

1.皮衣受潮发霉,要用天鹅绒或灯芯绒擦去霉斑,然后再用皮革去污剂擦拭。

2.顽固霉斑可用洗剂加9倍水,用软毛刷蘸上擦净。晾干后再以蘸有少量四氧化硅的抹布擦亮皮面(四氧化硅可在化工原料店购买)。

3.用干布擦一遍皮面,涂上一层凡士林油,15分钟后用干布擦去,霉点便会消失。

4.想令失去光泽的皮衣恢复光彩,可用毛巾蘸稀释后的蛋清轻拭。

5.皮衣表面有刮花痕,可用棉花蘸少许与皮衣颜色相同的鞋油涂擦,再以棉质软布擦亮。

七、纯棉衣物的洗涤和保养

1.洗涤时如非必要,不要使用漂白剂,国内洗衣粉一般都有漂白剂,如含量较大的洗衣粉不可放多,以防止掉色。洗衣粉一般都有增白剂,但如量过大或多次后,纯棉织物的强力会降低,手感也会变得粗硬。

2.为防止衣物变形,洗涤后不要用手用力拧绞衣物,可轻柔甩干。

3.晾晒时不要在阳光下曝晒,以免造成褪色,如果面料中加入了弹性材质,在阳光下曝晒,会使弹性纤维脆化,弹性及强度降低。

4.外穿的纯棉衣物一般都有印花图案,洗涤时不要用力搓洗印花部位,不要用温度过高的水,熨烫时,不要直接烫印花部位,可在反面熨烫,喷少量蒸汽即可。

5.圆领纯棉针织衫的领口一般是螺纹领,它有不错的弹性,但如拉扯过度,容易使罗纹难以回复,导致领圈变形,因此,晾晒时将衣架从衫脚处伸入,不用拉扯圆领。

八、羽绒服的洗涤和保养

(一)羽绒服的洗涤

1.不要干洗,一定要手洗。因为干洗用的四氯乙烯药水会影响羽绒的保暖性能,同时烘干工艺容易使布料老化。在羽绒服内侧,都缝有一个印有保养和洗涤说明的小标签,细心人会发现,90%的羽绒服标明要手洗,切忌干洗。而机洗和甩干,易导致填充物薄厚不均,使得衣物走形,影响美观和保暖性。

2.30℃水温漂洗。先将羽绒服放入冷水中浸泡20分钟,让羽绒服内外充分湿润。将洗涤剂溶入30℃的温水中,再将羽绒服放入其中浸泡一刻钟,然后平铺在干净台板上,用软毛刷蘸洗涤液轻轻刷洗。漂洗也要用温水,以利洗涤剂充分溶解在水中,漂洗不少于3遍。

3.最好使用中性洗涤剂。中性洗涤剂对衣料和羽绒的伤害最小,使用碱性洗涤剂,如果漂洗不净,残留的洗涤剂会对羽绒服造成损害,并且容易在衣服表面留下白色痕迹,影响美观。去除残留碱性洗涤剂,可在漂洗两次之后,在温水中加入两小勺白醋,将羽绒服浸泡一会儿再漂洗,醋能中和碱性洗涤剂。

4.使用洗衣粉浓度不能过高。在没有中性洗涤剂的情况下,才选择洗衣粉,通常两脸盆水放入4~5汤匙洗衣粉为宜,如果浓度过高,难以漂洗干净,羽绒中残留的洗衣粉,会影响羽绒的蓬松度,大大降低保暖性。

5.不能拧干。羽绒服洗好后,不能拧干,应将水分挤出,再平铺或挂起晾干,禁止曝晒,也不要熨烫,以免烫伤衣物。晾干后,可轻轻拍打,使羽绒服恢复蓬松柔软。

6.如果羽绒服不太脏,用毛巾蘸少许汽油在领口、袖口、前襟等处轻轻揩拭,油污去除后,再用干毛巾揩拭沾有汽油处,待汽油挥发干净后即可穿用。

(二)羽绒服的保养

1.羽绒服清洗后,用透气的物品(如整理袋)包好,放入一粒樟脑丸,然后存放于通风干燥的衣柜内,避免重压。

2.夏秋雨季过后,最好把羽绒服拿出来晾一晾,防止霉变;如果发现有霉点,可用棉球蘸酒精擦拭,再用干净的湿毛巾擦洗干净,晾透后再妥善收藏。但不要放在阳光下曝晒。

九、怎样去除化妆品污渍

口红渍:先用小刷子蘸汽油轻轻刷擦,去净油脂后,再用洗涤剂溶液洗除。严重的污渍,可先置于汽油内浸泡揉洗,再用中性洗涤剂洗除。刚沾上的口红渍可立即用纱布蘸些酒精擦拭,然后放在溶有洗涤剂的温水中搓洗即可。

唇膏渍:用钝刀尽可能多地刮去唇膏,然后放在热的不含肥皂的洗涤液中洗涤。严重的污渍,可在洗涤前用甘油揩擦。对于不可用水洗的织物,可用海绵蘸油溶剂揩擦。

指甲油渍:用海绵蘸丙酮或卸甲水揩擦,再用干净的布揩擦。

香水渍:新沾上的香水渍,可立即用热的清水洗净。对于干的污渍,可用甘油揩擦,然后再用清水洗净。

染发水渍:可将衣物放在水中润湿,在污渍处用温甘油刷洗,然后用清水漂洗,再滴上几滴 10%的醋酸溶液,晾干即可除去。

十、怎样去除油渍

牙膏、酒精、食盐溶液、柠檬汁都可去除油污,把它们在污渍处轻擦几次,再用清水搓洗。如果是熟油弄脏了衣服,用温盐水浸泡后,再搓上肥皂冲洗便可去除。皮衣若沾了油渍,涂上由酒精和粉笔末调成的糨糊,待糨糊干后,小心将其擦去。丝绸衣服上的油渍,可把滑石粉调成糊状敷在污渍上,停留一段时间后,揭去滑石粉,再在丝绸上垫上薄纸,用不太热的电熨斗熨平。

十一、怎样去除汗渍

清洗汗渍勿用热水,那样会使蛋白质凝固。用喷雾器在污渍处喷上食醋,过会儿再洗效果好。还有一种方法是将冬瓜捣烂,倒进布袋中,将其液汁挤出,用来搓洗沾有汗渍的衣服,然后再用清水漂净。或者是将衣物放入 10%的浓盐水中浸泡

·美容美体·

图文珍藏版

1 小时,取出用清水漂洗干净。还可用 3%~5%的醋酸溶液揩拭,冷水漂洗。含毛织物不宜用氨水,可改用柠檬酸洗除。丝织物除用柠檬酸外,还可用棉团蘸无色汽油抹擦。

十二、怎样去除黄斑

白色衣物上出现了黄斑,可将衣物放在凉水中泡湿,在衣物的痕迹上面撒些细盐,就可将其洗掉。也可取 1 份双氧水和 10 份水兑成的溶液擦洗,然后再清洗。衣领上的黄迹,可用冷水在领口上涂些牙膏,均匀搓擦片刻后,再用肥皂洗涤,然后用清水漂净。

十三、怎样去除霉菌

雨季,洗好的衣服不易晾干,常有一股难闻的霉味,也会留下难看的污渍。可试试以下方法。

1.把衣服放入洗米水中浸泡一夜后,再按常规搓洗,霉斑就可除去。

2.将衣服放在加有少量醋和牛奶的水中再洗一遍,便能除去霉味(若收藏的衣服或床单有发黄的地方,可抹涂些牛奶,放到太阳下晒几个小时,再用通常的方法洗一遍即可)。

3.衣物新长的霉斑,先用刷子刷,再用酒精清除。

4.皮件上长了霉,不宜用湿布擦,最好晒干后把霉斑刷掉。

5.针织品上的霉菌用氯化钙溶液擦洗清除。

6.用绿豆芽揉搓,然后用清水漂洗。

7.先把衣服放入水中浸一会儿,再加少许柠檬汁清洗。

8.化纤衣物上的霉渍可先用 2%的肥皂酒精混合溶液擦洗,然后再用药用双氧水擦拭。

十四、怎样去除血渍

1.清洗血渍不要用热水,因为血液里含有蛋白质,蛋白质遇热不易溶解。

2.刚沾染上的血渍,应立即用冷水或淡盐水搓洗,再用肥皂或10%的碘化钾溶液清洗。

3.也可先用生姜擦洗,然后蘸冷水搓洗。

4.或者在血渍处滴上几滴双氧水,再洗。

5.用白萝卜汁或捣碎的胡萝卜拌盐也可除去衣物上的血迹。

6.也可用10%的酒石酸溶液来揩拭沾污处,再用冷水洗净。

7.旧老血渍,可用硫黄皂揉搓清洗。用10%的氨水或3%的双氧水揩拭污处,稍后再用冷水清洗也可以洗掉。如仍不干净,再用10%～15%的草酸溶液洗涤,最后用清水漂洗干净。

十五、怎样去除尿渍/呕吐渍

尿渍:刚刚沾染的尿渍可用水洗除,或用10%的氨水液刷洗,再用稀醋酸液洗,最后用清水漂洗。白色织物上的尿渍,可用10%的柠檬酸溶液润湿,1小时以后再用清水漂洗干净。

呕吐渍:先用汽油擦拭衣物上的呕吐渍,再用5%的稀氨水擦拭,最后用水洗涤。或用10%的氨水将衣物上的呕吐迹湿润,再用酒精和肥皂的混合液擦拭,然后用洗涤剂洗、清水过净。丝、毛服装上的呕吐迹可用酒精与香皂的混合液进行擦洗,然后再用中性洗涤剂洗涤,洗不掉时再用5%的氨水溶液洗。

十六、怎样去除酒渍

衣物刚染上的酒渍,可用清水洗去。如果是陈渍,可用肥皂10份、松节油2份、氨水1份的混合液擦拭,然后用清水冲净。酒渍还可用藕汁洗除。如果白衬衣上留下了酒渍,可用煮沸的牛奶擦拭。化纤织物沾了白酒、啤酒渍,可以先用酒精浸润,再加甘油轻擦,1小时后用水冲净。啤酒渍必须用温水才能洗净。

十七、怎样去除牛奶渍／果汁渍／咖啡渍／茶水渍

牛奶渍:衣物上新沾的牛奶渍,可用冷水洗。柔软织物上的污渍,可将其浸在等量的甘油和热水的溶液中轻轻擦洗,当污渍化开时,再用温肥皂水洗涤。或者将污渍处浸入甲醇溶液中约两分钟,然后用肥皂液洗涤。

果汁渍:羊毛织物可用稀氨水擦洗,其他织物可用酒石酸或双氧水洗。新染上的果汁渍,可先撒些食盐,轻轻用水润湿,然后浸在肥皂水中洗涤。在果汁渍上滴几滴食醋,用手揉搓几次,再用清水洗净。合成纤维布上的水果痕迹,可先在痕迹的下面垫上一块吸水布,然后用棉花蘸上柠檬汁擦拭就可以了。

咖啡渍、茶水渍:用毛巾蘸水绞干及时擦掉。若咖啡加有伴侣牛奶时,以少量洗涤剂擦拭。滞留过久的污渍,可试试用醋擦拭。

十八、怎样去除菜汤渍／蛋渍／酱油渍

菜汤渍:用加了洗衣粉的温水溶液洗涤,沾染面积大时可浸泡30分钟后再揉洗。用汽油涂抹污渍处,擦去油脂,再用20%的氨水溶液搓洗,然后用肥皂或洗涤剂揉洗。

蛋渍:鸡蛋沾染衣服,可用茶叶水浸泡一会儿,即可洗净。用新鲜萝卜捣汁,搓洗衣服上的蛋迹,效果甚佳。清除蛋黄渍时,可先用汽油之类的挥发性强的溶剂去除。再用清水漂洗。

酱油迹:衣物上的酱油新迹可用冷水搓洗后再用洗涤剂洗。也可在温热的洗衣粉溶液中加少量氨水和硼砂,再将织品搓洗。也可先用氨水擦洗,然后用少量草酸液洗擦后用清水洗净。将衣物浸湿,涂上小苏打粉10分钟后用清水洗净。用鲜藕汁擦拭污处。在污迹处撒白砂糖少许揉搓,再用温水洗净。

番茄酱渍:将衣物用水浸湿后,用温甘油浸润半小时,刷洗后,再用肥皂洗。

咖喱渍:真丝、羊毛织物及其他化纤织物,染有咖喱渍时,先用水湿润,再用加盐的肥皂液洗。丝、毛织物上的咖喱渍,可用稀醋酸洗。也可用水湿润,掺入50克的温甘油刷洗,再用清水漂净。棉质衣服以漂白剂漂白,浸入草酸液可使咖喱颜色稍微轻淡,从草酸液中拿出衣服后,还须用水冲洗掉草酸气味。

蟹黄渍:可用煮熟的蟹上的白鳃搓拭,然后在冷水中用肥皂清洗。

十九、怎样去除泡泡糖渍／巧克力渍／冰激凌渍

泡泡糖渍:将衣物放入冰箱的冷藏格中冷冻一下,等泡泡糖渍变脆,用小刀轻轻刮除,再取鸡蛋清抹在遗迹上使其松散,再在肥皂水中清洗。用汽油或酒精擦洗也有效果。

巧克力渍:用松节油擦拭。

冰激凌渍:新渍可用加洗衣粉温水溶液洗涤,30分钟后用清水漂净。陈渍可先用汽油涂于污处,擦去油脂,再用1:5的氨水和水溶液搓洗,再用肥皂或洗涤剂洗一遍,用清水漂净。

二十、怎样去除圆珠笔油迹／墨水渍／墨汁渍／油墨渍

圆珠笔油迹:用洗发水浸透污处,再将白醋加水稀释,用刷子蘸上溶液轻轻擦洗。用布条浸酒精轻轻擦拭污处也可去除。或者将污渍用冷水浸湿后,涂些牙膏,抹少量肥皂轻轻搓揉,如有痕迹,再用酒精擦拭即可。另外把牛奶烧开,在衣服下垫一块毛巾,用一团棉花蘸热牛奶在油迹处涂擦也可以去除。还有一种方法是先用汽油擦洗后再用洗涤剂清洗(不可用热水泡)。

红墨水渍:用洗涤剂洗,再用10%的酒精擦洗,再用清水洗净。用0.25%的高锰酸钾溶液清除。普通衣服上的红墨水渍,可用柠檬汁擦洗,然后再用清水洗干净。

蓝墨水渍:用温水加洗衣粉放入20%的酸液中洗,如洗不掉,可再加10%的氨水。用热牛奶搓揉浸洗,即可除掉。亦可用醋浸后清洗。

黑墨渍:用清水洗,再用洗涤剂和米饭粒一起搓揉,然后用纱布或脱脂棉一点点地吸。残渍可用氨水洗涤,或者用牙膏或牛奶反复搓揉后,再用肥皂洗。用4%的苏打水刷洗。

印油、油墨渍:肥皂和汽油的混合液浸漂或涂在色渍上,轻轻搓洗,使其溶解脱落,再用肥皂水洗涤,用清水漂净。旧渍用热肥皂液浸10分钟,反复揉搓。或者用松节油充分湿润后,再用肥皂酒精液刷洗,最后可用汽油揩拭。毛料衣物上沾了印油时,应先用热水或开水冲洗,然后用肥皂水冲洗,再用净水漂净。也可用10%的氨水溶液或10%的小苏打溶液揩拭,再用水洗净。

胶水渍:用香蕉水滴在胶水渍上,同时用旧牙刷不断搅刷,待胶水迹变软脱下,再用清水漂净,反复刷洗。在有胶水痕迹的衣物背面垫上吸水布,然后往胶水痕迹上涂些白醋,最后用棉花蘸水擦洗干净。

改正液渍:将酒精滴在有改正液的污渍上,再用清水洗净,即可除去。

二十一、怎样去除红药水渍/碘酒渍

红药水渍:先用白醋洗污渍处,然后用清水漂净。也可用5%的草酸或高锰酸钾处理污渍处。把衣服浸湿后用甘油刷洗,再用含氨的皂液反复洗。深色衣服上的红药水渍,应尽快用浓度较低的漂白粉溶液洗。

碘酒渍:可用酒精或用碘化钾溶液擦,浓渍可用稀释的苏打水揩除。用面粉涂在碘酒污处,15分钟后可洗掉。碘酒沾上衣服后,可以在污渍处涂上白酒少许,反复揉搓,消退后,再用肥皂洗。

二十二、怎样去除铁锈渍/油漆渍/沥青渍

铁锈渍:可用2%的草酸溶液在50℃左右温水中洗涤衣物,然后用清水漂净。

用3~4粒维生素C药片碾成粉末后,撒在浸湿的衣服污处,然后用水搓洗。如是铁锈陈渍,可用10%的草酸、柠檬酸加水混合液将沾锈处浸湿,然后浸于浓盐水中,一天后再洗。

油漆渍:不必用汽油来洗。将少许风油精或酒精涂抹在污点上,揉搓数次,再用清水漂洗。风油精去污力与汽油不相上下,而且气味芳香。在油漆未干时,先用煤油反复涂擦,再涂擦一些稀醋酸,最后用水洗。刚沾上的油漆渍,立即用松节油可将其擦掉。另外,刚沾上乳胶漆的衣物可泡在水中揩擦。

沥青渍:用小刀将衣服上的沥青轻轻刮去,然后在四氯化碳水中略浸一会儿,再放入热水中揉洗。或者用松节油反复涂擦多次,再浸入热的肥皂水中洗涤亦可。还可将花生油、机油涂在被沾污处,待沥青溶解后,就容易擦掉了。

二十三、怎样去除煤油渍/机油渍/蜡油渍/鞋油渍

煤油渍:可在污渍表面撒上白垩粉或氧化镁粉末,几天以后,再将粉末取下,煤油污渍即会消失,不留痕迹。白色织物染上煤油,先用汽油湿润污渍处,再用10%的氨水洗,最后再用酒精擦除。另外,沾有煤油的衣物,可用橘皮擦抹沾污之处,再用清水漂洗,就可将其味去掉。还可用特制去油剂除渍,比如现在市场上出现了不少特制的油污清洗剂、粉、皂等,可买来按产品使用说明使用。

机油渍:被浅色油沾染的衣服,可先用汽油洗刷,然后在衣服油污处的上下各垫一块吸墨纸,熨烫,直至油污被吸尽为止,再用洗涤剂洗。被重油沾染的衣服,应先用优质汽油搓洗,然后再用洗涤液冲洗,最后用温水漂净。

蜡油渍:衣服上的蜡油,可将衣服平放在桌上,让有蜡油渍的一面朝上,然后在上面放一两张纸,用熨斗在上面反复熨几下,即可去掉衣服上的蜡油。或者卫生纸盖在衣服的蜡油渍处,用低温熨斗熨,蜡油渍即会被卫生纸吸去。把衣物上蜡油渍处浸入汽油中,亦可去除。

鞋油渍:可用汽油、松节油或酒精擦拭,如不净再用含氨的浓皂液洗除。

二十四、怎样去除黄泥渍/青草渍

黄泥渍:待衣服上的泥渍干后,用刷子刷去泥粉,再用碎生姜涂擦污处,最后用清水漂净。或者将泥干后用衣刷轻轻刷除,再用洗涤剂洗涤。

青草渍:浅色的衣物沾上草渍,可先用酒精涂擦,而后用水清洗。或用加有少量氨水的热肥皂水洗。

二十五、怎样防虫蛀

1.收藏前应将衣物洗净,最好要熨烫一遍,以起到杀菌灭虫的效果,同时也杜绝了蛀虫啮食纯羊毛等衣料中的营养物质。

2.存放用的衣箱和衣柜必须清洁、干燥,所放置的位置也不可潮湿。

3.各种不同质地的服装最好分开存放,化纤类服装不要放樟脑精,对纤维有损害。

4.纯毛和毛混服装要安放樟脑精和卫生球,并要用纸包住,避免直接接触衣物。

5.注意控制贮藏温度。特别是夏季,在高温下,衣物一旦受潮,极易生霉长虫。控制温度,实际上就是控制了菌虫的生存条件。

在天气晴好、空气干燥的时节可将衣物拿出,挂于通风处晾晒,使衣物散热,待手摸衣物感觉干燥凉爽,即可再收藏,效果更好。

二十六、怎样洗衣不褪色

洗衣服时,一些有色的衣服常常褪色,使衣服失去了原有的色彩,变得陈旧。怎样防止有色衣服不褪色或者少褪色呢?

1.不要用肥皂和热水浸泡和洗涤。一般染料大多数容易在水里(尤其是在肥皂水、碱水和热水里)溶解。用肥皂和洗衣粉洗衣时,先在水里放点盐,再用清水漂洗干净。

2.不要在猛烈阳光下晾晒。潮湿状态下染料受阳光照射容易褪色。

3.洗衣要勤要轻,不要用洗衣板或刷子刷。

二十七、尽量少用衣物柔顺剂

对于儿童、老人和病人来说,长期接触这些化学成分尤其危险,甚至会造成永久性损伤。儿童可能会起皮疹、长时间哭闹或腹泻。有些研究者甚至指出,有部分婴儿猝死症案例是由于过敏性反应引发的,而用衣物柔顺剂洗涤的儿童衣服和被褥很可能是引发过敏的原因之一。

根据美国环境保护署(EPA)和化学品安全说明书(MSDS)的数据显示,衣物柔顺剂中含有多种危险化学成分,包括乙酸苄酯、苯甲醇、柠檬烯、沉香醇、氯仿等。

1.乙酸苄酯可能导致胰腺癌,其气体可刺激眼睛和呼吸道,引起咳嗽,并能透过皮肤被吸收。

2.苯甲醇可刺激上呼吸道,造成中枢神经系统紊乱。并引起头痛、恶心、呕吐和血压下降等症状。

3.柠檬烯是一种已知的致癌物,刺激眼睛和皮肤。

4.沉香醇有麻醉作用,能造成中枢神经系统失调以及呼吸不畅,在动物试验中,甚至能导致试验对象死亡。

5.氯仿是一种毒害神经的麻醉性、致癌性物质,已被美国环境保护署列入危险废物名单。

大部分此类化学成分在烘干机里加热时危险性更大。由于柔顺剂会残留在衣物中,致使这些化学成分慢慢释放出来,渗入皮肤或进入空气。更糟的是,大部分衣物柔顺剂中都添加了香味以掩盖化学气味。

因此,平时洗衣最好少用衣物柔顺剂。如果想让衣物柔顺,不妨试试以下几种方法。它们不仅不会危害健康、污染环境,还更经济:

1.向洗衣机中倒入 1/4 杯小苏打。可以软化衣物;

2.倒入 1/4 杯白醋,也可以软化衣服(但不要同时使用漂白剂);

3.将衣物搭在晾衣绳上,以消除静电;

4.将一小片铝箔与衣物一起放进烘干机,能避免产生静电;

5.较柔软的衣服,少用洗衣粉;

6.安装软水器;

7.如果一定要使用衣物柔顺剂,尽量选择含有天然成分的。

第四节　配饰的搭配、选购与保养

一、饰品与身材的搭配技法

婀娜多姿的身材,搭配首饰时可以随心所欲,然而身材不够标准的人,则应精心选择,注意所选择的首饰佩戴起来是否和谐。

1.身材偏矮的女性选择首饰的原则是以柔克刚,冲淡硬气以增添纤柔感,项链宜选细长而造型简洁的,最好选择淡雅的珍珠挂坠与之相配,至于耳环、戒指则应粗细得当,过粗令人觉得矮胖,过细则又与其较粗的手指不相称。

2.身材娇小的女性不宜佩戴一些形状奇特、粒度过大的珠宝,如过长的 V 形项链或玛瑙项链、太宽的戒指等,否则会愈发显得瘦弱。

3.较胖女性容易显得臃肿,因而佩戴首饰时要求从视觉上削弱身体两侧,耳环、戒指、手镯等宜选择色调暗淡、造型简洁的,但项链的挂坠造型宜选长而细、大而多姿的,这类首饰明亮迷人,容易吸引他人视线,胖人的手臂和手腕必然比较肥大,手镯或臂环宜选宽而阔的,若戴了细而小的,反令人觉得手臂更粗大。而一般的,胖人的手指短而扁平,故宜选戴窄边的戒指,能起美化作用。

4.身材短粗者,忌用横向、方块、面状造型的首饰。应选用竖直、条状、片状、小巧玲珑的首饰,开头以简练、明快为宜。

5.身材偏高型的女性戴项链宜粗而长,挂坠的造型要大而丰富,戒指和耳环上镶嵌的珠宝宜选择有主次搭配的。

6.身材高大的人一般不宜佩戴形状单一、颜色艳丽而尺寸又小的珠宝,如小的耳环、窄细的 K 金系列等,否则会给人小里小气的感觉。

7.较清瘦的女子,佩戴首饰的原则是"淡饰中央"而"光彩两侧",项链与挂坠宜选细小而简洁者,且不宜过长,而耳环、戒指、手镯等则宜选较为华丽的,如双耳佩戴有垂饰面积稍大的荡环,腕部戴稍粗的手镯,便可使双耳、双臂和手夺人眼目而让人觉得不太清瘦。色彩则应多选择诸如白色、粉色及浅色的。

8.下身长的人,一般是腰身较短。一般选择胸针大、项链粗长的为好。这样有降低腰节的效果。

9.下身短的人大部分是腰身比例过长的缘故,选择首饰的方法正好与下身长的人相反。

10.颈部较粗短的,可通过佩戴较长的 V 形项链或多条珍珠串成的长项链加以装饰,项链向下垂的形态可使脖子有向下延伸的感觉。

11.脖颈瘦长者,宜选择短粗型项链,短者宜选择细项链。

12.手腕粗者不宜选择宽幅手镯。手指细长者不宜戴粗环戒指。

二、饰品与脸形的搭配技法

化妆打扮虽说没有固定的模式,但构成美的形象总是有一定规律的。脸形和首饰适宜的结合,会产生"对比""调和""均衡""对称"的不同效果,也会产生活泼、干练、娴静、温柔等不同的感觉。许多脸形上的缺点都可以通过选择适宜的首饰和化妆来补救,以达到改变脸形的效果。而美丽的脸形若再选择适宜的首饰则更能锦上添花,又增添几分姿色。

1.圆脸。适合具有竖线条的细长首饰。如:有坠耳环、杆式耳坠、较长带挂件的项链。这样一来,就仿佛把脸拉长了,起着化妆所达不到的效果。

2.长脸形。适合戴浅色贴耳耳环,浅色闪光型短粗或多套式项链。不宜选择细长或带挂件的项链,也不宜戴细长的耳环和耳坠。这样可产生使脸形变短的效果。

3.短脸形。选择首饰恰好与长脸形的人相反,要注意选择细长结构的首饰。

4.倒三角形脸。一般称作瓜子脸,是比较标致的,对首饰的款式苛求不大。如果想增加一些圆润的感觉,可用圆形的发饰、耳饰和颈胸饰。

5.正三角形脸。这种脸形上窄下宽,可用较大的有坠耳环配合短发遮盖脸颊,还可在蓬松的发型鬓角处戴一醒目的发簪、发夹、花簇等,以增加上额的宽度。颈部可选择具有拉长效果的长项链。这样就把三角脸形扩展为菱形,弥补了原来的缺陷和不足。

6.方脸形。为了掩饰额头与下巴的棱角,不宜选择过宽的耳环,应该选择线条圆润流畅的圆形、鸡心形、螺旋形耳环等,这些耳环都可以减弱面部棱角。

7.椭圆脸形。是东方妇女传统的审美标准。由于脸形的比例匀称,这种脸形的人可根据自己的年龄、职业与性格,比较自由地选择首饰。

三、饰品与肤色的搭配技法

人的肤色,或黑、或白、或黄、或赤,而人的面部及全身的肤色以及眼睛、头发的颜色,又随着人的衣着服饰颜色而"变化"。有些颜色能使人的皮肤发红、发粉、白净,精神显得生气勃勃,眼睛显得格外明亮;有的颜色能使人的脸色发黄、发褐、发青,显得灰暗,精神颓废,眼睛呆滞无光。行家认为首饰的颜色应与肤色同色调为宜。就是说肤色浅的配浅色的首饰;肤色深的配深色的首饰。

1.肤色白的人最好选用白金、银、白珍珠、白珊瑚、象牙、水晶、橄榄石等首饰,这样显得自然、含蓄。

2.肤色偏黄,可选用琥珀、玛瑙之类的首饰,这样可显得深沉、持重。

3.肤色深的人,应选用金、绿宝石、黑曜石、紫水晶、玛瑙之类的首饰,可给人一种刚毅、挺拔之感。不宜佩戴象牙色、珍珠色等透明度过高的饰品。

4.皮肤黑红宜用黄金、钻石、紫水晶等深色首饰,慎用绿色饰物。

另外,黄金、钻石等首饰适合各种肤色的人选用。

四、饰品与气质的搭配技法

中国女性最常见的气质类型包括慈惠型、奔放型、淑女型、天真型、魄力型、娇娆甜美型等。

1.慈惠型。慈爱贤惠是中国妇女的美德，易给人稳重温和可依赖的印象。这种类型的妇女选用以自然景物为题材，或者有圆线、曲线韵味的首饰最为合适。色彩和材料则应考虑柔和的珍珠色、温暖的金色和各种暖灰色系。冷色系如青莲、翠绿及钢青色的材料应尽量少用。

2.奔放型。这种气质具有现代色彩，大胆外放，不拘小节。对她们来说，大而粗犷并带些动感的首饰，如坠式的耳环等最能带来快感。材料选择可全面多样，色彩则刺激诱人，方才"解渴"。

3.淑女型。这类女性往往是古典与现代的结合物，多愁善感，冷静内向，温文尔雅。应选择一些较为端庄素净的首饰。

4.天真型。这种气质很讨人喜欢，心中纯真无邪，富于幻想，举止无拘无束，充满着自然清新的气息。选用首饰最好式样不要过于复杂多变，相反要选用单纯明快的色彩、卡通等可爱的造型，这样的饰件能使年轻的女孩子稚气更浓，笑脸更甜。

5.魄力型。这类女子好动，好交际，有干任何事都胜人一筹的自强心，她们的事业也往往成功。首饰选用应以刚直抽象的为好，才显得练达，节奏感强，干劲十足。色彩则不必十分讲究。

6.甜美型。应选用线条造型不那么峻冷，色泽柔和充满暖意的首饰，方显得温情脉脉，富有吸引力。

五、戒指的搭配和选购

选择戒指如同挑选衣服，只有与自己的相配得宜，才能充分发挥它们的装饰效果。选购戒指一般须注意以下几点：

1.纤细的手指可佩戴各种各样的戒指,尤其是钻石戒指、玉戒或其他较大的珠宝戒指,能把柔嫩的玉指衬托得分外秀丽。短而扁平的手指,如选用鹅蛋形戒指面,会增强其手指的细长感。手指略显圆润的女性,最好戴细戒或配小图案的花戒,这样可以显得玲珑。

2.戒指的工艺质量。镀层均匀、色泽和谐、密度细腻,不能有颜色差异。戒指两面应造型对称、高低一致、厚薄相等,戒指的齿口要居中,宝石位置要平稳,宝石与托座要严密,间隙越小越好,托座的齿要光滑,位置要周整,齿距要基本相等。戒指的指轮必须圆整。

3.宝石的选择。主要从颜色、开头两方面来选择宝石。颜色可根据个人的心理和性别特点来挑喜爱的颜色。蛋圆形、八角形、方形、长方形的宝石戒面的特点是大方、实用;鸡心形、马眼形、橄榄形、梨形的宝石戒面则显得别致。

4.戒指的尺寸。每个人的手指粗细不一,应"对号入座",戒指的圈口大小要适中,不宜过松或过紧,过松则戒指则容易脱落或丢失,也容易因位置错动而造成戒指的图案或镶嵌宝石损坏。如戒指过紧会造成手指的局部血液循环不畅,影响身体的健康。一般来说,选择较大的宝石戒面的戒指时,可以挑圈口略小的死口戒指,以避免宝石因过重而翻转。

六、耳环的搭配和选购

在众多的女性饰物之中,耳环是最能引人注目的。一身时髦的服饰和发型,双耳挂着的金光闪烁的耳环,的确更显得婀娜多姿,引人注目,所以深受女性的欢迎。但是,一般女性在选择耳环时往往只注重耳环的款式,而忽略了自己的脸形、肤色和耳环款式的搭配。那么,女性在选择耳环时应该注意些什么呢?

1.耳环的款式。一般说来,方脸庞的人戴上圆形或类似圆形的圆边耳环,可以抵消脸型的棱角感。圆脸庞的女性宜挑选有边有角的几何形耳环。三角脸庞的女性,适宜选择悬挂式耳环,并且形状应以上窄下宽式为佳,这样可使瘦尖的下巴产生丰满的感觉。若是鹅蛋形脸庞,佩戴哪种款式的耳环都适宜。插针式耳环较适合老年人,它保留了过去的使用习惯和欣赏眼光。

2.耳环的颜色,经常化妆的女性,最好能选择与眼部妆容相近的耳环。例如,红色的耳环最适宜与红色相近的打扮相配,而绿色或淡绿色的耳环则配绿色为佳,黄玉及灰色耳环则适合棕色眼睛的女子。

3.皮肤的色调。皮肤较白,宜选择银或白金之类的金属耳环;若肤色偏黄,则宜选择黄金、铜及青铜颜色的耳环。

七、项链的搭配和选购

项链是女性较为喜爱的饰物。选择一条适合自己的、质量尚好的项链佩戴,会给人以一种精美华贵、富丽堂皇的感觉。选择项链一般须注意以下几个方面。

(一)考虑脸形的因素

长脸形宜选择短粗的或者双套式、三套式,若选择长项链佩戴会使脸部更为拉长,故要有意识地选择中等长度的项链,配以恰当的服装,使脸形"缩短"。圆脸妇女不要选择卡脖式项链,它会使圆脸更显夸张,因而要适当使脸"拉长",最好选择链节式带挂件的项链。

(二)根据颈部的特征

所选择的项链佩戴起来应造成视觉错误以弥补颈项之不足。如:脖子长的人要选择颗粒大而短的项链,使其在脖子上占据一定的位置,在视觉上能减少脖子的长度;脖子短的人则要连择颗粒小而长的项链等。

(三)根据身材选择

身材细长的女性。可戴超长项链;身材矮小的女性,建议不戴项链。

(四)注意珠宝色彩与肤色、年龄的配合

年轻人肤色滋润,选用象牙、珍珠项链会显得和谐、文静;而选用五颜六色的珠

宝项链则会显得神采奕奕、不同凡响。年纪稍大的女性宜选择翡翠、绿松项链,会显得年轻、端庄。

（五）视经济状况,看装饰效果

一般老年人以选用质地上乘、工艺精细的项链为好;中年人以工艺性强、质地中档的为宜;而青年人则以选择质地颜色好、款式新颖为佳。

（六）检查项链质量

选购项链时,首先试戴一下,检查链的圆弧是否自然,如链节之间出现曲折,佩戴时就会感觉不舒服。其次,把项链拉直,用一只手拎起一头,轻轻晃动,之后用另一只手提起链的另一头,等待其在空中不再摇动,看看是否呈麻花状绞起来,有无明显的结头,如呈平直状态为好。最后检查搭扣,是否灵活、牢固。

八、手镯的搭配和选购

手镯是女性偏爱的一种饰物。我国传统的手镯材质主要有:金、银、红玉、绿玉、玛瑙等。近些年流行用各种金属、仿金及仿玉配木料、胶料、串珠、贝壳等材质。装饰性强,价格较低廉,是时装的好配件。手镯在形式上还有手链、手镯式手表等。

选择手镯以自己的手臂形状为依据。手臂较粗短的应选微细型;细长手臂则可选宽粗款式或叠戴几个以加强效果。另外,手镯如能与耳环、项链款式谐调一致,就更妙了。选择手镯时要注意:

1.与自己的年龄相配。一般说来,较高档的玉石和玛瑙适合中老年妇女,款型上宜选择环形镯,能显示出纯朴、富丽而古雅的风韵。链条镯适宜青年妇女选用,它重量轻、款式新、价格也便宜。近年来出现了一些造型新颖、价格低廉的手镯,用塑料、电玉石、皮革、木质金属丝等材料制成,年轻姑娘适宜挑选这种手镯,与不同的服装相配,可以不断更换手镯样式,增加新鲜感。

2.与自己的肤色相配。肤色较黑者不宜选用白色手镯,以免使肤色显得更黝黑;肤色较白者则适合各种颜色的手镯。

3.与自己的手臂相配。丰满圆润的臂腕,适合选择宽而松一些的镯子,细而紧的镯子会显得手臂更加粗大。臂腕较细的人,应该选择窄一些的手镯。太宽的手镯则会显得手臂越加纤瘦。

鉴别手镯质量,主要看其形状、粗细是否均匀一致,色泽是否明亮,手感是否光滑,以及有无杂色、斑点等。玉石和玛瑙一般不可能完美无瑕,瑕点越少越小的品质越高。注意:完全没有瑕疵的可能是仿制品。

九、手链的搭配和选购

手链是在手镯的基础上,改制成的一种首饰。它既有手镯的气派,也有项链的灵气。可供选择的手链有:表带式,这种早期手链的款式比较大方、端庄、老少皆宜。手表式,它的特点是中间镶有一粒大宝石或一串小宝石,工艺精细,外形典雅、富丽。这种款式比较适合职业女性使用,对中年女性也很相宜。花式手链,有镶宝石的,也有不镶宝石的,有的用黄金、白金两种材料组成,色彩丰富。这种手链能两用或多用。把两根式多根链条放开,连接成一根,又可当项链使用。有的镶有宝石的手镯链,还可以组成挂件、项链两件套首饰。不同年龄、不同身份的人都适合选用。

十、腰链的搭配和选购

一条不起眼的腰链,却有可能是化腐朽为神奇的宝贝,所以一定要购买那些有创意、工艺精良的货品,虽然价格看似昂贵,但一条好的腰链往往可以搭配很多款衣服,确实物有所值。

1.在办公室等公务场合应该选择设计平实、大方的腰链,出席酒会时则应搭配珠串、水晶等装饰性强的腰链。

2.腰链的款式,越细越好,细中见精致,细中见品位,粗腰链容易给人粗俗印象。

3.颜色方面,推荐金色。金色最适合作为小面积的点缀色出现,不但很适合黄种人的肤色,而且搭配范围很广,春夏皆宜,与白、黑、灰、咖啡、米色、紫色都能搭配。

十一、腰带的搭配和选购

系在时装上的腰带,除了能表现女性特有的曲线外,还能体现个性、展示风采。从腰带的佩带上,也可以看出一个人的爱好、年龄、气质、个性等。

1.性格文雅的女士佩带与衣裙色泽相近的腰带,更显得静雅稳健、美丽大方;活泼开朗的女士佩带与服装色彩反差强烈的腰带,更充满青春活力和蓬勃向上的精神。

2.腰带的色彩要与服装合理搭配,以和谐为好。可根据个人的不同爱好与兴趣,选择自己喜爱的腰带款式,或华丽,或文静,或活泼。

十二、太阳镜的搭配和选购

1.看镜片颜色的深浅。除个人喜好之外,主要由用途来定:一般说,有阳光且不太强烈的地方,镜片颜色不需要太深。阳光较强的郊外或海滩,就要颜色深的镜片了,透光率最好低于30%。察看颜色的深浅度是否合适,最好在晴天中午时分,在阳光下很容易分辨出合适的颜色。还可以戴上眼镜,看镜面以看不见瞳孔为宜。还要将眼镜放在白色的背影前,检查两块镜片的颜色深浅是否一致。

2.镜片的质量除了颜色外,还要看光学性。是把镜片放在眼前15厘米左右,透过镜片去观看直线的物体,将镜片上下左右移动,如果直线变成曲线,就证明镜片的光学性能不好,视物变形。

3.检查外形。镜框两边一段的眼镜臂不要太宽,因为眼睛除上下及向前看之外,还会向左右两边看,镜臂太宽会影响视线。

4.选购变色镜时,还应检查透光率的转变速度。可戴上眼镜观察,从强光转到弱光,再从弱光转到强光,透光率的转变速度越快越好。

5.从款型和颜色考虑,是否与自己的脸形、肤色相协调,与衣服颜色和款式是否搭配。

十三、黄金的鉴别方法

1.认清厂家和成色。黄金首饰表层均应打印生产厂家和合金纯度(成色),且字样清晰。如首饰上无印记,或印记模糊不清,则应怀疑该黄金首饰的真伪。

2.检查颜色和硬度。黄金应有耀眼的赤黄色,成色越高,颜色越美,所以人们常说"七青、八黄、九五赤"。以其他金属伪称的所谓黄金首饰,从颜色上可以识别。黄金的硬度低,比较软,用刀轻划或用牙咬,就会有痕迹,其他金属没有这个特点。而且,黄金首饰的成色越高就越软,可以通过弯折的办法检查其成色的高低。如其中含银、铜成分较多,就不容易弯折。

3.比较重量。黄金比重为19.3,高于银、铜、铝、锡等金属。同样体积的黄金比白银重40%,比铜重1.2倍,比铝重6.1倍。通过比较质量,也可以识别是否以其他金属伪冒黄金饰品。

4.听声音辨成分。将首饰从高处自然坠落,若只发出"叭嗒"的声音,且有声无韵无弹力,则是纯度为99%的黄金。如果音沉韵长弹力大,说明其纯度不高。

5.硝酸辨别黄金真伪。将首饰放在硝酸中,如是黄金则安然无恙,不会有变化;如果是铜,就会冒出绿色烟雾。

6.品尝识真伪。把首饰放在口中用舌头舔一会儿,然后吸烟,如果没有异味则是黄金;如果有甜丝的味道,则说明是铜的。

7.火烧识真伪。"真金不怕火来炼",将首饰经高温火烧冷却后,如果仍是黄色,不变形,则是黄金;如果变成黑色,就不是真金。

十四、白金的鉴别方法

真白金首饰采用金属铂制造。金属铂又称白金。同样体积的白金、黄金、白银三种贵金属比较,白金最重,质地也最硬。由于天然储藏量少、开采较困难、化学性质稳定,白金是比黄金还贵重的金属材料。

1.白金首饰上都有印签,主要包括以下内容:一是首饰质地,有的是英文的 Pt,有的是中文"白金";二是首饰成分,如"99"字样,表示白金含量为99%;三是首饰产地,各地生产首饰的企业都有自己独特的印签,这和其他工业品的商标一样,是首饰品必不可少的。

2.白金饰品质地细腻稍硬,不易磨损,颜色为淡灰白色,色淡高雅,光泽明亮持久,久用不黑。

3.与真白金首饰容易混淆的主要是不锈钢或白银首饰。不锈钢饰品新时与白金首饰相仿,颜色灰白,光泽明亮,但是其白色中透灰黑色,光亮不持久,极易磨损。白银首饰则质地较软,较易磨损,比重较轻,颜色为银白,比白金色白,用久后容易发黑。

十五、玉石的鉴别方法

鉴定玉的品质,有六条标准,即"色、透、匀、形、敲、照"。

1.色:玉以绿色为最佳,红、紫二色玉石的价值仅为绿色玉石的1/5。玉当中若含红、紫、绿、白四色,称为"福禄寿喜";若只含红、绿、白三色,则为"福禄寿"。玉的色泽暗淡、微黄色为下品。如果单色玉,要选择均匀的为好。

2.透:透明晶莹如玻璃,没有脏杂斑点,不发糠,不发涩为上品。半透明、不透明的玉,则分别称为中级玉和普通玉。在清朝和清朝以前,带有红、绿、白三种颜色的玉才称为翡翠玉。到了现代,翡翠玉泛指一般透明的玉。目前的翡翠玉以透明并带绿色的居多。

3.匀：玉的色泽重在均匀，如含白、绿而色泽不均匀，则价值很低。

4.形：玉石的形状可根据不同的审美要求，加工成不同的样式，无特殊标准。一般说，玉石的个头愈大愈好。

5.敲：玉当中常有断裂、割纹，一般不易观察到，如果用金属棒敲一敲，或者把玉轻轻抛在台板上，可由声音的清浊辨出裂纹存在与否。声音越清脆越好。

6.照：玉当中有肉眼不易发现的黑点、瑕疵，只要用10倍放大镜照一照，便可一览无余。

玉的品质可分为10级，每一级又可细分为上、中、下三档。其中，白玉无论其色泽好坏，透明度如何，价值都是最低的。

天然玉石的特点是略呈浅色，而不带有浅蓝色。

另外还有一种合成玉，以玉粉、水晶加盐水制成，外观颇似深色"老坑玉"。鉴定的方法很简单，因其同天然玉石比重不同，可用手掂掂轻重，或用天平称量，重者为真玉。

十六、珍珠的鉴别和保养

高质量的珍珠饰品，通常珠光饱满，光彩照人。具有强烈珍珠光泽，有内部反射光的感觉。珍珠的颜色主要有粉红色稍带玫瑰、白色、金黄色、黑色带紫色等，不同颜色的珍珠，适应不同的肤色。形状上一般圆度较好但不统一，表面无瑕疵，颗粒上选择大的，加工工艺上选择造型美观大方，卡扣牢固的。

(一)区别珍珠真假的标准

1.直观法：珍珠有天然纹理，无论如何也看得出光泽颜色的不统一，形状多为圆形，圆度不一，且具有自然的五彩珍珠光泽。人造珍珠圆度规则，钻孔处有小块凸片或表面皮脱落现象。颜色统一，呆板单调。

2.手摸、嗅闻法：珍珠爽手，有凉感，轻度加热无味，嘴巴对之呼气，珍珠表面呈雾气状。人造珍珠手摸有滑腻感、温热感，轻度加热有异味，将之放近嘴边，呈现

·美容美体·

图文珍藏版

水汽。

3.弹跳法：将珍珠从60cm高处掉在玻璃板上反弹,高度为20~25cm。同样条件下,人造珍珠反弹15cm以下且连续弹跳比珍珠差。

4.放大观察法：用一只普通的放大镜或肉眼仔细近距离观察,可发现珍珠表面有纹理,能见到碳酸钙结晶生长状态,好像沙丘被风吹的纹状。人造珍珠则只能看到似鸡蛋表面那样高高低低的单调状态。

(二)珍珠的清洁保养

1.远离不良空气。珍珠表面有微小的气孔,所以不宜接触空气中的污浊物质。珍珠会吸收喷发胶、香水等物质,厨房里的蒸汽和油烟都可以渗入珍珠,令其发黄。

2.羊皮擦拭。尤其是在炎热的日子,佩戴珍珠后,须将珍珠抹干净后才放好。这时最好用羊皮,勿用纸巾,因为摩擦会将珍珠磨损。

3.不近清水。不要用水清洁珍珠项链。水会进入珍珠的小孔内,难于晾干,可能还会令里面发酵,珠线也可能转为绿色。如穿戴时出了很多汗,可用软湿毛巾小心擦净,风干后保存。

4.需要空气。不要长期将珍珠放在保险箱内,也不要用胶带密封。珍珠需要新鲜空气,每隔数月便要拿出来佩戴,让它们呼吸。如长期放在箱中,珍珠容易变黄。

5.珠链保养。不要长期将珠链挂起,日子一久链线也会变形。长长的珠链将线在每粒珠之间打个结,不失为一个好主意。这种做法可防止珠与珠摩擦。即使线断了,也可保障珠子不会四处散去,最多只会损失几粒。

6.三年换线。珍珠最好每三年重新串一次,当然也要视穿戴的次数而定。进入珠子小孔的污物会产生摩擦力,久戴后使尼龙线折断。

第五节　鞋帽箱包的搭配与选购

一、手提包的搭配和选购

1.成熟女性手提包的风格要稳重,款型和花色都得花一番心思。不用带运动专用包或叮当作响的发光的包做日常手提包。

2.不要把包塞得满满的,应充分利用它作为公文包带在身边。

3.白领年轻女子持上款型别致的手包,可增加韵味,也比较干练。

4.中老年人适合手提式手包,显得沉稳端庄。

5.手提包也要考虑到衣服的颜色,不能撞色,白色或黑色手袋可配任何颜色的衣服。

6.身材高大的女士,不宜用太小的包;较矮女性,包不宜过大。

二、围巾的搭配和选购

围巾是女人不可少的配件。从毛线到针织再到皮草,从超大超长到短小精致,搭配好的围巾可使你的脖颈成为点睛之笔。

(一)围巾与肤色的谐调

1.皮肤较白的女性适合几乎所有的颜色。肤色偏黑的女性,适合较深和稳重的颜色,显得高贵。实际上很多比较华贵的服装,颜色都比较暗。太亮的肤色往往并不能驾驭暗调稳重的颜色,深色皮肤有时也有优势。

2.人的皮肤除了有深浅之分,按色调还分为暖色皮肤和冷色皮肤。如果你用暖色系的色彩很精神漂亮,而搭配冷色系时显得很憔悴,那么你属于暖色皮肤。相反,属冷色皮肤的穿冷色系时最有神采。选择围巾的颜色时要与自己的肤色的冷暖相一致。总的来说,含有黄色的是偏暖色的,含有蓝色的是偏冷色的。

3.还有一个皮肤透明度的问题,含水分较多、清透的皮肤,就是透明度比较高。这样的皮肤适应纯度比较高的颜色,比如纯红、纯绿、纯蓝。假如透明度不太好,选择的颜色就不能那么嫩,要柔和一些。可以加点灰色在里面,令肌肤的感觉更出色。

4.除了按照脸部肤色来挑选围巾的颜色外,还可以选择眼睛和头发的颜色。比如,在郑重场合跟别人谈判,希望别人能感觉到你的诚恳,注意到眼睛,就可以用眼球的颜色,别人容易注意到你的眼睛,这样就会增加信任感。

（二）围巾与脸型的搭配

1.脸部线条柔和流畅的女性,建议选择柔软的丝巾材质,带点花卉图案也很好,和脸部线条有个呼应。

2.脸部线条分明、有棱有角的话,可以选择有条纹的,几何图案或者抽象图案的丝巾。

3.五官小巧、秀气的女性,适合碎花和简洁素雅的图案,不要用太夸张的线条,否则对比度太大会让五官显得更小。

4.浓眉大眼的女性就需要在用的花纹上稍微有点力度,不要用太小的花纹,否则就会显得五官更粗重。

（三）围巾与体型的搭配

先判断一下自己的体型。照着镜子,穿件紧身衣,目测一下肩部、胯部和腰腹的宽度。

1.沙漏型——肩部和胯部差不多宽,而腰部收细。沙漏型是最佳身材,基本各种款式的围巾都会很好看。

2.倒三角——颈部短粗,肩部比胯部宽,背厚上身壮的是倒三角。把丝巾系在胸部位置,打一个结,把视线转移,会显得肩窄一点。还可以把丝巾变成一个腰带,把视线降下到腰部来。也可以用丝巾做一个小裙子似的围在胯部上,增加臀部的丰满度,肩也会显得窄了。

3.正三角——溜肩,胯部臀部很突出的就是正三角。这种身材需要提升肩部的视觉力量,围巾的中心要向上移动,可以做成披肩式的,使肩部与臀部平衡。

4.O型身材——腹部和腰部特别突出的,比如孕妇或者肥胖者。可以选择简单的纵向系法,用深色的颜色。不能用大格纹,大格纹会有夸张感。脖子比较短的可以把围巾弧度松一松。

5.娇小的女性——不要超长围巾,不然会更矮。要用围巾把重心往上提,比如不要让两端垂在胸前,而是甩到背后。且面料要细,织法要密。

6.胸部不够丰满——可以用围巾做成一个悬垂系在胸前做一个悬垂领,即可增加胸部的丰满度。

(四)围巾和服装的搭配

1.穿银灰色衣服,胖人配以黑绿色围巾,瘦人应配以大红色围巾。

2.穿蓝灰基调的西服,应配色彩艳丽的尼龙绸围巾。

3.穿藏青色西服,应配纯白色的绸围巾。

4.穿黄色毛衣,应配淡雅素色围巾。

5.穿红色毛衣,应配黑色透明围巾。

6.穿乳白色毛衣,应配玫瑰红的围巾。

7.穿毛呢大衣、裘皮大衣,应配钩针编制的花样复杂的大围巾。大衣颜色深的,围巾应选用色彩鲜艳的;大衣颜色淡的,围巾用素雅稳重的。

三、帽子的搭配和选购

爱美的女性都少不了几顶帽子,一顶适合自己的帽子,不仅能起到很好的装饰作用,还可以掩饰缺点。国际影星索菲亚·罗兰说:"一位女性戴一顶帽子,她就会令人难以忘记,再没有什么东西能像帽子那样给人以画龙点睛的装饰效果了。"

1.根据脸形选择。宽脸的人不宜选宽顶或低顶的帽子,会使脸部显得更宽,最好选择小檐帽或帽顶较高的帽子;长脸形的人忌戴高顶帽和小帽,否则脸会显得更长,宽边的帽子会使脸显得协调一些。脸部较胖的人最好选戴高筒帽,或形高一些、颜色深些的帽子,将脸衬拉得长些。

2.根据身高、年龄、性格来选购。矮个子不要戴平顶宽檐帽;高个子不宜戴高筒帽。年轻人和热情开朗的人选择帽子要注意式样新颖,色彩明快;中年人最好选样式简单、稳重、颜色深色的帽子。戴眼镜的妇女不要选有花饰的帽子,而且帽顶要小一些。

四、手套的搭配和选购

1.浅褐色手套最适合配褐色或本色的大衣;黑色手套较适合配颜色特别深的大衣。

2.有波纹饰边的细线手套或锦纶手套,只适于女子穿轻便夏令大衣或雅致的西服套装时戴。

3.穿运动服或节日西装,最好选戴中间色调的布或皮革手套。

五、女靴的搭配和选购

靴子是都市女郎的标识之一,其帅气中不失女性美,令一双修长美腿更性感迷人。然而,并非人人都拥有超级模特一般的高挑身段,要找一双适合的靴子着实不易,因此挑选靴子时一定要一试再试,直到合适为止。

1.小腿较粗:最好舍弃皮质硬挺的款式。伸缩性佳的质料,能顺着腿形伸展,有助掩饰稍粗的小腿。

2.小腿较圆:避免穿露出小腿肚的短靴及直筒靴,可选择小腿两侧加松紧带的靴子。

3.腿短:裙摆和鞋筒不要在小腿最粗的部位相遇,这时长筒靴最适合,并且要让裙摆盖住靴子的上缘,裙子与靴子最好同色。

4.踝骨较粗但小腿纤细:短筒、圆头的靴子是个不错的选择,既可遮掩缺点,亦可突出修长的小腿。

5.O 型腿:可选择质料伸缩性佳的靴子,或是鞋筒超出小腿处的靴子,两者都有修饰的作用。或干脆用裙子将膝盖处遮住。

6.腿形纤细:稍稍宽松的靴腿可以产生扩张感,但也不能太宽。

六、女鞋的搭配和选购

选鞋对女人而言,无疑是最能获得心理和身体满足的消费方式之一。什么样的鞋最适合自己呢?

1.最好在下午 3~6 点选鞋,因为脚部在此时会略微膨胀,如果这时所选的尺码不觉得小,一天中其他时间穿着也没问题。

2.站着试穿,因为站立时脚部会比坐着时略微大一点。试穿时不能只穿进去对着镜子看一下就买,一定要来回走几步,细心感觉鞋的稳定性与大小是否合适。

3.试鞋时自备干净的丝袜,便于试鞋时的穿脱(尤其是踝部略紧非常包腿的靴子),也避免污染试穿的鞋子。

4.大概有 2/3 的人两只脚不一样大,试鞋时两只脚都要试,按照稍微大点的那只脚选鞋。

5.不能单纯根据鞋号去选鞋或托人代买,一定要亲自试穿,因为往往楦头、款式或品牌型号标准的不同,鞋的具体大小也会有差异。

6.脚随着季节不同也会有热胀冷缩,所以在冬天买夏天要穿的打折鞋时,要买大一码的鞋。

7.理想的尺码至少是:十个脚趾可以在鞋里自由地活动,有舒服的衬垫和适度的内部空间;鞋底面与脚部凹陷处的弧度十分合脚,踝骨与脚尖触不到鞋;前脚要有一定的活动余地,如果用脚尖顶住鞋头时脚后跟与鞋后帮之间还能伸进一个手指的距离,这个尺码刚好合适;脚后跟部的鞋底上表面要很好地贴住脚后跟;自己从上往下看脚弓部与鞋子的中央弧度是否吻合,确认脚围的松紧是否合适。

8.别因为季末打折的诱惑或实在喜欢为由让自己的脚迁就一双不合尺寸的鞋,尺寸太小的鞋子即便穿得再久,撑大程度也很有限,一时的脚面风光可能引起鸡眼、水疱、脚疼、腿疼、后背疼等一系列的病症。

9.如果眼前的那双鞋拥有你梦寐以求的设计、近乎完美的弧度、闪烁着时髦的色彩、合理的价格,你简直对它一见钟情,可惜材质不好,劝你还是选择擦肩而过吧。在经济条件许可的范围内,建议最好选择皮面、皮内里(光滑而没有缝合线)、皮底的全皮鞋。因为真皮透气,吸汗功能和弹性都好,能与脚形吻合,穿着更舒服,皮底、皮跟还可减少走路时的响声。

10.检查皮鞋的皮质好坏,不在鞋头而在鞋侧两边,选鞋时最好摸两边的皮料,看看厚薄是否均匀。

11.选择柔软而有弹性的鞋底,能比较平均地分散冲击力,买高跟鞋时顺便买个半垫也能适度缓解脚部压力。虽然皮跟皮底鞋在初次试穿时可能会比较滑,但穿过几次后,情况就好多了。金属鞋跟虽然看起来摩登抢眼,但它着实容易坏,而且修补好的可能性很小。

12.一般来说,令人感觉舒适的搭配是:鞋跟越高,裤脚越宽;鞋跟越矮,裤脚越窄。所以试矮跟或平底鞋的时候,不妨把裤脚用小夹子别窄一些看效果。

13.选择颜色比皮肤色调稍微暗一些的鞋,会显得腿长个子高挑。而在几双鞋之间举棋不定的时候,不妨想想:它们有发亮的料子、蝴蝶结的装饰、搭扣或跳跃的颜色吗? 因为这些都容易使腿看起来更短。但是有的鞋尖和鞋面的颜色对比很鲜明,却使脚看起来更小更秀气。

14.脚踝系带的矮跟鞋的确有助展现性感,但是它也着实容易显得脚长,修长的双腿更适合这样的鞋。如果实在喜欢,建议选择有接近皮肤色系鞋带的鞋。

15.买鞋要考虑和现有的服装搭配。

16.怀孕期间脚踝会有一些水肿,最好放弃细高跟鞋,选择有一定弹性和厚度的平底鞋或矮坡跟鞋,号码要比平时稍微大一点。

七、你会穿鞋吗

数据表明,我国每7个人中就有一双畸形脚,其中大多数是由于后天穿鞋不当引起的。因此,穿鞋时应注意:

1.不要去穿那些看上去漂亮但穿着很不舒服的鞋。穿鞋时脚面不能有被压迫的感觉,脚尖也不能被挤压。

2.鞋要跟脚,脚底的受力要均匀,脚弓要适当托起。

3.鞋跟高度在 1.5~4cm 为宜,鞋跟超过 5cm,只能短时间穿着,高跟鞋的足弓必须有足够的硬度。

4.如果鞋跟歪斜,就应该及时修补或更换。

5.不提倡小孩子过早穿皮鞋。孩子的脚处于生长阶段,非常柔软,因此,鞋的硬度应当适中,应当对足弓有适当的托起,对脚有适当的保护,而不应当过于柔软。

八、怎样保养皮鞋

1.新买来的皮鞋,擦一遍油再穿。皮革表面充满了细毛孔,先用油将其填满,以后擦起来就省力多了,一擦就亮。

2.皮鞋每月擦油不要少于 4 次,旧皮鞋的鞋面已经起皱发裂,更需要多擦油。易折皱处适当多擦。

3.擦油时,用柔软的布和刷子,最好是第一天晚上涂上鞋油,第二天清晨再擦,使鞋油充分被吸收。但一次擦油不要过多,注意厚薄均匀,否则皮鞋会走样,皮面会发花。

4.皮鞋要经常保持清洁,不沾污泥,避免与酸、碱类化学物质接触。

5.皮鞋的表面有了污垢,切不可用水或汽油擦拭。

6.皮革如果浸水,要立即用软布擦干,在干燥通风处晾干,再擦上鞋油。切忌在裂日下曝晒或在煤炉旁烘烤。

·美容美体·

图文珍藏版

7.如果脚出汗过多,垫一副厚些的鞋垫,避免鞋里面潮湿,产生异味。

8.不要总穿同一双皮鞋,最好有两双轮换着穿,使皮革得到休息。

9.皮鞋若久搁不穿,皮革已发硬,可涂些凡士林再收藏,能起到滋润的作用。

九、怎样识别真假皮革

1.猪皮革毛孔粗大,一个毛孔三根毛,呈三角排列,毛眼相距较远。由于皮层表面不平整,革面显得粗糙,柔软性差,一般都经修面后再使用。

2.牛皮革毛孔细小,呈圆形,分布均匀而紧密,毛孔伸向里边,手感坚实而富有弹性。

3.羊皮革分山羊皮、绵羊皮两种。山羊皮革面纹路是半圆弧形,上排2~4个粗毛孔,周围大量绒毛孔;绵羊皮革皮板薄,手感柔软,毛孔细小,呈扁圆形,由几个毛孔构成一组,排成长列,分布均匀。

4.马皮革毛孔呈椭圆形,但不明显,毛孔比牛皮革略大,斜入革内呈山脉形状,有规律排列,革面松软,色泽昏暗,不如牛皮革光亮。

5.仿皮革外观和手感都类似皮革,但细看无毛孔,底板非动物皮,用针织物经人工合成。

十、怎样鉴别皮鞋质量

很多女性对鞋子的质量是非常关心的,但在选购鞋时却不得要领。鞋的质量好与坏,受鞋材质量、制造加工质量、鞋的式样结构、服饰的配套问题、穿着时跟脚与否、鞋的功能等多种因素的影响。

1.鞋材质量包括鞋面材质和鞋里材质两部分,应辨别皮革的真伪。天然皮革即是真皮,是有毛孔的,一般用眼难以看清时,可用大拇指按压皮面,查看在拇指旁边是否有细密的皮纹纹路。有细密的纹路、放开手后细纹消失、皮鞋表面丰满弹性好的为较好的天然皮革,有较大较深皱纹的是皮质较差的天然皮。若无细小的纹路,则大多不是天然皮革,其中包括二层修面贴膜皮革在内。

天然皮革的另一显著特点,是皮面上有瑕疵。一般天然皮革的鞋面,在鞋的内侧和其他不显眼的地方,有少许轻微的瑕疵,比如皮纹粗细不均、亮疗、虱疗等。天然皮革的横截面,有疏密不同的三个层次:表皮层非常细密柔韧,中间有致密的真皮层,下面是比较疏松的肉面纤维层,而且层与层之间无明显分界。

皮鞋的鞋里,是为了防止延伸变形并改善脚面触感而使用的补强性材料。要求鞋里材料具有细腻的触感、透气、优良的吸湿排湿性、不掉颜色等性能。中高档皮鞋的鞋里均采用天然皮革和棉布制作。如果鞋面是天然皮革,鞋里却是人造代用革,只能算是中低档鞋。多数消费者忽视了对鞋里材料的选择和鉴别,这是错误的。

2.查看鞋帮缝合线和帮底黏合缝,鉴别加工制作的质量。看是否有断线、鞋帮缝线是否整齐规范。特别是胶黏皮鞋帮底结合部位,应该黏合平整无沟坎,无虚缝和开胶迹象。

3.用手触摸鞋的内腔,看鞋里面和内底上,是否有凹凸不平现象。凡是能接触脚的地方不能凹凸不平,不然脚会起泡。鞋内必须有鞋垫,它是为了保持鞋内清洁而设的。

4.用手掐鞋帮后跟部位,看是否硬挺而有弹性。要求后跟硬挺部位不能有沟坎痕迹,脚踝下方弹性良好,不能过硬,否则损伤脚踝。

5.按压鞋的内底,看是否坚硬。鞋的内底是鞋的躯干和骨架,用力按压内底,以纹丝不动为好。骨架和躯干不硬挺,鞋子必然变形走样、损害脚形。

6.将鞋随意平放于桌面或玻璃板上,查看鞋是否平稳。当鞋被放于桌面上时,应立即停止左右晃动。

7.用中指指尖插入鞋底前尖下面,查看前翘高度是否合适。当鞋尖的翘头正好够中指的指肚厚度时,表明鞋尖的前翘正合适。鞋尖的前翘过大时,稳度降低;前翘过小时,鞋掌磨损快,鞋易变形,脚易疲劳。

8.用手托住鞋子,看鞋底和鞋跟接触是否平稳。将鞋底和鞋跟轻靠桌子(或柜台)侧边,让鞋的侧面朝上,查看鞋底接触部位。以鞋掌(鞋底最宽处)和整个鞋跟平面与桌的侧边接触为好。否则鞋易变形和掉鞋跟。

9.将鞋平放在桌面上,从前后两个方向查看是否端正。先从鞋头朝后,看鞋底内外边沿距离桌面翘起的尺寸,应该差别不大,以保持平衡一致为好。再从鞋的后跟朝前,查看鞋的后跟上下是否竖直,以不向内侧或外侧倾斜为好。

10.用食指竖立在浅帮鞋后帮外侧,查看外踝部位鞋帮高度。食指的指尖朝下接触鞋的内底,让食指靠近外踝部的鞋帮,看食指的第二指关节线,是否与外踝的鞋帮高度一致。

11.从上朝下俯视鞋面,查看鞋面部件的对称性,以及鞋口轮廓是否变形。以鞋尖和鞋跟中点之间的直线为对称轴线,看鞋面上各部件是否对称,以内外相互对称不向前向后挪位为好。鞋口轮廓线应朝鞋内抱拢,平滑圆顺者为好;扭曲成荷叶形的为劣质鞋。

12.了解鞋的外底的性能,选择适用的外底。鞋的外底有多种,按主要原料可分为橡胶底、仿革底、塑料底等多种,各自的性能是:橡胶鞋底具有柔软、弹性好、防滑、耐磨损、耐热耐寒性好等特点,只是质地较重了一点。仿革鞋底,轻便、硬挺、耐磨损、耐曲折,但弹性较差,不太防滑。塑料鞋底,耐磨损、弹性较好,但质地较硬,耐热耐寒性较差。

第六节　内衣的选购与清洁

一、怎样挑选文胸

(一)根据胸型选择合适的罩杯

1.胸部扁平、外散型。胸部扁平、扩散所造成的外溢是有很多种原因的,除天生之外,有些是因为长时间不穿文胸,使胸部任意游走,从而形成胸部外溢。或是因为不知如何选择合适的尺寸,文胸尺寸太小,包容不住胸部,把本来漂亮的胸部给弄得扁平;也有些女性是因为款型没有选好,致使胸部无法集中,造成扩散。因此,以上情况的女性请选用集中型的文胸,也就是3/4罩杯的文胸,它能使你的胸部集中,衬托出挺拔的曲线。

2.胸部下垂型。胸部下垂者往往是因为胸部较高,但乳房肌肉松弛,不穿戴文胸,时间久了就产生胸部下垂。要想恢复胸部原有的健美,首先要选择比平时大一号的文胸,并尽量使用钢圈和侧部有加强功能的文胸,使之加强衬托,由下往上地支撑,但要注意,肩带的宽度是否能符合所托的重量,使乳房提升到合适的位置,并要注意把乳房全部圆满地填入罩杯内,此种类型的女性最适宜选择全罩杯文胸,因为全罩杯文胸,有能力将下垂的胸部托起来。

3.胸部娇小型。胸部娇小可以用功能文胸来进行弥补,不要认为自己的胸部太小,就可以不穿文胸或穿着较紧身的文胸,要知道,不穿文胸的后果将使胸部更平坦,太小的文胸会限制胸部的发育,应穿戴略大一点的文胸,让胸部血液流通,加大它的活动空间让它朝合适的位置和空间发展。

针对胸部娇小的女性,市场上出现许多健胸款式供你选择,例如有按摩型、有促进血液循环的微元素无纺布文胸,它们对健胸都有一定的作用,另外还可选择定型罩杯文胸,它们都比较适合娇小胸部的女性。

4.胸部丰满型。丰满女士最好穿黑色或白色系(乳白、牙白、漂白、灰白等)的内衣。中性色或各种加灰色系,都会减弱丰满女士的光彩。同时,黑或白色的内衣,与各色外装搭配都比较容易配色。轻、薄、丝质面料,适合丰满女士的内衣。运用蕾丝、荷叶边等作装饰,可以体现女性的柔美和浪漫。薄的弹性面料是这类内衣的常用品,不仅使人舒适,而且不显累赘,使丰满体形具有现代时尚的风格。最好不选纯棉质内衣,因为虽然棉质有吸汗、透气的优点,但对于丰满体形来说,容易造成臃肿、落伍的不良效果。最好不选加内垫的文胸和加压衬的底裤,强力腰封也不益于体形塑造,反倒给人厚重的造作之感。应当建立这样的自信:丰满本身就是一种自然的美丽。文胸最好选深罩杯和3/4、4/4型,宽肩带、加钢丝托,有利于丰胸的造型。1/2罩杯往往承托不住丰满的乳房,容易出现乳房上溢,显得松垮。

（二）肩带的选择

文胸设计中，肩带是非常重要的一部分。在形式上，为搭配不同外衣而设计的肩带款式，给我们穿戴文胸带来很多方便。而更加重要的是，买日常穿戴的文胸，要舒适合体，往往取决于肩带的不同。如果肩带常常滑落，在公共场合会让人十分尴尬。

1.肩带的功能。肩带最主要的作用是提拉乳房，其次是为了胸部及身材造型。无论固定还是造型，使乳房挺拔是最基本的。为了把乳房拉起，肩带要使用编织紧密并有一定厚度的丝带。但勒得太紧，会使肩部肌肉不适。所以肩带又要有一定弹性，使我们在活动时更加轻松。

2.不同肩型的肩带选择。

（1）薄肩：肩膀弧度适中，肩部的肌肉不厚；锁骨、肩胛骨明显。一般女孩子都是这种肩。选文胸的时候，可以选肩带略靠外侧的设计，肩带宽度可以窄一些，这与单薄的肩膀比较相称。还可以选择中间位置的肩带设计，使乳房提升力稳定。需要注意的是，薄肩体形要让肩带贴住上胸部，试穿时看看肩带与身体间有无空隙。

（2）厚肩：肩膀弧度适中，肩部肌肉较厚，锁骨、肩胛骨不明显。并非都是胖人才有这种肩，骨架大的女孩子一般肩也比较厚。选文胸要选宽一点肩带的，拉力足够，肩膀也舒服。肩带位置最好选居中或靠里侧一些的，太偏外侧容易滑落，而且对胸部丰满的女孩来说，造型上会显得比较松散。此外，厚肩女孩看肩带时要注意一下织物密度。肩带前段没有弹性的那种，可以更好地拉起乳房，并且不会因穿戴几次后肩带松弛下来而失去强拉力。需要注意的是，厚肩型女孩一般体形比较丰满，选3/4或全罩杯加宽肩带的文胸造型效果更好。

（3）斜肩：俗称美人肩，因为这类体形的女孩都显得杨柳细腰、婀娜多姿。这类肩膀弧度较大，无论肩部肌肉多不多，肩胛骨都不突出。

斜肩与窄肩不同，由于肩部坡度大，肩带很容易滑落，所以最好不选肩带偏向外侧的文胸。但过于里侧的肩带不大舒服，要选肩带中间设计的那种。穿上后，肩带正好在前后锁骨交叉部位。略宽一些的肩带有利于不滑落，同时，肩带背面有塑胶的那种,加强了摩擦力,也是首选的优点。

最后,对于斜肩女孩来说,选择背部 U 形设计的肩带,比垂直型设计的肩带,由于受合力会更加舒服,还不易滑落。当然,如果你需要可摘下肩带的文胸,有垂直型肩带的那种。

平肩:俗称将军肩,因为这种体形比较英武威风。这类肩膀弧度较小,肩胛骨比较明显。与斜肩相对,平肩女孩戴文胸,肩带不容易滑落。在解决滑落问题上,平肩主要注意肩带的里、外侧位置就可以了。但从胸部造型角度考虑,平肩体形看上去四四方方的,可以通过胸部的调整使体形不那么呆板。如果窄肩型平肩,可通过戴偏外侧肩带的文胸来使乳房向两侧扩展一些,使体形看上去舒展一些,但要注意使乳房最高点与前锁骨中部在一条线上。如果是宽肩型平肩,就要戴那种肩带偏里侧的文胸,使乳房集中一些,这样体形看上去更苗条。但要注意别使乳房过于集中,乳沟太明显也不好看哦。

二、少女怎样挑选文胸

青春发育期是从幼年走向成年的重要时期。这一时期对男孩女孩来说仍是懵懂的,特别是女孩子,生理及心理都处于不稳定的时期,是一个依赖性与独立性,幼稚性与自觉性并存的特殊而复杂的时期。

女孩子在青春发育期身体形态的变化:①乳头变得明显;②跑动时乳房晃动;③乳房轮廓明显。

此时作为母亲应引导和帮助孩子选择穿戴适体的文胸。它的作用在于能适应成长期发育的需要,保护逐渐发育的乳房,使其将来拥有丰满的胸部,完美的体型。可以说,女孩从青春发育期开始戴上生平第一件文胸起,就与文胸结下了不解之缘。

1.选择纯棉质地的文胸,优质的弹力棉给予肌肤贴心的呵护。

2.背心式文胸:没有紧箍的感觉;穿着柔软、舒适;附有衬垫,不会使乳头凸现避免尴尬;充分包裹胸部。

3.肩带交叉型文胸:防止运动时滑落;饰有弹力花边,自然贴身。

三、怎样戴文胸

女性不穿胸罩,容易造成胸部下垂及外扩。正确穿胸罩的步骤是:

1.手臂穿过肩带,挂在双肩,用双手托住罩杯下方。

2.上半身呈45度往前倾斜,将两边的乳房塞入罩杯内,扣上扣环。

3.调整肩带,并左右伸展是否会有紧绷感或压迫感,调整肩带或扣环间距。

4.如果胸部松弛下垂的比较厉害,建议购买调整形塑身内衣。

四、怎样选购内衣

1.正确测量现在的尺寸。不要单凭尺码去选内衣,仅凭眼睛看一看不试穿就买也是危险的。随着年龄、体重等的变化,身体的曲线也会随之改变。

2.不要羞于谈论自己的体型。在挑选内衣时,可以大方坦率地向导购小姐咨询适合自己的类型和尺码。如:想使小的胸部看起来大一些、想收紧下垂的胸部、想使小腹部平整些等等,这样容易选出自己理想的内衣。

3.了解自己经常穿着的衣服类型。内衣不但需要配合体型和心情,而且也要配合在不同场合搭配的外衣。如果能结合外衣的设计、面料和穿着季节场合等,就更能体现穿衣者的品位和修养。如穿无袖上衣时,就要选择穿吊带缩向内侧的内衣。·

4.不断试穿直到满意为止。嫌麻烦懒得反复多遍试穿的话,就不能遇到适合自己的内衣。比如同类型的束身内裤,在松紧方面或是提臀方面就有着千差万别。

5.购买彩棉内衣时,不要选色彩厚重、朦胧的内衣。彩棉目前稳定的只有浅棕、绿二色,其他颜色的都不是真彩棉。手感要好,好的彩棉产品耐洗,不发硬,越洗越软。选择含彩棉量高的产品。

五、怎样选购保暖内衣

面对市场上众多品牌的保暖内衣,选购一款性能、价格比较合适的产品已成为广大消费者最关心的问题。在实际选购过程中消费者可以从以下几方面入手。

1.看面料。一件内衣内外面料的好坏,是影响穿着舒适与否的关键。目前市场上的保暖内衣可按高、中、低档三类来分,其使用的面料有40支全棉、32支全棉、涤棉(棉含量在30%~40%之间)、纯化纤等多种,其中以内外表层均使用40支以上全棉的产品为优,其柔软性、细洁度、透气性、光泽度均较好,而且洗涤后不会起球起毛,长期穿着也不会有衣物断丝、抽丝的现象。

2.听声音。老式保暖内衣是用在保暖内衬中加一层超薄热熔膜(俗称PVC塑料膜)的方式来增强抗风能力。但这种产品穿着时容易发出"沙沙"声,且透气性受影响,会有"燥热感",易起静电。新一代保暖内衣产品,使用新材料、新工艺取代了热熔膜,基本上克服了上述缺点。选购时只需轻轻抖动或用手轻搓,听一下是否有"沙沙"声即可判别。

3.凭手感。优质内衣对中间保温层使用超细纤维织造,成衣既柔软舒适又有良好的保暖性能,用手揉捏时,手感柔顺、且无异物感。中间体的梳理、复合工艺也较先进,成衣表层和中间体的一体感强,穿着性能也更好。

4.试弹性。新一代保暖内衣正向保健、抗菌等多功能发展,更加注重开发符合人体曲线的当代审美观念的新产品,其中一大突破就是使保暖内衣具有优良的回弹性。这种内衣在面料和底料中均加入了莱卡,内衬芯层采用高弹性的高分子聚合物,虽然价格高于普通产品,但穿在身上,贴身感良好,没有臃肿感觉,各关节的活动也十分自如。

5.选品牌。知名企业生产的内衣,从原料选用、纺纱、织布、染色、复合、缝制到检验出厂,各个环节、工序都须严格把关,使产品的保暖率、透气性以及抗菌、弹性等各项指标均符合标准。因此,消费者选购保暖内衣,首先看价格,再看功能,应注重选购实力雄厚、品牌卓越、商誉卓著的企业的产品,以确保购买后无后顾之忧。

六、怎样挑选内裤

有些臀部丰满的女性为了使自己更显苗条,拼命穿着一些绷紧短小的内裤,一个原先柔美的身躯,被层层绷紧的内裤挤压,使本来浑圆性感的臀部,变得余肉横生,并呈下垂之势。

选择内裤的大小时,对自己的臀部一定要有准确的认识,选购时应用手撑开,看看后片和弧形是否足够。如果以舒适度来选择内裤,质料以棉织品为佳。

一般女性经常穿着的内裤可分为以下几类。

1.无痕内裤。当今流行趋势是配合腰裙、后臀不留裤痕的内裤,提臀剪裁,修饰臀部赘肉,使臀部曲线自然托高,展示美好臀形的新一代内裤。这种内裤多采用莱卡面料,有部分镂空,并有独一无二的弹性纤维特质贴身,穿在身上格外吸汗透气,适合各种年龄的女性穿着。

2.迷你内裤。又称"T"形裤。这种内裤的后片部是嵌入臀部内的超细条设计,突破传统观念,宜于搭配牛仔裤和紧身裤,适合20~35岁臀围较丰满女性穿着。穿"T"形裤的女性,感到自己的臀部外形丰满性感,吸引人,增加自信心。

3.低腰型内裤。并非所有体型的人都适合低腰内裤,腰比较粗且腹部松弛的女性穿上它,不但不美观,还会有损体型。

合适的内裤既能修饰小腹,又能表现臀部的线条美。女性不仅要拥有,依赖内裤,还要深刻地了解它,使用它,走出内裤穿着的误区,使每位女性的臀部健康结实,性感漂亮,从而拥有一个美丽的外形。

七、怎样选择内衣质料

英国一家生产内衣的公司有一种观点:"内衣不应是女性的服饰,而应是女性的伙伴"。内衣的伴侣功能不仅仅是穿上后便于行动,而且是穿上后能调整体态,那么,其中也就少不了修饰作用了。

对于一个消费者来说,不同的季节、不同的场合、不同的搭配、不同的习惯,常有种种不同的需要。既然每位女士的内衣使用量将提高到每年5~7件,那么,这其中肯定不会只有一种质料,不同的女士可能偏爱不同的品牌,同时不止偏爱一种面料。作为女士伙伴的内衣,就需要多些功能、多些款式、多些色彩、多些性格,还有,多些面料。

1.莱卡。美国杜邦公司于20世纪60年代开发的莱卡(弹性纤维面料),其细密薄滑的质感和极好的弹性,把"第二皮肤"演绎得淋漓尽致,也难怪其风靡业界。加入莱卡面料的文胸、内裤、泳衣乃至袜子,其贴身的体感和抢眼的视感,都令人赞不绝口。再配以各式各样漂亮的蕾丝,内衣可谓达到了无与伦比的境界。有人推测,莱卡将取代其他面料成为内衣首选面料,这话并非没有道理。然而,从一个消费者的眼光看,却又不尽然。

2.棉质。最舒适的面料仍当数棉质,内衣最经常使用的也是棉布。今天的女士们依然偏爱棉质内衣,这当然因为棉布本身独一无二的透气性和天然性,使穿着感受绝不同于其他面料。从美感来说,平织棉布的印花效果和针织棉布的染色效果,都有一种天然淳朴的青春气息,为其他面料所难取代的。

3.丝绒。比棉布更久远,但用于内衣较晚的是丝绒。丝绒又具有棉布所没有的典雅华贵。丝绒的天然滑爽感,也是莱卡所缺少的。以法国蕾丝或瑞士刺绣与丝绒进行装饰搭配,所能达到的华丽效果,恐怕任何一种面料都难做到。

4.化纤质地。涤纶、尼龙、氨纶类化纤原料,虽在弹性方面较莱卡差些,但仍各自具有吸湿性、不变形、伸缩性等特点,为莱卡所不能取代。

八、怎样选择调整型内衣

(一)对腰部进行整形的内衣有以下几个品种

1.高腰腹带。这种腹带不仅对腹部、臀部有整形功能,而且对腰部也有整形作用。如果与长及腰围紧身胸衣式乳罩组合穿用,效果更好。

2.弹性紧身腰衣。这是用来收细腰身的专用紧身内衣,有一根调节带可调节松紧。

3.贴身连衣裤。这是把乳房、腰和臀全部包起来进行整形的整身连体内衣,兼乳罩、弹性紧身腰衣和腹带三种内衣于一体。其品种很多,有对身体进行强制性调整的硬形,也有柔和自然的软形;有对腹部加强整形作用的压腹式,也有穿脱方便的前方拉链式;还有能与自己喜欢的腹带相组合的组合型等。

（二）对臀部、腹部进行整形的内衣有

1.腹带。腹带的种类很多，有柔软的自然型，也有强制性地整形型，有对腰部进行整形的高腰腹带，也有对大腿进行整形的带裤腿的腹带，可根据各自的需求自由选择。腹部凸出者，应选用前面有菱形加强布的压腹式腹带，臀部下垂者穿上腹带可在一定程度上使臀部上提，特别是长腹带要比短腹带提臀效果更好。

2.臀垫。把海绵或棉花包起来做成的垫子，一般穿在三角内裤和腹带之间，用来弥补臀部下垂者或臀部不够丰满者的体形。

尽管上述整形内衣的确可在一定程度上整理体形，但必须指出的是，这只不过是一种弥补手段，真正优美的体形还要靠平时的积极锻炼。

九、怎样选购睡衣

1.衣料要选全棉的。比较理想的睡衣是针织睡衣，因为这种睡衣既轻薄柔软，又有一定的弹性。原料质地最好是全棉织物或以棉为主的合成纤维。因为棉料吸湿性强，可以很好地吸收皮肤上的汗液。棉料睡衣柔软、透气性好，可以减少对皮肤的刺激。棉料不同于人造纤维，不会引起过敏和瘙痒等现象，所以，这样的衣料贴身穿最舒适。丝绸睡衣虽然柔滑舒适，漂亮又性感，但不能吸汗，作为情趣睡衣倒是不错的选择。

2.颜色要选淡雅的。首先因为深色染料对健康无益。淡雅和轻浅的色彩，既适合家庭穿着又有安神宁目的作用，而鲜红和艳蓝色的睡衣会影响人们心情的松弛，从而影响休息。因此，睡衣的颜色以选择各种粉色的为宜，如粉红、淡粉、粉黄等。

3.款式要选有充足阔度的。睡衣的背幅和前幅，应有充足的阔度，绝不能过小或刚刚正好。因为紧束着胸部、腹部和背部等部位睡觉时，会做噩梦。另外，睡衣还应易穿、易脱和易洗。

十、怎样购买丝袜

爱美的女士们可能会忘记带机票,但不会忘了带丝袜,穿丝袜是很有仪式感的。往往要修了指甲以后,才提起那薄如蝉翼的袜子,轻轻地套上足尖,一寸一寸地往上延伸,直到无皱无折地与皮肤完全贴合。

1.选择好质地。袜子好像内衣,采用不同质地编织成的袜子穿在身上的感觉也不同,价格也相差很大。一般来说,100%鹅绒的为高档丝袜,平滑柔软,弹性极佳,无论是加厚还是超薄都十分耐穿。采用包芯丝材料制成的为中档丝袜,具有超高弹性,还不易钩丝。普通丝袜,虽然紧贴性、柔滑性不及前两者,但价格实惠,因而也深受欢迎。

2.选色调。由于短裙的风行,袜子在视觉上的分量已越来越大,可以说,袜子的色调体现着一个女性的气质。肤色是永恒的色彩,可以和各种时装搭配;灰色自然大方,以配素色服装为佳。体态优美的女性,不妨选高档电子提花袜,既显示时尚气息,又可更好地衬托优美的体态。

3.看光泽。看得见肌肤才是好丝袜:好的丝袜,即使是秋冬穿的厚丝袜,也应有光泽,令美腿若隐若现并透出朦胧的肤色。反之腿就会像木头做的似的,生硬,无动感。

第七节　化妆技法

一、化妆技法

女性化妆的原则

现代女性,要掌握自然大方的化妆原则,为自己打造端庄明丽的容颜。

1.露出额头或许可使你变美。许多人虽拥有宽而丰腴的额头,却喜欢用头发加以遮掩,其实不妨试着梳起额发,将会发觉自己的这一优点。当然脸形呈三角的另当别论。

2.耳朵可以使脸部更明朗。齐耳短发盖住双耳,通常给人一种黯然无光的感觉,而露出双耳可使整个人显得精神焕发,即使只露半边耳朵,效果亦佳。

3.画出自然眉。用眉扫蘸上眉粉在眉上轻轻扫,较淡的眉毛可以用眉笔在较淡的部位画,再用眉扫扫开,切忌用眉笔涂描,否则易将眉毛画重。眉粉也不可一次性扫下,一点一点地将眉粉扫上是让眉形显得自然的关键。

4.眼影切忌浓艳。颜色过于浓艳的眼影不适宜在室内使用,肉粉、豆绿、橘色、浅蓝色眼影可以使眼睛产生清爽亮丽的感觉,不会令人产生反感。

5.唇部保持清爽是关键。口红的清爽画法是将口红各点在上下唇中央部位,然后再轻轻抿开,颜色上以粉、橘色为佳。

6.化妆要视时间场合而定。在工作时间、工作场合只能允许工作妆(淡妆),浓妆只有晚上才可以用。外出旅游或参加运动时,不要化浓妆,否则在自然光下会显得很不自然。

7.不要议论他人的妆容。由于文化、肤色等差异,以及个人审美观的不同,每个人化的妆不可能是一样的,切不可对他人的化妆评头论足。

8.不要借用他人的化妆品。这不仅不卫生,也不礼貌。

9.不要在公众场合当众化妆。化完妆是美的,但化妆的过程则实在不雅观。

眉毛怎样化妆

女性眉毛稀疏或断眉或没有层次,都可以通过描眉来解决。怎样依脸形描画眉毛呢?

1.长脸形:宜取直线眉,眉梢略向下弯;眉毛不要修得很细。要画得稍粗一些,若画细了就会造成过于老成的形象;眉毛也不宜画得太弯,因为画弯了,则更显得脸长;长脸形最忌上扬的眉形,它会更强调脸的长度。

2.圆脸形:宜采上扬眉(即所谓10点10分位置的眉形),两眉上挑,画成弧形,上挑圆弧形,能增加眉与眼的距离,并与下颌轮廓线产生对应,以拉长脸颊。千万别描成一条直线的水平眉,否则会分裂脸部,使圆脸看起来更圆。

3.正方形脸:采用比较清俊的眉峰,反而能缓和方形脸。面颊宽阔呈四角形,可顺着脸形描出四角形眉,不能描画圆眉。

4.三角形脸:在画眉时要注意将眉毛描画成高而长,带有自然的圆弧形,不要把眉毛描成短而宽的,会使宽大的下巴更为突出。

5.倒三角形脸:下巴削瘦,会显得瘦弱,因此,眉型不要过分强调棱角,理想的眉形应该是自然柔和的圆弧线,弧线的最高点可略偏向内侧。眉毛的长短要适中。

美目怎样化妆

1.大眼睛。优点是显得明亮、华丽;缺点是给人"一本正经"的感觉。第一种化妆方法:眼影用褐色或灰色,使之清秀深邃,上下眼线要整洁清秀,强调色要配合衣服颜色,这样就突出了明亮、华丽的特点。第二种化妆方法:眼影用褐色,界线要浅淡;眼线要细,下眼线可用黑色或带花色的眼线笔染。这样的化妆显得质朴诚挚。

2.小眼睛。优点是显得温和、和蔼可亲;缺点是平淡。第一种化妆方法:从上轮廓线起,用暗灰或灰色在上面晕染,眼线要细长,上下眼线不交叉,这样就像双眼皮那样漂亮。第二种化妆方法:加暗灰色眼影,外侧淡,界限不要分明,眼边深,眼线略细,这样通过加眼影以加强印象,就显得更加温柔亲切了。

3.吊眼。优点是显得灵敏机智、目光锐利;缺点是显得冷淡、严厉。第一种化妆方法:内眼角上的眼影要高;外眼角眼影末端要细,加暖色;上眼线末端稍微朝下,下眼睑眼角加眼影和眼线,这样就使严厉的目光变得和蔼了。第二种化妆方法:用灰色眼影使眼角细长,界限不要分明,上下外眼角加眼线。眼影由下向上挑,这样就发挥了锐利机敏的长处。

4.深眼窝。优点是显得整洁舒展;缺点是年轻时像"大人相",年老时显得憔悴。第一种化妆方法:眼影用亮色;眉骨用发红的褐色,亮色上方加少许发红的颜色(如紫色、粉红色);眼线要自然,这样就变得丰满厚实了。第二种化妆方法:凹的地方用暖色(如紫色),眼线自然,显得秀丽。

5.垂眼角。优点是显得天真可爱;缺点是给人阴郁的感觉。第一种化妆方法:

内眼角加眼线,内眼角加褐色眼影;外眼角用褐色晕染,下眼线向外眼角挑起,这样就显得老练了。第二种化妆方法:眼睑从内眼角起加眼影,在下眼睑外眼角处画出眼影和眼线。

6.肿眼泡:看起来不美观,给人以阴郁、迟钝之感。第一种化妆方法:上眼睑涂冷色显得清爽,暗灰色眼影呈带状,眼线要细,这样就给人一种冷静的印象。第二种化妆方法:上下标的竖线区域涂亮色,上边靠近眼睛的地方涂黑色或暗灰色,这样显得整洁深邃。

睫毛怎样化妆

睫毛膏大致可分为防水配方、自然色泽配方和纤维配方三种。防水睫毛膏效果最持久;自然睫毛膏颜色柔和;纤维睫毛膏能增加睫毛的粗浓感。

1.为了使睫毛膏作用持久,可先用手指蘸些散粉揉匀于睫毛上。

2.蘸睫毛膏时,应边抽出睫毛刷边旋转,使睫毛膏在刷头均匀附着。

3.刷上排睫毛,头向后抑,眼睛直视镜子,眼皮下垂。睫毛棒与眼睛平行,一次刷几根睫毛,由眼睛的内角刷向外角。

4.如果下排睫毛比较稀疏,也要刷一下,为防止沾污他处,可在下艰睑垫一块化妆棉。

5.睫毛膏可以刷两遍,但要注意要等第一遍干后再刷第二遍。如果睫毛被睫毛膏粘在一起,应在未干透时用睫毛梳从其根部向上梳开,使粘在一起的睫毛松散开。

6.睡觉前必须彻底清除睫毛膏,以免使睫毛干枯。

睫毛膏一般使用3~4个月为宜。为避免使用期过长,开封后的睫毛膏要马上使用,睫毛膏的释剂很容易挥发,用得越久越易结块。可放在低温阴凉处或冰箱内保存。

鼻子怎样化妆

对鼻子进行化妆,在于强调整个脸部的立体感,运用不同的色彩晕染鼻影的方法来完成。

1.鼻子没有太大缺点的人,在化妆涂抹粉底的时候,选用稍浅于脸颊的粉底敷施鼻梁部位,用稍暗的粉底涂于鼻子两侧,或在涂抹眼影色时稍带向鼻影部分过渡就可以了。鼻妆不用特别强调。

2.低鼻。以少许褐色或暗灰色阴影色,从眉头下凹处起,用中指压着鼻侧沿着鼻肌淡淡地抹开,阴面靠近鼻梁,阳面向颧骨处消失,与鼻梁稍淡粉底的亮色相配合,可弥补塌鼻的缺点,形成很有立体感的鼻子。

3.短鼻。着重改变鼻根位置较低的印象。用明亮的淡色,从额头开始由鼻梁最上端至鼻尖尽量涂长些,眉头与内眼角之间用阴影充分晕染,并逐渐推抹延伸至鼻梁消失,在视觉上减弱短鼻的印象。

4.圆鼻。关键是要改变较圆的鼻头。从鼻中部抹入阴影色,向上与眉头眼窝的眼影色淡淡衔接,向下部鼻翼的阴影稍微强调可至鼻孔。假如是翘鼻头,还需在鼻头翘的地方淡淡抹上阴影色,不要太明显,要与鼻梁色衔接好。

5.大鼻。用较暗的阴影色涂于鼻侧,由眉眼窝处开始,渐渐拖至鼻翼。鼻影的颜色虽然较深,但也不宜过分夸张,并且要注意两颊方向的虚度和在颜色上与腮红的衔接。同时,还要注意整个脸部的化妆应取柔和的色调,尽量减少人们对大鼻的注意。

7.过长的鼻。鼻梁应取与脸部一致的粉底色,鼻侧不施阴影,只在鼻尖部分涂抹少许阴影色,以减弱鼻长的感觉。

8.过高的鼻。人们都以鼻高为美,但太高了就显得不协调,也就不美了。修正的办法是鼻梁上涂比肤色略暗的颜色,鼻侧尽量少涂阴影或不涂阴影。同时强调眼睛和眉毛的化妆,口红也可用较鲜艳的唇膏色,而腮红用桃红等较明快的色调。用突出这些部位的化妆,可达到相对减弱鼻子过高的印象。

唇部怎样化妆

人的脸上有色彩的部分是眼影、腮红和嘴唇,尤其嘴唇是最有色彩的部分。唇的化妆是展示女性修饰美的重要内容,画唇妆的步骤主要有:选定唇形、描画唇部

·美容美体·

图文珍藏版

轮廓线、确定唇膏色、在唇轮廓线内涂抹唇膏。

（一）选定唇形

人的嘴唇可以通过化妆来改变它的形状。在嘴唇的边沿有一道翻卷起来的、颜色浅一点的小边，改变唇形就要利用这个部分。想扩大就让口红盖过它，想缩小就把它让出来，这样就不会感觉不自然。

嘴唇的形象代表了一个人的表情。一张嘴角上翘的嘴会使你增加一份亲切的笑意，嘴角下挂会给人抱怨、生气的印象。唇峰距离过近，会显得上唇撅起；唇峰距离过远，会给人粗心马虎、不负责任的感觉。上唇过小让人觉得有轻视他人之感；上唇过大，整张脸会显得没有下巴。这些缺憾都可以通过唇形的修饰来改变。

（二）描画唇线

确定唇形后，用唇线笔或唇膏尖部把它描出来。描时将嘴唇微微张开，在嘴唇上用标出唇山、唇谷的位置，再将这些点用圆滑的曲线连接起来，画出整个嘴唇外轮廓线。

唇线的具体画法有几种。大而厚的嘴唇采用内描法：将轮廓线画在原有唇形稍内侧；薄而小的嘴唇适合外描法：在唇的稍外侧描轮廓线，使唇部丰满起来；双唇大小适中采用自然法：按照唇形轮廓描画出带锐角的线条。两个唇峰之间的距离也是通过描画唇线进行调整的，但不宜超出过多，否则会显得不自然。

（三）确定唇膏颜色

较为自然的唇膏颜色，不但流行，而且让人看了觉得舒服；过于怪诞的色彩，虽然风格鲜明、亮丽，但在一般情况下并不是那么协调。同一色系的唇膏，如果深浅不同，化妆的效果也会不同。

棕红：朴实稳重，适于年龄较大的女性；橙红：适于青春气息浓郁的年轻女性，显得热情、奔放；粉红：娇美柔和，适合皮肤较白的少女，显得清新柔美，使人显得光彩夺目；豆沙红：含蓄典雅、轻松自然，适合较成熟的女性；玫瑰红：高雅艳丽、妩媚成熟，适合各年龄段女性。

唇膏的色彩还应与化妆者的肤色、眼影色、个性和气质相协调。比如:肤色白净的女性,不宜选择过于鲜亮的色彩,比如大红色,有时会显得反差大得让人受不了,使用素雅的口红,会突出脸上其他的五官,显得自然动人。如果皮肤暗淡,不妨用鲜艳一点的口红,显得年轻明丽。如果参加晚宴或舞会,就要使用较醒目艳丽的颜色。

(四)在轮廓线内涂抹唇膏

唇膏颜色选定以后,一手持镜,一手拿唇膏,均匀沿唇纵纹涂抹。唇中部色泽稍微淡一些,可产生饱满的效果。最后用纸巾轻按唇部,吸去过多的油质。为了增加唇的透明感,可在唇部中央加一点珠光口红或唇彩。

腮部怎样化妆

女性两颊的化妆主要是涂腮红。肤色不佳或脸形不够完美,都可以通过腮红来修饰。简单的修饰,就可使倦怠的肤色恢复生气。腮红一般涂抹在颧骨下到太阳穴的位置。

1.自然色腮红可以营造健康的肤色。

2.金橙色和黄绿色可以营造与众不同的华丽气息。

3.含有珠光成分的腮红可增加肌肤光泽,提升妆容整体亮度。

4.眼角、嘴角下垂、脸部浮肿,会给人肌肤松弛的老态印象,用腮红修饰脸形,不仅能让脸更有立体感,也可从视觉上收紧肌肤。

5.根据脸形确定腮红的形状。(1)标准脸形:圆形的腮红涂法。微笑,找出颧骨最高点,然后立起腮红刷,以画圆的手法涂抹在两颊颧骨处。也可以使用膏状腮红,直接用手涂抹在颧骨最高处,像抹粉底霜一样,一点点晕染成圆圆的形状。

(2)圆脸形:斜线的腮红涂法。在颧骨下方到太阳穴的位置打出斜线状的腮红,是表现成熟味道的关键。在用大号粉刷蘸腮红后,应把多余的粉抖掉,再涂在脸上,以免颜色过重。

(3)长脸形:横向的腮红涂法。横握腮红刷,平行扫在脸颊两侧,鼻梁处轻轻带过一点红晕。手腕的力量要轻快均匀,使腮红过渡自然柔和。然后用粉刷轻扫脸部整体妆容。

额部怎样化妆

前额、面颊和下颌是构成面形的要素。其中,前额与发型的关系最为密切,也是面部化妆较难处理的一部分。一般来说,前额部化妆主要有以下四种方法。

1.衬托法:这是额部较窄时常用的方法。设法使头发向左右两个方向展开,并且向外蓬出去,在发型上尽量让发角显露。

2.遮盖法:与衬托法一样,利用女性头部的发式对额部的宽窄、长短、凹凸进行适当调整,使头面美观协调。

3.均明法:在额部凹陷的部位使用亮色,使之产生一种凸起的感觉。

4.渲影法:即使用深紫红色、褐色、蓝紫色等,使之产生凹感。美化过宽的额头,可用比粉底暗一些的色彩,晕染到额边,使额中央着色稍亮,这样即可收到额部变窄的效果。

颈部怎样化妆

颈部由于有良好的血液循环,皮肤润泽而有生气。人进入中年后,颈部会产生皱纹,所以要注意保养。

1.颈部皮肤按摩要在浴后皮肤尚有热度时与脸部按摩一起做。但应先用冷霜涂满颈部,再用食指、中指、无名指三指一起在颈部轻缓地以螺旋式按摩。

2.面部化妆应避免颈部未化妆而出现明显的界线。颈部化妆如果使用粉或膏,会弄脏衣领,最好使用浸过水的海绵蘸固体水粉饼扑施。

颈部化妆应注意与衣服的颜色和质地搭配。如果颈部肤色暗沉,内衣以白色为宜,领口不要过大。颈部线条优美、肤色明丽,可选择低领的上装,突出颈部优势。

手部怎样护理

很多女士视手为自己的第二面孔，不但平时精心护理，还做定时保养。因为双手不仅像面部一样长期暴露在外，经受日晒风吹，接触各种物质，而且在日常生活中还要经常接触一些去脂性强、碱性大的洗涤剂，使手部肌肤失去油脂及水分保护，又不能通过化妆品加以遮盖，所以日常的养护就显得尤其重要。

1.临睡前用按摩油按摩手部10~20分钟，戴上薄棉手套睡觉，第二天早晨再用温水洗手，每周一次，手部的皮肤会得到较大的改善。

2.如果感觉手部皮肤粗糙，就要经常去除皮肤上粗糙的角质。先用温水浸泡双手，软化角质，将浮石蘸上皂液轻轻摩擦双手，或用磨砂膏按摩，洗净后涂上护肤霜。坚持下去，双手会日益细腻滑润。

3.做家务时不妨戴上一副橡胶手套，以隔绝化学物质侵袭，因为清洁剂都是碱性液体，会吸掉手上的大量油脂。做某些工作如择菜时，尽量使用剪刀等工具而不要用指甲，以免受损。

4.做完家务后，要把双手浸泡在温水中软化手部皮肤，再用多脂性香皂或是含有油性的洗面奶洗手，并立即用毛巾擦手，涂上护手霜。

5.每次接触水之后把手擦干，然后在食醋中蘸一下，可以使皮肤表面形成一种酸性保护膜，对手的保养效果也很好。

6.经常做手部健美操。比如：把双手平放在台面上，轻轻地向下压，每次举起一个手指，尽量举高，伸展手掌和手指，可使双手轻快敏捷；双手高举过头，握紧拳头，然后尽量向外伸展每根手指，每次5分钟，可减少手背青筋暴露；经常打字、弹琴或用手指在桌面上轻轻敲打，也都有助于促进双手的血液循环。

指甲怎样美化

用最简单的方法保养及上色，几分钟就让指甲穿上新衣，缤纷的美甲将成为时尚女性的最佳配件。

1.上指甲油前记得先上一层护甲油，便能隔离颜色，避免色彩直接接触指甲，造成色素沉淀。

2.刷指甲油前将刷头在瓶口轻轻点一下,指甲油才不会过量。

3.上完指甲油后,检视边缘是否沾到些许指甲油,用棉花棒蘸去光水,轻轻地刷除,才算大功告成。

4.定期抛光指甲表面,便能减少纹路,涂指甲油时,颜色会更均匀。

5.每天用手指按压指甲可以增进循环。此外在洗碗或做家务事的时候戴手套,做完立刻搽护手霜,也是保养手指的好方法。

6.卸除指甲油时,切记不要用去光水反复摩擦指甲表面,否则会将水分、光泽都带走。只要用含有去光水的棉花盖住指甲,从指根到指尖擦去即可。

7.不要长时间不卸除指甲油,这样会让指甲无法呼吸,指甲也容易变黄。

8.抛光指甲时千万不要太用力,按照步骤轻轻地磨,以免伤害指甲造成龟裂。

9.当指甲上出现黄色沉淀时,千万不要再上指甲油了,让指甲稍微休息一下,别因为爱美过度折磨指甲。

足部怎样美化

因为工作的繁忙,很多女性不重视足部的保养与修饰,粗糙的足跟与足踝会让女人显得很沧桑。如拥有一双无懈可击的美足,是优雅形象不可缺少的一步。

在临睡前演绎一个家庭泡脚程序,让自己的纤足更加美丽。

第一步:清洁。

浸泡双足:用泡泡浴浸泡双足可以使趾甲附近的死皮渐渐软化,皮肤还会湿润光滑,但要注意水温,太凉或是太热的水都会影响效果。

去除死皮:浸泡后,用去死皮刀把趾部已经软化的死皮慢慢推掉,动作要轻,避免用力过大损伤趾甲旁边的皮肤。足部的结构和皮肤相对比较特别,可以使用足部脚擦、脚形清洁刷等,把每个脚指头缝都清洁得干干净净,再用天然浮石去除多余的死皮、脚垫,光洁的足部才能彻底吸收养护成分。

第二步:按摩。

要想拥有美足,首先要使足部健康。脚踏按摩器、脚底按摩器、按摩笔都可以刺激双脚的穴位,促进脚部的血液循环,使劳累了一整天的双脚彻底放松。但是双足的皮肤和身体任何一处的肌肤一样,盲目的揉搓只会带来伤害,矿物油和纯净盐是不错的足部按摩材料,先将它们均匀地涂抹在双脚上,在按摩过程中酌量添加,配合按摩工具活络双足,可以促进血液循环,尤其可以改善足部的肿胀感。

第三步:护理。

在按摩后,轻轻敷上水分足膜,敷足膜时,方向一致,从脚趾到足踝。足膜的作用是补水,特别的补水护理能使足部皮肤晶莹娇嫩,是足部美白的飞跃点。10~15分钟之后,用清水洗去足膜。根据足部皮肤的干燥程度选择适宜的乳液,应该每日使用。

足部是我们全身最容易干燥的地方,因此光搽乳液是不够的,还要定期去除角质,使皮肤恢复柔嫩光滑。用专门的磨砂膏从膝盖以下细细清洁腿部的皮肤,温柔地去除暗晦、干燥和粗糙的皮肤。

最后,别忘了涂上专门的美腿霜,彻底的足部美容,任何一个程序都不可忽略。

第四步:美化。

国际美容的潮流已经从上转移到下,因此足部美容的名目也渐渐繁多。拥有纤纤玉足,净白的目标很容易达到,然而除却日常的护理,美足还包括足部的修饰,修护脚部指甲的指甲钳、指甲锉刀、自然光泽锉纸、修正洗甲笔,以及维护指甲断裂所需的指甲强烈黏合剂都将大派用场。这是一双完美无瑕的玉足诞生的催化剂!

修出漂亮的趾甲形状,这是令足部漂亮的基础。用指甲剪修剪出大致的轮廓以后,再用指甲锉刀细致地打磨每一个足甲的边缘,使它们更加圆润、整洁。

修剪过后,先给趾甲涂上一层护甲油,这会从根本防护指甲免受侵害,并且保持自然光泽,如果要涂上指甲油,它还可以让指甲油更易附着,并且涂层均匀,熠熠生辉。各种美丽色泽的指甲油可以说是应有尽有,艳红的指甲油柔媚诱惑,金色的指甲油华丽炫目,如果你要求个性,不妨尝试一下荧光绿色或紫色,让脱下棉袜的双足也抢抢风头。

第五步:爽足。

对于有病症的双足,是脚汗、真菌在作怪,那么你需要的足部护理比别人要多些。你不妨使用这些有针对性的护理产品:爽健天然舒缓足浴露、除臭防菌浴盐、除臭防菌喷雾、清凉薄荷爽脚粉、美足清爽足部喷雾、止汗除臭足部喷雾等。

第六步:防护。

不要忘记,脚部在过量的运动以及高跟鞋的伤害下,很容易受损。那么我们不妨做足准备工作:舒适脚跟鞋枕、护理脚部护垫都可以减轻鞋子对脚的伤害。尤其在冬季,双脚有可能因为寒冷而遭到侵害,在双脚被冻之后,涂上含有凡士林成分的药膏,第二天即可恢复。

在舒适的按摩与音乐的伴随之下,让我们放松身体,好好观察一下我们的双足吧!

怎样化职业妆

职业妆也叫通勤妆,职业女性上班最好化淡妆,不化妆或是化浓妆都是不合适的。职业妆应熟练掌握能适应各种场合的化妆技巧,以展示自己健康、活力的正面形象,表现从容、干练、自信与知性的美感。这里推荐一个快速实用的化妆步骤,让你在 10 分钟内完成整个妆容。

1.底妆。即使你拥有傲人的好皮肤,也不能怠慢这个步骤。通透干净的粉底能让你一整天都光彩照人,把上妆的 1/3 时间拿来打底,是值得的。粉底液应比原有肤色稍深,用海绵或指腹按照皮肤的纹理由上到下或者从大面积到细部,采用均匀推开或轻拍的方式,少量多次,粉底才能打得薄而透。

2.定妆。定妆能延长妆容时间,脸部不泛油光。粉饼或蜜粉都可以。蜜粉可用粉扑或刷具,上完蜜粉再用余粉刷把多余散粉末扫掉,才能定妆更久。擦粉饼时海绵只需用 1/2 面积涂抹,顺着同一方向才不会混浊。蜜粉和粉饼的颜色不要与颈部肤色差别太大。

3.描绘眉形。职业妆画眉的原则是自然。原来的眉毛如果太浓太深,会显得刻板不易亲近,需要修除一些。眉毛的修整可放在平时空闲的时间来做,以免浪费早上的宝贵时间。眉形稍粗为宜,过细或过于高挑,都给人不可信的感觉。眉色要比发色稍浅,看起来最自然。浓眉可用眉粉减淡,疏眉可用削尖的眉笔在稀疏处一根根描画,并补齐短缺部分。最后用眉刷顺着从眉头至眉尾轻轻刷拭几遍。

4.涂抹眼影。不要使用过分明亮的颜色,首选棕色和灰色。常见的是利用两色眼影做搭配,浅色打眼窝为底、深色重点描绘眼睑,可制造出立体有型的深邃效果。如果想要让眼部更分明亮丽,眉骨与眼头刷上一点珠光色。

5.涂睫毛膏。浓密、纤长的睫毛能充分展现眼睛的神韵。先用睫毛夹使睫毛卷翘,从根部分段夹成弧形,不能呈直角上扬。睫毛膏选黑色,既能突出眼影的色泽,又庄重大方。上下睫毛都要刷拭,稍嫌稀疏的睫毛可在第一遍干后刷第二遍,两遍间隔的时间可用来开始下面的步骤。

6.刷腮红。腮红既能调整气色,又可修补脸型。脸庞姣好肤色红润的女性可以省去这一步。用腮红刷蘸上腮红由颧骨到太阳穴均匀刷拭,霜状腮红可用指腹涂上清薄的一层。

7.唇妆。平时要注意保养双唇,将唇上的脱皮和角质去除干净,这样易于上妆,妆容也更持久。如果来不及勾勒唇线,可直接用唇扫涂口红,纵向顺着唇纹,容易推匀。唇部较容易脱妆,要及时补妆,在双唇间夹一片化妆棉,抿掉余色,再补唇色。

上述 1~7 步骤中,前两步是必须在出门前完成的,如果时间不充裕,3~7 步的妆容画得不够精致,可在补妆的时候再细化一下。化妆也和所有生活技能一样,熟练之后,化妆时间自然就缩短了。

怎样化面试妆

面试时第一印象很重要,一款淡雅无痕的精致妆容能让你脱颖而出。妆容的画法不在于特色、概念、时尚,而在于把自己变得精神、好看,但又让人看不出化了妆。这才是绝妙之处。

1.展现利落而有效率的妆容。能使对方感觉到你认真专注的优点,而不是个只会在镜子前花上好几小时的花瓶。

2.底妆。不要试图用浅色粉底令肤色增白,那只会像戴了假面具。其实粉底与肤色越接近越好,在瑕疵处稍稍增加用量,就能令肤色均匀自然。之后用散粉控制油光。

3.面试妆对遮瑕膏的应用要更加精细、不露痕迹。注意:把遮瑕膏细细涂在眼袋下方,而非眼袋上,轻轻拍匀。也可用无名指腹轻拍鼻翼旁的法令纹位置,抵消这里的阴影。

4.眉妆。用眉笔清晰地画出眉形,不要太平,眉峰清晰,可增加自信感,但也别过分。

5.眼妆。面试当中目光的接触可以说相当重要,眼妆便需要特别注意。最好选用中性色调的眼部彩妆,不要与肤色形成太突兀的对比,不要选择具有戏剧效果的亮彩眼影,以及炭黑、灰蓝色眼线。将眼影从眼尾往眼头位置淡淡晕染均匀,看起来有点轮廓就够了。深灰色或深褐色的眼线要用棉签或者小刷子晕染均匀,与眼影自然过渡,不可有脱节。

6.腮红。务求自然且能够与肤色相搭配融合,若有若无,以呈现健康红润的面容。

7.唇妆。颜色应避免太过鲜艳水亮,因为这可能会分散主试者的注意力,不妨选用色彩较暗,也不需要经常补妆的中淡色的唇膏,可显得端庄大方。将唇型勾勒得轮廓清晰,还可用唇彩轻点唇的中央,令双唇丰满一些,使面对面的交流更加生动吸引人。过于纤薄的嘴唇会让人产生不信任感。

8.指甲。指甲也可以看出一个人的性格和修养,指甲应整洁、长短合宜,指甲油应选择接近指甲的颜色,避免深色和五彩缤纷的颜色和花式。

怎样化生活妆

无论化哪一类型的妆,步骤都大同小异,关键还是多练习,琢磨自己适合的妆容,一定会越来越得心应手的。生活妆比职业妆要随意一些,可以更好地突显自己的情绪和个性。

(一)底妆

1.先擦上妆前润色底乳或隔离霜,来调整肤色和增加明亮度。

2.取适量粉底乳,用每点约米粒般大小,点于双颊、额头、鼻子与下巴。

3.用指腹推开,用量不足可再加强。鼻翼两侧和嘴角不可忽略。

4.接着再用遮瑕膏来盖住遮不了的黑眼圈和痘痘。

5.完成后,用海绵约1/2的面积蘸上粉饼,由脸颊开始由内往外、下往上地轻轻按压,加强底妆的完美度,并且定妆。

6.跟着在眼周、下巴、T字部、鼻翼两侧,用剩下最少量的粉来按压,才能最轻薄、最不容易产生细纹。

7.最后再在眼周C字位以及T字部分打上亮粉(亮膏),称为高光,可使五官更立体,肤色更明亮。

(二)眉妆

1.先拔去多余杂毛,使眉毛的线条比较干净。

2.再用眉粉由眉头轻轻描画,补足眉毛中的空洞。

3.使用染眉膏将眉毛颜色变淡,增加眉毛与眼睛之间的距离,使用染眉膏前,请先在卫生纸上刷一下,调整用量。

4.直立拿,用染眉膏由眉尾往眉头的方向慢慢逆刷涂起。确认有沾染到颜色后,再将眉毛一根根仔细涂上颜色,连内侧都刷得到,会更自然喔!

5.之后再由眉头开始顺方向往眉尾梳理,把眉毛的毛流刷顺,以及把线条整理清楚,可使得眉毛有立体感。

(三)眼妆

1.取膏状淡色眼影涂满眼窝(范围可大一点),可使接下来眼影的颜色比较能够显色,比较饱和。

2.再以同色系比较深一点的眼影粉涂在眼角(稍稍晕开)。

3.用眼线笔由眼头往眼尾涂满睫毛根部,若用笔状眼线笔,可用棉将其微微晕开,可使线条比较自然。若用液态眼线笔,可用眼影粉将空洞补满,或是柔化线条。

4.再补上一成眼影粉,使眼影的颜色更漂亮,接着在眉骨上打上一点亮粉当高光即可,可使眼部更立体喔!

（四）涂睫毛膏

1.先将额头抬高，以往斜下方看的方式夹翘睫毛，睫毛夹越接近根部，会夹得越翘。

2.由根部开始分三个阶段，分别为根部、中间以及尾端部分，各夹二到三秒。

3.先用睫毛的纤维增长液刷在上、下睫毛上，使睫毛增长并且量更多。

4.以中央、眼头、眼尾的顺序，将睫毛膏由根部往上刷在上睫毛上，要刷得完整和根根分明，使睫毛成放射状。请重复这个步骤三到四次，才可以制造出假睫毛般的效果。（可用食指将眉毛尾部往上拉，可以有空间涂得更好）

5.将刷头上多余的睫毛膏用棉花棒抹掉，先以横向由根部开始涂刷整体的下睫毛，再以垂直方向一根一根仔细涂上睫毛膏，还是要让下睫毛略呈放射状。

6.最后再将上下睫毛涂上一次睫毛膏，最好使用防水睫毛膏，不易脱落，保持更久。

（五）腮红

1.先涂上膏状或是液态状腮红于两颊处，使脸色有自然的红晕。

2.再蘸上粉状腮红。为了避免过量，请先刷于手背，宁可不足时再补色。

由脸颊颧骨上方接近太阳穴的部分开始呈放射状，分别往眼角、睑部中央笑肌处（笑开时凸起来的部位），以及鼻翼的两侧分向涂刷。

3.再由瞳孔中央正下方处开始，往反方向再刷晕开，可修容及使脸部更为立体。

4.重复一两次后，再照镜子检查两边的高度是否平均，以及颜色是否均匀。

（六）唇妆

1.先涂上护唇膏，使唇部可以防晒兼保湿。

2.使用唇笔能使唇部制造出自然的立体感，先用唇笔将下唇中央的底边划上唇线。

3.接着，再用唇笔将上唇的唇峰加以描绘，但是不用画到嘴角，这是保持自然的重点。

4.跟着用唇蜜,由唇部中央往外侧涂起,将唇线的边缘晕开,再将唇角不够色的地方仔细地涂好。

5.然后轻轻地抿一下,使唇蜜分布均匀。再用唇蜜将唇部涂上一次颜色,将轮廓也整理一下,也增加亮度,让唇部更亮丽、更可爱。

怎样化运动妆

运动妆和生活妆的化法、步骤都没有太大差别,只需在色彩上体现出健美和活力即可。需要注意的有以下几点。

1.化妆前,应做好面部护肤与清洁,防止污垢和化妆品残留物堵塞毛孔。

2.保持头发清洁,防止出汗时将头发上的油带到脸上而影响皮肤健康。发型应选择后上型的,垂下的头发会影响视线并破坏修饰好的面容。

3.如果皮肤不干燥,运动前最好不抹润肤油。应选用水质化妆品,出汗也能促进皮肤分泌油脂。

4.如果在太阳下运动。为了保护脸和嘴唇,可选用防晒油和唇膏。

5.画眉时,用眉笔比眉膏或眉粉更好。

6.游泳时采用具有防水性能的胭脂,但不要用得太浓,因为运动本身会使脸上泛出红晕。着装后,不要用手再搽,以免汗水加速妆的溶解和损坏。

怎样化节日妆

节日是喜庆的日子,为自己化个喜气洋洋的浓妆,改变一下形象吧。

1.粉底。由于节日经常外出,所以要考虑妆容的持久性,应选择具保湿、质地细腻的粉底液来打底,一方面保护皮肤,一方面不易脱妆。粉底能改善肤色,掩盖缺点,但一定要注意选择粉底的颜色一定要与自身肤色相一致,稍深为好,不能反差太大。

2.扑粉。用粉扑或粉刷将粉均匀地打在脸上,可使妆面更持久,也能去除肌肤的油光,使肌肤看起来更洁白、更细腻。

·美容美体·

图文珍藏版

3.扫眉。用眉笔或眉刷描画眉形,注意颜色不要太黑,眉形要与脸形谐调一致。

4.眼影。眼影颜色要与自身发色、服装、唇色相一致,稍浓为好,以适合节日热情的气氛。

5.眼线。最能体现女性的风采,用眼线笔沿睫毛底线描画,上眼线可画得饱满,下眼线只需从外眼角向内描画2/3的部位即可。

6.睫毛膏。可选用防水睫毛膏,以适应节日外出。注意不要出线和晕开。

7.唇膏。即使不化妆都应该涂点唇膏,最好选择红色系。均匀涂抹双唇,注意不要破坏唇线,可用透明唇彩刷在双唇上,增加晶莹的光亮感。

8.适当用些香水,它让你不仅拥有容光焕发的外表,还能表达发自内心的愉快。

怎样使用香水

香水是化妆品中最独特的一种,要正确地使用香水应注意以下几点:

1.喷洒方式。采取点状涂抹或雾状喷洒方式。可以用手指蘸取香水点在洁净皮肤的一定部位,或使用喷雾器距离身体10cm左右喷出香雾,香气均匀,飘香范围广,也可喷洒在衣角、裙边,令香气随风飘逸。

2.喷洒部位。香水的香气是靠体温来散发的,一般选择发根、耳后、手腕内侧、肘部、膝部内侧等处,效果最好。不宜把香水喷洒在面部以及容易被太阳晒到的暴露部位,因为香水某些成分与日光中的长波紫外线结合,出现光化学反应,导致皮肤上留下点状黑斑。也不要将香水直接喷洒在衣服上,特别是丝绸和白色衣服,以免留下印迹,可将香水洒在手帕上、衬裙上。花露水和古龙水,则直接喷在皮肤上较好。

3.选择合适的时间。一般说来,在决定出门前半小时就先搽香水,不要临出门才喷,否则香水尚未与皮肤融合,香味刺鼻。

少女如何化妆

少女妆的特点应在于自然清新,给人以青春朝气和不加修饰之感。

由于少女的皮肤细腻、娇嫩而富有弹性和光泽,在化妆时宜突出两颊和嘴唇处,不宜描眉、涂眼影和上较夸张的粉底。在技巧上,应清淡自然、似有若无,切忌浓妆艳抹,反倒失去自然美。

具体的方法是:清洁皮肤,一定要彻底洗净,因为青春期皮肤油脂分泌较多,若不保持清洁易生粉刺等。涂上润肤剂,以轻拍方式施以化妆水,以整理肌肤;涂上一层薄薄的浅色调的粉底,双颊扫以淡淡的棕红色胭脂;唇部画好唇形后,宜涂上粉红色、橙色等富有朝气色彩的唇膏;睫毛上可涂上淡淡的黑色睫毛膏,强调明亮的双眼;在整个以粉红色和棕色为基调的脸部,还可略施薄薄的透明状松粉,更显露出柔和鲜艳的肤色。

少妇如何化妆

三四十岁正是保持青春、延缓衰老的关键时期。这一时期的女性除要注意皮肤的保养外,还应借助化妆留住青春。

有人说女性最令人着迷的阶段就是少妇时期,因为这时她们身上既保持着青春,又添加了成熟之美。此话确有道理。但女人到了这时期,皮肤已或多或少地出现细小的皱纹,肤色也不如少女时红润和有光泽,因而要展示成熟的美感,需掌握化妆的技巧。

少妇化妆的原则是,白天讲究化妆的整体淡雅,晚间则可稍微浓重一些。

具体操作时,则应视五官不同情况强调优点、掩饰缺点。选择的粉底,应是稍带粉红色调的,以增添面部的青春气息;使用的香粉则应是淡紫色调的,可令皮肤色泽更柔和白皙。涂搽胭脂时,宜面对镜子做微笑状,找出脸颊鼓起的最高处施以胭脂,胭脂的色调宜与自然肤色相近,以求淡雅效果。

少妇化妆时,最忌效仿少女妆,而应重在展现其青春风韵犹存、成熟之美初生的风姿。

国学经典文库

家庭生活百科

·美容美体·

图文珍藏版

孕妇如何化妆

怀孕时可以化淡妆,精神些、漂亮些,对自己和别人都是一种尊重。

1.孕妇化妆应力求明快,不宜浓妆。

2.宜选择只有单纯滋润效果的护肤品。有美白效果的化妆品最好不用。

3.如果担心护肤品的成分不好,不妨把纯净水和甘油按1:5进行混合,再加上一点点的白醋,用来护肤效果很好。怀孕5个月后,可选择乳液或面霜进行皮肤保养。

4.如果怀孕初期脸色不好,除用乳液型粉底外,还可涂点胭脂,使脸色红润些。

5.对于怀孕中期的脸部斑块,可以每星期做一次面膜,也可适当用外敷药物治疗等。

6.在早孕期(三个月内),胎儿是最不稳定的。这一期间,孕妇应避免使用含维生素A等特殊成分的产品,也要少用香薰美容护肤,因为香精油对胎儿的发育没有好处,一些精油还会导致胎儿流产。

7.最好不要涂口红、画眉、描眼线,这些化妆品中都含有铅。

8.用橄榄油涂在肚皮上有预防妊娠纹的作用。

9.头发宜剪短发,短发既精神又便于清洗,可适当涂些营养发乳,但不宜染发和烫发,因为妊娠期制造毛发的氨基酸被利用作胎儿的营养,此时烫发,会使头发的弹性减弱,发质变脆,影响日后美发。

中年女性如何化妆

由于中年妇女面部普遍布有皱纹,因而化妆重在掩饰。可选用稍暗色调的粉底,在有皱纹的地方轻轻涂抹,应沿着皱纹纹路的起向轻涂,否则垂直涂抹粉底会使之存留于皱纹之中,使皱纹更为明显。粉底宜涂得薄而均匀。为进一步掩饰皱纹。必须降低皮肤的亮度,所以应用质好细腻的香粉扑面。

选用胭脂时应视面部的不同情况而定。液状胭脂有湿润作用,粉状胭脂则能掩饰粗大的毛孔。

中年妇女的化妆宜突出自然、优雅之感。

老年妇女如何化妆

50 岁以上的妇女,尤其是过了 60 岁的妇女,已步入老年行列。我国的老年妇女大多不加打扮,认为人老珠黄再美容化妆会惹人说笑,这是极为错误的观念。其实即使老年人,也可借助巧妙的化妆技巧来美化自己。展现"黄昏"之美,白发红颜更予人强烈的美感。

老年妇女,应选用接近自然肤色的粉底,过深或过浅色调的粉底反而会使皱纹更为显眼;眼影不可选用油质的或带有闪光的,否则会使眼部油腻无神而显浮肿;唇膏宜选用颜色柔和的,忌用过于艳丽的色彩,最为经常使用的是润唇膏,另外,在涂唇膏时不宜画唇线;在修正眉形时,可将眉毛稍稍描一下。

老年妇女的装饰应上下统一而协调,给人高雅之感。在穿衣时,最好将皱纹较多、肌肉松弛的颈部掩饰住,使面部化妆效果更为明显。

眼镜美女如何化妆

经常戴隐形眼镜,感到疲劳、苦恼吧?可一双美目,又不甘心总是躲在眼镜后面,怎么办呢?这里介绍一些眼镜美女的化妆技法,在戴眼镜的日子里同样享受美丽妆容,让眼睛释放所有的美丽。

1.首先要考虑眼镜颜色、面色与化妆这三者的协调。如果面部肤色较白,而眼镜框或镜片颜色又较浅,那么化妆时就不宜太深,口红也要涂得淡些;反之,眼镜框颜色较深,化妆就要稍浓一些,口红也要随之加深。

2.眉形要上扬。舒展的眉形是成功的第一步,可以根据眼镜的形状略向上挑。瓜子脸适合半月上扬眉形,方形脸适合方形眉,长脸则适合水平眉形。无论何种眉形,眉峰处一定是要上扬并略高于眼镜框上边缘,这样会显得神采奕奕。也不可过分上扬,会显得严厉。

3.腮红宜狭长。突兀的眼镜已经吸引了不少注意力,因此腮红的打造就不能再堆积到颧骨附近了,否则会降低整个妆容的协调感。在两颊扫上狭长的自然色腮红,对增加脸部的立体感很有必要。蘸取少许腮红后,记得先将腮红刷上的余粉轻轻抖落在手背上,再刷上脸,确保刷上双颊的腮红分量恰当,再由颧骨的顶端,用打圈的方式沿着面颊由上而下刷。

4.切忌强调唇部。镜框给人的印象已经够强烈了,所以唇部稍加修饰即可。除非你对自己的唇形非常自信,否则切忌强调唇部。先在唇部周围打上粉底,然后用唇线笔重新勾勒轮廓。用棉棒晕开唇线,能让唇线与唇形融合,使沉闷的妆容活跃起来。浅粉、橘色等润泽的唇色最适合眼镜妆。口红的颜色也要与镜框的颜色相协调,深色镜框需配以较深色的口红,反之则较淡些。

5.眼妆最重要。戴上眼镜就省去化眼妆的想法是错误的。化眼妆要根据眼睛的具体情况,近视和远视的化妆方法各有不同。

(1)近视眼妆的效果是为了放大双眼。近视镜片会把眼睛缩小、眼球外凸,所以,将眼睛变大、淡化外凸是整个妆容的重点。

眼影色彩以同色系为好,丰富的眼影色会减弱眼睛的形象。切忌选择藕荷、浅紫、淡粉、淡蓝的眼影,它们会加重眼球外凸的感觉。咖啡色、带珠光的棕色是最安全的选择。化妆时可在上眼睑边缘处用深咖啡眼影,然后慢慢过渡到眉下,利用同色眼影由深至浅的变化来使眼睛增大。

因为镜框与镜片增加了面部的额外内容,眼妆必须相对简洁与单纯。不论单眼皮还是双眼皮,增大眼睛的"秘密武器"就是略粗的眼线和浓密卷翘的睫毛。不妨试试液体或笔芯较软的眼线笔,将跟线从睫毛根部描绘,深浓偏粗的线条会使眼睛更富神采,镜片的反光作用会相应减弱眼线描画后的痕迹。

睫毛夹是近视美女增大眼睛的法宝。在涂睫毛膏之前,一定要先使用睫毛夹,从睫毛的根部夹起。涂睫毛膏时先在睫毛的根部横向以"Z"形反复涂抹,再轻刷睫毛,这样能使根部倍显浓密。为了增大睫毛卷翘的弧度,涂睫毛膏之前夹一次、涂过睫毛膏之后再夹一次。刷上睫毛膏后,等几分钟,干透后再戴眼镜。如果睫毛本身较长,涂上睫毛膏后易碰到镜片,就不要选择有拉长效果的睫毛膏,如果必须用假睫毛,可进行修剪,效果也会更自然。

(2)远视眼妆的效果是淡化双眼。远视镜片有放大眼睛的效果,因此在化妆时应该用较淡的笔触与色彩,使整个妆容显得柔和淡雅。

远视眼妆眼影色彩应避免繁杂,否则在镜片的放大下会出现五颜六色的效果。因此以涂单色或双色眼影比较合适,浅褐色、灰红色、淡紫色、珍珠色等中性色调尤为理想。

画眼线时不要画太粗,否则会很突兀。选择眼线笔而非眼线液,容易营造模糊淡雅的效果,看上去才会觉得自然。眼睛较小者,可适当加以修饰,画上细细的眼线,涂上浅色的跟影,这样戴上眼镜后眼睛会显得又大又美。眼睛大的人不必过多地描眼线,以免镜片放大化妆的痕迹。

睫毛不需过多修饰,如果已经画过眼线,不宜再用黑色睫毛膏,那样会使眼部显得沉重。褐色比较合适,给人婉约温柔的印象。睫毛膏要涂得轻薄均匀,如果残存结块,就会被镜片夸张放大,反而得不偿失。

6.发型应以简单为宜。额前的刘海不要太密、太长。

7.如果佩戴耳环的话,一定要选用精美小巧的。

怎样补妆

不管使用了多昂贵的化妆品,在善变的天气、忙碌的工作、心情的起伏中,精致打造的妆容还是难免出现脱妆的尴尬。身边带一个小镜子,只要感觉肌肤黏腻,就检查一下。补妆其实很简单。快速补妆后,能使妆容一直保持到晚上。

1.清除汗渍。用面巾纸轻轻吸去汗渍。不要太用力,不然会破坏底妆。

2.吸去油脂。用吸油纸轻轻按压,吸去面部油脂,尤其是 T 区。同样要轻柔,用力拉扯,只会让毛孔变得更粗大。

3.刷去残渣。用一把干净的小刷子刷掉脱落的睫毛膏残渣,这些小点看似无妨,但混合了眼周的油脂,就是造成"熊猫眼"的罪魁祸首噢。棉签的妙用也在此,蘸取点化妆水或乳液就能擦掉晕开的眼部彩妆。

4.重画眼妆。如果眼睑不显水肿或未有黑晕,一般不需要专门修饰。轻轻补上一点眼影,用睫毛膏重刷一遍睫毛。

5.蜜粉定妆。用蜜粉轻拍整个脸颊,尤其不要忽略眼部周围。要根据肤色和肤质选择蜜粉,买之前一定要试用。如果粉扑难以使妆效轻薄,一定要用大的粉刷最后扫去多余的粉,才能实现轻薄透明感。

6.完美补色。最后补上腮红和唇膏,重新恢复神采奕奕。如果没有带胭脂,用手将亚光唇膏晕开就能当胭脂。至于胭脂,建议选择膏状胭脂,本身就不易脱妆,而且因其质地特别方便携带。同时适用于面颊和嘴唇的唇颊膏更是好帮手,一物两用,小小一盒就能提升全脸光彩。

了解口服型化妆品

口服型化妆品是指从天然植物中提取精华制成的食品或口服液。口服型化妆品能使人得到内在的滋养,获得实质性的美。目前大量研究资料表明,人参含皂苷蛋白质、氨基酸等多种有安神、清肝、明目、生肌、润泽肌肤、延缓衰老作用的营养物质;花粉中蛋白质含量达 10%~15%,氨基酸含量比牛肉、鸡蛋高 5~8 倍,并含多种维生素如维生素 A、B、C、D、E、K 等,还有大量天然的酶类和多种微量元素;酶解珍珠液含活性钙、白蛋白等;还有野生刺梨原汁和天然植物提取液等等。这些都是人体所必需的营养物质,也是皮肤营养中不可缺少的物质,长期服用,有健身、保健、美容作用。因此,这类物质被人们称为口服型化妆品。

怎样安全使用化妆品

护肤品中的彩妆品无疑可为肌肤增色,但如果忽略它们的品质变化,使用了过期变质产品,就会适得其反,对肌肤造成伤害。本文介绍一些安全使用化妆品的小常识。

1.了解护肤品的保存期。一般没有开启使用过的护肤品,若是放在通风阴凉处,可以保存 2~3 年。开盖后使用过的护肤品,即使不能在一个季节里用完,最好也不要超过一年,特别是含生物化学成分的产品,更要注意其保存期限。

2.适时丢弃。护肤品一旦接触空气,就会发生氧化作用。如果是用手指直接取护肤品,更容易接触细菌而变质。当你看到护肤品品质发生较大变化时,色泽和气味与刚开始时有明显的不同,就该丢弃了。

3.彩妆品也有保质期。彩妆品相对护肤品来说,性质较稳定些,可使用 2~4

年,但在使用中,用肉眼发现有明显的变质或气味有点怪时,可以判断使用期限到了。另外,若皮肤在使用彩妆品后出现红肿、瘙痒等过敏现象的话,就必须停止用该项产品了。

4.冰箱并非最佳存放地。把护肤品放在冰箱中经常拿出来放过去,反而会因为温差的骤然改变大及经常晃动而变质,所以护肤品最好不要放在冰箱中。但是一些小容量的护肤品如眼胶、眼膜等,因为冰箱的冰凉效果可以镇静眼周肌肤,所以小容量的护肤品可以考虑放在冰箱里。一般来讲,美容护肤品适合放在干净、通风、无灰尘、无阳光照射、温度为12℃~25℃的场所。因为阳光直射会使化妆品变质褪色,所以窗台边不适合放化妆品;温度高而闷热的浴室内也易让细菌活跃,故而也不易放置化妆品。

5.换季时候妥善保存。护肤品换季时如果没有用完,应把瓶口清洁干净,妥善封好,放在室内阴凉处,避免阳光照射,此外还可加一层塑胶袋密封起来,隔年打开后无特别异常现象应该可以再用。

二、化妆的掩饰技法

女性化妆期望的效果,无非两个:突出优点和掩饰缺点。许多女性化妆,尤以第二个目的为主。

椭圆脸怎样化妆

椭圆脸可谓公认的理想脸形,化妆时宜注意保持其自然形状,突出其可爱之处,不必通过化妆去改变脸形。胭脂应涂在颊部颧骨的最高处,再向上向外揉化开去。唇膏,除嘴唇唇形有缺陷外,尽量按自然唇形涂抹。眉毛,可顺着眼睛的轮廓将其修成弧形,眉头应与内眼角齐,眉尾可稍长于外眼角。

正因为椭圆形脸是无须太多掩饰的,所以化妆时一定要找出脸部最动人、最美丽的部位,而后突出之,以免给人平平淡淡、毫无特点的印象。

长脸形怎样化妆

长脸形的人,在化妆时力求达到的效果应是:增加面部的宽度。涂抹胭脂时,应注意离鼻子稍远些,在视觉上拉宽面部,可沿颧骨的最高处与太阳穴下方所构成的曲线部位,向外、向上抹去。粉底,若双颊下陷或者额部窄小,应在双颊和额部涂以浅色调的粉底,造成光影,使之变得丰满一些。眉毛,修正时应令其成弧形,切不可有棱有角的。眉毛的位置不宜太高,眉毛尾部切忌高翘。

圆脸形怎样化妆

圆脸形予人可爱、玲珑之感,若要修正为椭圆形并不十分困难。胭脂,可从颧骨起始涂至下颌部,注意不能简单地在颧骨突出部位涂成圆形。唇膏,可在上嘴唇涂成浅浅的弓形,不能涂成圆形的小嘴状,以免有圆上加圆之感。粉底,可用来在两颊造阴影,使圆脸削瘦一点。选用暗色调粉底,沿额头靠近发际处起向下窄窄地涂抹,至颧骨部下可加宽涂抹的面积,造成脸部亮度自颧骨以下逐步集中于鼻子、嘴唇、下巴附近部位。眉毛,可修成自然的弧形,可作少许弯曲,不可太平直或有棱角,也不可过于弯曲。

方脸形怎样化妆

方脸形的人以双颊骨突出为特点,因而在化妆时,要设法加以掩蔽,增加柔和感。胭脂,宜涂抹的与眼部平行,切忌涂在颧骨最突出处。可抹在颧骨稍下处并往外揉开。粉底,可用暗色调在颧骨最宽处造成阴影,令其方正感减弱。下颚部宜用大面积的暗色调粉底造阴影,以改变面部轮廓。唇膏,可涂丰满一些,强调柔和感。眉毛,应修得稍宽一些,眉形可稍带弯曲,不宜有角。

三角脸形怎样化妆

三角脸的特点是额部较窄而两腮较阔,整个脸部呈上小下宽状。化妆时应将下部宽角"削"去,把脸形变为椭圆状。胭脂,可由外眼角处起始,向下抹涂,令脸部上半部分拉宽一些。粉底,可用较深色调的粉底在两腮部位涂抹、掩饰。眉毛,宜保持自然状态,不可太平直或太弯曲。

倒三角脸形怎样化妆

倒三角脸形的特点是额部较宽大而两腮较窄小,呈上阔下窄状。人们常说的"瓜子脸""心形脸",即指这种脸形。化妆时,掌握的诀窍恰恰与三角脸相似,需要修饰部分则正好相反。胭脂,应涂在颧骨最突出处,而后向上、向外揉开。粉底,可用较深色调的粉底涂在过宽的额头两侧,而用较浅的粉底涂抹在两腮及下巴处,造成掩饰上部、突出下部的效果。唇膏,宜用稍亮些的唇膏以加强柔和感,唇形宜稍宽厚些。眉毛,应顺着眼部轮廓修成自然的眉形,眉尾不可上翘,描时从眉心到眉尾宜由深渐浅。

单眼皮怎样化妆

单眼皮的女性总是羡慕那些眼睛大大的女人,抱怨自己无论怎么化妆都不得要领。回天乏术。其实,只要你掌握了切合单眼皮化妆的技巧,单眼皮也可以非常得有味道。

1.使用单色眼影。单眼皮的特点是眼皮圆滑、没有眼褶位、轮廓较浅。单色眼影在这样的眼形上效果会比较明显。

2.先选择着色范围,应使眼影尽量紧贴眼睛的弧形。想掌握得更好的话,你可以先闭上眼,用手指在眼皮上感觉一下眼球的凹凸感,然后再把眼影粉扫在整个半圆的眼球位。

3.尽量不要选用有彩光效果的眼影,因为光亮的效果在没有阴影衬托的情况下只会令双眼显得更平、缺乏立体感。

4.想要双目看来更大而明亮,可以使用眼线笔和睫毛液,睫毛液应选用有增长睫毛效果的。

5.想令眼部更具立体感,可以在弧线与眼线中间的半圆位置涂上较浅的眼影,如白色或浅粉紫色。

眼袋隐形法

人人都害怕有眼袋,因为容易显得很老相。随着年龄增加,皮肤组织发生退行性变化,会出现令人烦恼的眼袋。劳累过后、睡眠欠佳、夜生活过度也会导致眼袋和黑眼圈出现。如何应对呢?

1.先在眼部涂了一层薄薄的乳液,这样可以使眼部肌肤充分滋润,以便充分吸收遮瑕膏,也能防止由于细纹出现眼袋的现象。

2.乳液全部渗入后,涂抹一层颜色比粉底更亮点的遮瑕膏,不用太多,用手指长时间轻轻拍打。如果你的眼袋不太明显,可以不用涂抹遮瑕膏,涂抹液体粉底后轻轻拍打也行。

3.接着用珍珠白+粉红色盖斑膏遮盖眼袋灰暗部位,遮盖面积不要扩大到眼袋范围以外。这样处理眼袋会在光的反射作用下产生视觉混淆效果,眼底会显得格外亮丽。

4.最后在上眼皮处画上粗粗的眼线,涂上浓密的睫毛膏来加深眼睛明亮的效果。眼袋就隐形了。

怎样用发型弥补脸部缺陷

想找到一张完美无缺的脸,简直是大海里捞针。绝大多数人脸部都或多或少存在着某些缺陷,如颧骨过高,下巴过宽,前额窄小等等。如果选择好发型,就能掩藏或者削弱面部构造中的一些缺点。

以下列举一些有缺陷的脸形选择发型的方式。

低额角:如果你喜欢刘海,必须让前面短,但决不能低于发线,发梢应离开前额向上梳。

高额角:做刘海或使头发呈现波浪状,使头发遮住一部分前额,发梢应向下梳。沿两鬓向后梳,如果做了刘海或波浪,绝对不要让它延伸到太阳穴前边。

宽额角:发梢从两边向中间梳,用发卷、波浪遮盖住你的一部分额角。

阔额:在太阳穴两侧做发卷或波浪,额前梳高。

大鼻子:头发梳高或向后梳,避免中间分开,最好不要做发卷或刘海。

小鼻子:头发不要向上梳,刘海下垂,遮盖发线即可,不要过长。

高颧骨:不要梳中分式,两鬓的头发向前梳,超过耳线,盖住颧骨,刘海可略长些。

低颧骨:两鬓的头发尽量向后梳,不要遮蔽耳线,两鬓可以做出发卷,从中间分开。

方下巴:在比两边稍高的位置应做发球、发卷或波浪,使方下巴看起来不太突兀。

第八节　化妆品的选购与保存

一、如何选择护肤品

今天的人们崇尚健康,对护肤品的要求也更加苛求。大家希望远离化合物、乳化物、防腐剂、色素、香精等会给身体带来危害的污染源,使自己的肌肤真正拥有健康。在"健"与"美"的选择上,更加注重健康。面对消费者的需求,化妆品行业也发生了日新月异的变化,并呈现出新的趋势。

(一)最好选择纯天然护肤品

它是采用天然原料制成,具备以下特点:质地淡泊、气味芬芳、手感细腻、不含有害物质,同时,它不像美饰性化妆品那样能够遮盖斑点、脱色增白。

纯天然护肤通过对皮肤的营养和保养,增强皮肤自身的生理功能,并在皮肤表层形成一层微酸性保护膜,以隔离细菌、阳光和污染,真正延缓皮肤的衰老,帮助皮肤恢复应有的光泽和弹性,从根本上实现皮肤的健康。而传统护肤品含有化学制剂、防腐剂、人工色素、黏稠油质、粉质,这些会阻塞毛孔,破坏皮肤的生理功能,降低皮肤的抵抗力和免疫力,长期使用会加速皮肤衰老。

（二）查看产品包装和说明书

1.是否说明所有成分的名称。依照我国化妆品卫生管理条例,化妆品须标明品名、成分、用途、用法等。

2.注意产品的有效期或生产日期,检查包装是否密封良好。

3.要确认成分内的抗氧化成分是天然的还是化学的;是否把植物或草药的生产地或制作过程列明;产品的成分是否是"生化自然溶解",即不会对生态造成任何破坏。

（三）查验质量

1.观察化妆品的气味,试试手感,然后从外观上判断产品的真伪。

2.最好不要购买塑料瓶包装的产品,因为化妆品中往往有防腐剂或其他化学成分才能保证产品的质量在较长时间内不变质,而塑料瓶会影响产品的质量。

3.使用化妆品前,先看看成分表及使用方法,尤其是染发剂、烫发剂、退黑斑剂、面膜、脱毛剂、止汗剂等。测试的方法是在手肘或手腕上(不要用耳朵后面试验,接近我们的脑部,比较危险)涂上要用的化妆品或染发剂,最少要留在皮肤上24小时,如果有红肿、起疱、发痒等现象都不要使用。

4.很多新品在试用的时候往往感觉很好,长期使用却会出现问题。试用装和小剂量包装的单品就是一个很好的选择,至少要经过一周左右的试用才能确定是否应该选用该产品。

（四）根据皮肤性质选择

油性肌肤的人,要用洗净力较强的洁肤用品和具有收敛性的化妆水类用品,还有水质的膏霜类护肤用品;干性肌肤的人,应该使用含有油脂成分的洁肤用品,或者是含油量较高的冷霜类护肤品,不宜使用甘油,因甘油吸水性较强,尤其在秋冬季,使用后会使皮肤更加干燥;中性肌肤的人,则选用洗净力较弱的洁肤用品,以及乳液、润肤霜类的护肤品。

（五）根据季节选择

不同的季节,选用的护肤品也不同。春夏季温度高,皮脂腺分泌较旺盛,毛孔张开,容易吸收,为了防止吸收过量,选用的产品不宜太过油腻,油脂及油溶性成分应该较少,以防止太油腻而生出粉刺等。秋冬季温度低,毛孔紧闭,皮脂腺分泌较少,应选用动植物油脂较多的产品,以帮助营养的吸收。春秋季节风沙较大,则可选用奶液类的油性护肤品。

(六)根据性别、年龄选择

人的皮脂不仅因年龄、气候而不同,而且和性别也有很大关系。女用护肤品中,有适合少女、孕妇及中老年妇女的各类护肤品。婴幼儿皮肤细嫩,皮脂分泌较少,可选用专供婴幼儿使用的各种护肤品。老年人皮肤较为干燥,应选用油脂含量较高及含有维生素 E 等营养成分的护肤品。要注意,老年人用的一些营养润肤品并不适合年轻人。这些营养护肤品,为防止皮肤的迅速老化。常加入激素类药品,激素药品有防止皮肤萎缩的作用,但对激素分泌正常的年轻人来说,不但没有积极作用,反而会刺激皮肤,甚至罹患某些皮肤病。

(七)确定适合自己的品牌

找到至少一个适合自己的品牌。有品牌但不唯品牌,所有的产品都用同一品牌是不明智的。通常是 A 家的眼霜比较好,B 家的滋润乳液比较出色,C 家或许只是一个普通品牌,但是晚霜的品质高。但是,同类化妆品,一段时间内尽量只用一种品牌的产品,不可更换过于频繁。比如眼霜,确定 A 家产品较适合,短时期内不要更换。买对的,永远比买贵的重要。

二、如何选择婴儿护肤品

成人的护肤品通常会添加一些功能性成分,譬如美白、防晒、抗衰老等,这些成分对婴儿娇嫩的皮肤会产生较大的刺激。婴儿的皮肤完全不需要美白、抗衰老,只要做到滋润、保湿就可以了。

选择婴儿护肤品,要注意地区差别。在南方一些地区,气候本身就很湿润,甚至可以不用护肤品;而在北方,气候干燥、风沙大,则要注意婴儿皮肤的保湿护理。

婴幼儿护肤品有润肤露、润肤霜和润肤油三种类型:

润肤露:含有天然滋润成分,能有效滋润宝宝皮肤。

润肤霜:含有保湿因子,是秋冬季节宝宝最常使用的护肤品。

润肤油:含有天然矿物油,能够预防干裂,滋润皮肤的效果更强。

选购婴儿护肤品的原则:

首先,不含香料、酒精、无刺激,能保护皮肤水分平衡;

其次,不宜经常更换宝宝的护肤品,以免皮肤过敏,产生不适症状。

三、如何选择中老年化妆品

如今,使用化妆品已不再是年轻人的专利,许多老年人也加入了化妆品消费行列。中老年人皮肤干燥松弛,汗腺及皮脂腺萎缩,皮肤防御功能下降,宜使用能使皮肤滋润,并有抗寒、防裂作用的营养性化妆品,方可延缓皮肤老化、保持肌肤活力。常见的营养性化妆品有以下几类。

1.珍珠类:即在一般化妆品中添加珍珠粉。珍珠中含有24种微量元素及角蛋白肽类等多种成分,能参与人体酶的代谢,促进组织再生,起到护肤、美颜、抗衰老的作用。

2.人参类:即在一般化妆品中加入人参成分。人参含有多种维生素、激素和酶,能促进蛋白质合成和毛细血管血液循环,刺激神经、活化皮肤,起到滋润和调理皮肤的作用。

3.蜂乳类:蜂乳中烟酸含量较高,能较好地防止皮肤变粗;另外,蜂乳还含有蛋白质、糖、脂类及多种人体需要的生物活性物质,从而滋润皮肤。

4.花粉类:花粉中含有多种氨基酸、维生素及人体必需的多种元素,能促进皮肤的新陈代谢,使皮肤柔软、增加弹性,减轻面部色斑及小皱纹。

5.维生素类:维生素 A 可防止皮肤干燥、脱屑;维生素 C 可减轻色素,使皮肤白净;维生素 E 能延缓衰老、舒展皱纹。

6.水解蛋白类:水解蛋白类可与皮肤产生良好的相容性和黏性,有利于营养物质渗透到皮肤中,并形成一层保护膜,使皮肤细腻光滑,皱纹减少。

四、如何选择洁面产品

洁面产品的作用是:去除面部油污,彻底清除化妆品、老死的角质层和阻塞的毛孔。

1.洁面产品的分类。常见的洁面产品按外观可分为洁面皂、洁面霜、洁面乳等。按所含清洁剂类型可分为：

(1)泡沫型。这是最常见的,也就是表面活性剂型。通过表面活性剂对油脂的乳化能力而达到清洁效果。这类产品对水溶型污垢的清洁能力比较强。

(2)溶剂型。这类产品是靠油与油的溶解能力来去除油性污垢,它主要针对油性污垢,所以也称作卸装油、清洁霜等。

(3)无泡型。结合了以上两种类型的特点,既使用了适量油分也含有部分表面活性剂。

2.根据肤质选择洁面产品。不同剂型的产品清洁机理也不同,而且使用肤感也不同,要结合各种肤质的需要。

(1)油性皮肤:需要选择清洁能力比较强的产品,如皂剂洗面乳。皂剂洗面乳去脂力强,又容易冲洗,洗后肤感非常清爽。

(2)混合型皮肤:这类皮肤主要表现为 T 字位比较油,而脸颊部位一般是中性,有的可能是干性。所以这种皮肤要在 T 字位和脸颊部位取个平衡,不能只考虑 T 字位清洁干净而选一些去脂力非常强的产品,尤其是在秋冬季节。建议夏天使用皂剂类洗面乳,秋冬季节油脂分泌没有那么旺盛,可换成普通泡沫洗面乳。

3.质量判断。质地细腻均匀,色调自然。涂在皮肤上,应融化或变软。在皮肤上易于分散,不会过于拖沓,不应感到油腻。水分蒸发后,残留物不应变黏。对皮肤和毛孔的作用应是将其污垢乳化或溶解,而不是被皮肤所吸收。使用后在皮肤上留下一层薄的护肤膜,不会造成脱脂。对皮肤作用温和,不会引起刺激和致敏作用。

4.洁面品并非泡沫越多越好。高品质洗面产品泡沫应细腻有质感,同时含有滋养保持肌肤水分的成分,粗糙的松动的泡沫往往是产品中皂基较多,营养成分较少,洗净度和保湿效果都不会好。现在许多新品洗面乳都是不含皂基的产品,泡沫不多但洗净力却很强,还有平衡油脂、保湿、滋润等多种功能,所以不能单凭泡沫多少来判断品质优劣。

5.洁面品不需要经常更换品牌。如果目前使用的洗面奶感觉良好则不需要经

·美容美体·

图文珍藏版

常更换。因为不同肤质的 PH 值是不同的,同一品牌的洁面品常常使用同一种基础的油脂、增稠剂、固化剂、表面活性剂等,因此它的酸碱值具有一定的特性。皮肤对每种洁面品都需要经过一个适应的过程,如果频繁更换洁面品容易导致皮肤短暂的刺痛、脱皮或缺水,不过,间隔一段时间尝试一些新产品也是可取的。

6.别对洁面产品的美白功效期望太高。洁面品产生很明显的美白功效是很难的,它最大的功效就是清洁,洁面品在脸上停留时间很短,一些有效成分很难在脸上残留下来,所以没必要买很贵的产品。

五、如何选择眼霜/眼膜

眼霜含有较高的油脂成分,是一种浓缩的滋润调养剂。使用时,用指腹拍打眼睛四周令眼部皮肤吸收。

一般来讲,紧肤功效的眼霜质地较黏,防皱的较稠,去眼袋的常常是啫喱或凝胶,去黑眼圈是用彩光质地障眼法,总之,都应该让眼圈立刻呈现晶莹的光泽。眼霜的滋润程度一般要胜过精华素。

皱纹、眼袋,易请难送。而且这两样从理论上讲是唱反调的,前者通过滋润,细胞吸满水膨胀起来,令细纹不明显。后者是加速循环,排除积水,消肿去眼袋。市面上的"万能"眼霜充其量是做到略为平衡。而眼膜则是暂时性的缓解,用不了多久眼袋、皱纹又会重现。

眼部肌肤异常柔嫩,眼霜通常都会标明"不含酒精"。但是,很多隐藏的酒精也要尽量避免,比如说香精油(因为所有的香精油都含酒精)。

六、如何选择面霜/乳液/防皱霜

三种名称,其实说的都是同一类产品,可统称润肤品。主要功能是:在面部留下一层薄薄的油脂,防止皮肤水分的挥发。

产品叫什么无关紧要,最重要的是具有滋润、防晒效果。质地要薄,很容易抹匀,不管搽多少都不能感到"黏"。现在很多产品应用微囊技术来解决油脂含量高时的黏腻问题,令涂抹时感觉轻盈,之后微囊破裂释放出油分。

白天使用的应该要含 SPFl5，及阻挡 UVA/UVB。

含抗氧化维生素成分很常见，但是如果成分排得太后面，则表明含量较少，不要期望有太明显的功效。

为了标榜滋润透气的轻盈状态，护肤品的宣传，爱用"不会堵塞毛孔"为卖点。这个口号其实法律上不受约束。化妆品公司怎么写都不须负责，也不须提供凭据，因此购买时不要轻信。

选购时可用下面方法判别质量：

1.外观洁白美观，或浅色的天然色调，富有光泽，质地细腻。

2.手感良好，体质均匀，黏度合适，膏体易于挑出，乳液易于倾倒或挤出。

3.易于在皮肤上铺展和分散，肤感润滑。

4.使用后能保持一段时间持续湿润而无黏腻感，具有清新怡人的香气。

七、如何选择化妆水

化妆水顾名思义，就是化妆前使用的，它成分清淡，是温和的滋润剂，可平衡皮肤的酸碱度，使粉底能平滑地附着于皮肤。

一般可将化妆水分为三种：保湿化妆水、收缩水和清洁用化妆水。保湿化妆水常被称为柔肤水、嫩肤水或营养性化妆水等，其实就是含有一定的保湿成分（如甘油）的液体制剂，和普通的保湿霜在本质上并没有太大区别，如果说有什么区别的话，那就是使用时感觉比较清爽一些。清洁用的化妆水主要是用来卸妆的，其作用与洗面奶类似，但含有一定的有机溶剂（如醇类）和表面活性剂，对皮肤有一定的刺激作用。收缩水是用来收缩毛孔用的，也叫收敛蜜，其实目前并没有一种外用的产品能真正使毛孔缩小。之所以说这种化妆水有收缩作用，是因为这类化妆水中含有水和乙醇等成分，当乙醇蒸发时可使皮肤的温度降低，所以对皮肤有轻微的收敛作用。

化妆水里含酒精是很常见的，但是如果酒精列在成分表的第二位（说明含量相当高），可以预料到用后肌肤会缺水。如果你希望借助弱酸性的化妆水来平衡肌肤，那么至少用 PH 测试纸确认，PH 值应该在 5 至 6。

理想的化妆水，应该包含水、水溶性滋润剂、抗氧化成分、抗敏感成分，以及微量的香料。对油性肌肤来说,一款成分浓缩、效果滋润的爽肤水甚至可以取代润肤液。酒精越少越好,干性和敏感性肌肤则要完全避免酒精。

八、如何选择保湿霜

合理选择保湿护肤霜在皮肤的保健中非常重要。要知道,不同品牌的产品其实其配方和所使用的成分基本上是一样的。但价格却悬殊很大。消费者没有必要去购买高价格的产品,选用护肤保湿霜应注意以下几点。

1.必须有卫生行政部门的批准文号。规范的化妆品都经过了注册并获得了批号,使用这些产品你没有必要担心砷、汞、铅的含量问题,一些限用成分也保证在规定范围之内,而且符合卫生标准,细菌等含量不会超出政府规定的标准,所以使用起来一般是非常安全的。

2.不要迷信国外的产品,如果没有批号,说明没有通过政府部门的审核,当然也就没有获得政府的认同,使用同样是不安全的,即便你的朋友在国外使用过,并声称没有什么问题也并不说明其安全性好,或许你使用后就出问题了。

3.不要迷信价格和品牌,不同的品牌所使用的成分和配方大同小异,差别并没有价格那么大。

4.虽然选择护肤保湿霜要根据皮肤类型来决定,但是过分强调皮肤类型或许是商业销售的一个圈套。一种简单而且切实可行的方法是外用某一产品后,皮肤感觉舒适,既不油腻也不干燥,没有其他任何不适的感觉,那么这个产品就合适你,无论它是什么品牌和价格,这是一条选择护肤保湿霜很重要的标准。因为我们的皮肤具有丰富而且极为敏感的神经感觉器,任何对皮肤不良的刺激都能及时检测到并反馈到大脑,做出判断。如当你使用某产品后感到油腻,说明这种产品对你来说并不合适,会影响你皮肤的正常代谢;如果感到干燥,说明你需要更多水分的产品来滋润你皮肤的角质层;如果你感到刺痛、瘙痒,说明这些产品对你的皮肤是非常有害的,应立即停用。

5.所选用的产品必须是膏体晶莹剔透,清洁不含杂质。而且和皮肤有非常好的亲和性。你不需要太多的涂擦,产品便和你的肌肤融为一体(也就是常说的吸收,当然这并不是真正意义上的吸收),而且使用后你的皮肤看上去是非常正常的,没有异常的色泽感。

6.选择喜欢的香型。产品有没有香型并不能代表产品的高贵程度。有些人认为高档的产品一般没有香味,这不对,没有香味的产品只是因为产品中没有加入香料而已。不同的香料满足了不同人群的审美观和需求,东西方不同人种对香型的认同就存在很大的差异。当然如果你能选用不加香料的产品对皮肤来说是最好不过的,因为香料常常引起皮肤过敏。如果被推荐所谓的天然的植物香型。请不要相信,植物香料所引起的过敏并不比合成的香料少。

九、如何选购防晒品

市面上的防晒乳,以 SPF 号码分成不同的档次;号码越大,保护功效越长。通常,防晒乳的保护时间,是 SPF 号码乘以 15 分钟,像 SPF8 的防晒时间是 $8×15＝120$ 分钟。当然,皮肤在阳光下的承受力是因人、因时段和纬度而异的。

日常活动,选择 SPF8 的防硒乳即可;海滨游泳,则须选用 SPF15 以上的防晒乳;中午时分,阳光猛烈,就要选用 SPF30 以上的防晒乳。

并不是防晒指数越高越好,防晒指数越高的产品,油腻感越重,容易堵塞毛孔,不利于排汗。应针对日照时间的长短和场合的不同来选择。日常使用选清爽型,户外及运动选清爽抗汗型,水上或剧烈运动选抗水抗汗型。

十、如何选择防螨化妆品

防螨化妆品是一种预防和治疗螨虫性皮炎,保持人们颜面美观的药物性化妆品。据近代研究表明,蠕形螨虫对人类的感染率为 62.6%,毛囊螨虫对人体的感染率为 81%~82%。由于螨虫感染可使人的鼻翼两侧、额、颊、颜面潮红,严重影响美容,并且使人痒痛难忍。

防螨化妆品主要是在化妆品基质如膏霜或露中添加杀螨药物及消炎抗菌剂而成,用量约为 1%,其形态有膏状和液状。一般建议选择市场占有率大的知名品牌的防螨化妆品,质量比较有保证。

防螨化妆品主要用于因螨虫感染而致的酒渣鼻,对于面部毛孔粗大、油脂分泌多者也可用之预防。但如搽后出现红斑、瘙痒,则应立即停止使用。

十一、如何选购眼影

俗话说:眼睛是心灵的窗户,可见眼睛在人们的器官中是何等的重要。漂亮的女性无不注重眼部的修饰,眼影是不可缺少的用品之一。怎样选购眼影才能使眼睛更加动人呢?

首先,要根据肤色选择眼影的颜色。目前常见的眼影有棕色、绿色、蓝色、灰色、暗红色等等。还可以选择带荧光粉的眼影,它可在阳光和灯光的作用下闪闪发光,使眼睛更加楚楚动人。年岁较大者千万不要用带荧光粉的眼影,否则让人感觉是老来俏,不太合适。黄皮肤的女性最好选购棕色眼影,这样看上去比较协调。

其次,根据时间、场合选购眼影。一般在白天或普通场合,选用眼影粉显得较为大方,而在晚上或出席较热闹的聚会等可选购眼影膏,这种油性的眼影在灯光下效果较好。

最后,要注意与服装相协调。如果你穿的衣服是灰、紫、蓝等色为基调的,配蓝色眼影就比较合适。而当你穿着黄色、米色或橙色衣服时,配上淡绿色眼影更为协调。

总之,眼影选用的合适,将更增添你眼睛的风采。

十二、如何选购睫毛膏

1.膏体均匀细腻,黏稠度适中。

2.在睫毛上易于涂刷,并能从顶端至根部均匀黏附,涂抹后能快速变干,又能使睫毛有足够时间成形。

3.可使睫毛光泽增加,不使睫毛变硬但有卷曲效果。

4.干燥后不黏下眼皮,不怕汗、泪水或雨水的浸湿。

5.易于卸除。

十三、如何选购唇膏

唇膏具有勾描唇形、红润嘴唇、保护嘴唇不干不裂的功效。

质量标准:安全无毒,无刺激性;没有令人不愉快的气味和味道;内外管松紧适度;触唇易于溶化,涂抹省力,不掉碎片;涂抹后颜色牢度能保持 5~6 小时不退不变;不粘茶杯、餐具等;包装美观,商标清晰,色彩鲜艳。

伪劣商品的特征:劣质色素或色素超标,涂抹后粘茶杯、餐具等;膏体表面粗糙、有杂质或冒油珠,俗称"发汗";不易涂抹;内外管不光滑,松紧失度;膏体变形;有异味。

有些产品虽非伪劣,但可能因油料、色料、香料等配方不当,或个别人对某些原料不适应等,会引起皮肤过敏的反应。因此,在试用新产品时,应先在手臂内侧涂上唇膏,次日观察,皮肤不红不痒、无不适之感,方可使用。

1.看包装。美观整洁,有注册商标、厂名、厂址、卫生许可证号、生产日期、保质期的可放心购买,反之,应向售货员问清情况后方可选购。

2.看膏体。质地细腻、颜色均匀的为佳,粗糙有杂质、冒油珠、深淡色差明显的为次;黏度适中的为佳,过硬或过软的为次。

3.闻香型。香气纯正,符合标准样品的香型为佳,有蜡味或异味的为次。

4.看管身。拉开外管看,底座与内管管壁贴紧,上下移动灵活者为佳;膏体与底座相脱离,内外管粗糙、不配套的为次。

十四、如何选购香水

香水的奥妙来自蕴涵其中的天地间的精华,香水的名贵取决于成百上千次的萃取。

质量标准:溶液清澈透明,无沉淀、混浊现象;香味芬芳、高雅,香气易于透发,留香持久;瓶盖紧密,不漏气;包装讲究,造型别致,宛如一件艺术品,给人以美的享受。

伪劣商品的特征是:溶液混浊,有头屑状沉淀物;严重变色,有明显色差;严重

·美容美体·

图文珍藏版

变味,有令人不愉快的气味;严重干缩,瓶盖有胶水状黏物。

香水的选购方法:

1.测溶液。水质清澈透明为佳,水质有明显杂质或黑点为次。

2.闻香型。香气芬芳,符合标准样品的香型为佳;有强烈的酒精味或其他引人不愉快气味的为次。

3.看瓶盖。瓶口紧密,密封性好的为佳;有溢出物的为次。

4.查容量。香水的灌装一般都超过瓶颈。因此,超过瓶颈的为佳,明显低于瓶颈的为次(说明液体自然挥发过快,或灌装时短斤缺两)。

5.看包装。美观整洁,有注册商标、厂名、厂址、卫生许可证号的可放心购买;反之,应向售货员问清情况后方可选购。

十五、如何选择洗发洗浴产品

洗发液不仅能清除头发的污垢和头皮屑,而且能赋予头发良好的梳理性,保持柔软和润滑。浴液是以清洁剂和起泡剂为主,辅以其他助剂和添加剂制成的,具有滋润皮肤、去除污垢、改善人体气味等作用。

1.选择知名企业的产品,工艺先进,产品质量也较好。

2.产品包装上的标签、标识齐全,包括生产许可证、卫生许可证、产品标准号、厂名、厂址、使用说明等。

3.一般洗发液浴液的保质期在3~4年之间,选购时要注意生产日期或保质期。

4.根据自己的发质选购相应类型的洗发液:干燥发质要选用营养型,头屑多的发质选用功能型。

5.根据自身皮肤的特点选购适合干性皮肤、油性皮肤或过敏性皮肤所适用的浴液,婴儿应选用无泪配方型的产品,特别是选用儿童专用浴液。

6.看包装。优质洗发液浴液包装精致,做工很细,色彩柔和,接口处严密,无裂痕,印刷清晰。

7.闻香味。味道清淡不刺鼻,用后持久幽香。

8.看泡沫。好的洗发液浴液膏体细腻、连贯、黏性大,容易打泡,泡沫细腻。

9.极易冲洗干净。洗后的头发轻盈,自然顺滑。皮肤感觉舒畅不紧绷。

十六、如何选择染发产品

染发剂是能够改变头发颜色、具有特殊用途的化妆品。

1.最好选购知名正规厂家产品,要注意其包装的标识标注是否规范和全面,产品本身的气味和颜色是否正常等。

2.安全性。产品不会损伤头发天然的组织结构,使头发不致失去光泽;不应引起急性皮肤刺激和过敏作用,即不应是诱发皮炎的制剂,与皮肤接触时,不应具有毒性。

3.稳定性。染在头发上的颜色应对空气、阳光、摩擦(擦洗、梳理)和出汗等外部条件保持稳定,不会变色或很快褪色。在有效期内不会变质失效,即有较长的使用寿命。

4.兼容性。与其他头发处理剂相匹配,不受其他头发化妆品的影响,如发油、头发定型剂、烫发水、香波的影响而变色。

5.易用性。着染所需的时间短,使用方便,易于分散涂布于头发上;控制剂量方便,不会滴流沾污其他部分和衣物。

十七、如何选择护发产品

在我们提倡的洗发程序中,必然包括护发,因为护发程序对于头发越来越重要,而最关键的是选择好的护发产品。目前市面上有润发乳、护发素、发膜、焗油膏等不同名称的护发产品,不仅除了名字不同,而且它们的功效和使用也有所不同。

1.润发乳。润发乳与护发素一样,每次洗头后都必须进行。它的使用方法刚好和洗发乳相反:重点不在于发根,而在于发梢。洗发后,你应该用毛巾把头发上的水分吸干(润发乳会因为头发湿而无法附着),然后先倒一点在手上,轻轻地抓头发,让润发乳覆满整个头发,使它的营养渗透到内部,直达发梢。再用冷水彻底洗净,就可锁住润发乳的养分。

2.护发乳。是比护发素及润发乳更滋润的护发产品,应该每星期一次代替润发乳使用,给头发更深层的护理。洗好头发后,先用毛巾吸干头发,均匀地涂抹护发乳,在用宽齿梳从发根向发梢梳理,以确保护发乳均匀分布,在头发还温热的时候,用大毛巾把头发包起来 10~15 分钟,让护发乳的营养渗透到内部。然后用冷水洗净,因为冷水可以帮助维持保湿的效果。

3.焗油膏。焗油膏可以等同于发膜,是比较专业的护理产品,特别适合造型后的头发护理。因为造型后头发的毛鳞片受到损伤,养分严重流失,尤其是蛋白质,头发看上去灰暗,没有光泽。定期进行焗油或倒膜护理,可以补充烫发后头发流失的蛋白质,使头发恢复健康的光泽。焗油护理最好在发型中心进行,在家也可以:头发清洗干净后,将焗油膏均匀抹在头发上,用电热帽加热稍等一段时间即可。

十八、快速鉴别化妆品的优劣

1.面霜遇火知优劣。取少量面霜放在勺子里,可用酒精灯或蜡烛加热,符合标准的产品会像牛奶烧开形成的状态一样,味道不会改变,且更加浓郁。如果燃烧时有喷溅、冒浓烟、味道变得呛鼻、燃尽后勺底残留有油质,就说明矿物油超标或者有硼化物填充。

2.清水测验乳液。将适当的乳液倒进水里,如乳液浮在水上边,证明里边含油石酯;再轻轻摇晃,液体如果变成了乳白色。说明乳液含乳化剂。乳化剂是一种表面活性剂,它们会破坏皮肤的组织结构,导致皮肤敏感,并有很强的致癌性。反之。如果倒在水里,乳液下沉到底部,证明不含油石酯,消费者可安心使用。

3.银戒指判断铅多少。在购买口红时,将口红样品抹在自己的手背上,然后用银戒指在上面摩擦,边摩边观察口红的颜色变化,口红变黑说明口红中含铅,黑色越深,含铅量越大。

4.碘酒分辨抗氧化功能。用透明玻璃器皿倒上些清水,并在水中滴入碘酒,碘酒与水的比例大约为 1:50,摇匀,把需要测试的产品如爽肤水、洗面奶等放少许在其中,充分搅拌,如果产品与液体充分溶解并且水恢复了清澈透明,说明其具有抗氧化功能,如果水不能还原或者变黑了,则证明用了这样的护肤品皮肤会继续被空气氧化,严重的还会加剧氧化。

十九、怎样保存化妆品

化妆品在给我们带来美丽的同时,也会带来伤害,其主要原因是:第一,一些不法厂商制造的伪劣商品在市场上鱼目混珠;第二,化妆品中的某些成分如酒精、色素等对皮肤健康不利;第三,使用者对化妆品的使用或保存不当让皮肤造成伤害。

在化妆品保存或使用方面,谁都可能会犯常识性的错误,使皮肤可能出现斑点、皱纹、脓疮等。因此,我们在家中存放或随身携带化妆品时应注意以下几点:

1.防热:温度过高的地方不宜存放化妆品,因高温不仅容易使化妆品中的水分挥发,膏体变干,而且容易使膏霜中的油和水分离而发生变质的现象。因此,炎热的夏季不要在手袋中装过多的化妆品,以短时间内能用完为好。

2.防晒:阳光或灯光直射处不宜存放化妆品。因化妆品受阳光或灯光直射,会造成水分蒸发,某些成分会失去活力,以致老化变质;又因化妆品中含有大量药品和化学物质,容易因阳光中的紫外线照射而发生化学变化,使其效果降低,所以不要把化妆品放在室外、阳台、化妆台灯旁边等处。

3.防冻:化妆品在冷处存放易发生冻裂现象,而且解冻后还会出现油水分离,使其中的一部分变粗变硬,对皮肤有刺激作用。

4.防潮:有些化妆品中含有大量蛋白质和蜂蜜,受潮后容易发生霉变。也有的用铁盖玻璃瓶包装,受潮后铁盖容易生锈,腐蚀化妆品,使其变质。

5.防污染:化妆品中虽然都添加有防腐剂以防产品受污染变质,但仍不能杜绝万一,若其中有了细菌则会伤害皮肤。因此,化妆品使用后一定要及时旋紧瓶盖,以免细菌侵入繁殖。使用时,最好避免直接用手取用,而应以压取器或其他工具代替。另外,化妆品一旦取用,就不能再放回瓶中,以免污染,可将过多的化妆品抹在身体其他部位。

6.防失效:一般化妆品的有效期限为一年,最长也不宜超过两年。化妆品在开封后,应尽量在有效期内用完,绝不能用至过期。要知道,再好的化妆品,再精心的保存,如果过了使用期限,便会对皮肤造成伤害。

7.最后,还要注意防摔、防漏气、防倾斜等。

二十、怎样保存香水

较好的香水可以存放3~5年或更长一些,但存放不当,也会变质。

1.每次用完香水,都应该盖紧瓶口,尽量减少和空气的接触。

2.如果不常使用香水,则宜选择小瓶的香水。

3.密封式的喷雾式香水瓶很实用,可以防止蒸发。

4.香水的主要原料是酒精和香精,阳光过强和温度改变时会出现变色变味,因此应避光保存在阴凉处,还要避免与药品或其他化学物品放在一起。

5.如果有一大瓶香水,不如分散在小瓶内供每天使用,取出后要以熔化的蜡烛将它封住。

6.如果有几天的时间都不会用到香水,要用胶带把香水瓶封起来。